双证制实训与技能鉴定教学用书

车工实训与技能考核训练教程

主　编　朱丽军
副主编　孙　强　周玉柱　王　建
参　编　于子立　谢　芳　杜　馨　赵恒炜
　　　　尹洪彬　尹荣会
主　审　马明琪

机械工业出版社

本书根据《国家职业标准 车工》，参照车工实训教学大纲，紧紧围绕国家题库而编写，是高等职业技术院校双证制技能型人才实训与技能鉴定的教学用书。主要内容有：车床基本操作，车外圆柱面，孔加工，车内外圆锥面，成形面车削和表面修饰，车削内外三角形螺纹，车削梯形螺纹、蜗杆和多线螺纹，车削偏心工件以及针对技能鉴定的强化训练等。为方便读者，书后还附有国家题库技能鉴定试题、考核重点和模拟试卷。

本书也可作为技能鉴定的培训用书，并可供技术工人的自学和供有关的技术人员参考。

图书在版编目（CIP）数据

车工实训与技能考核训练教程/朱丽军主编. 北京：机械工业出版社，2008.6 (2016.1 重印)
双证制实训与技能鉴定教学用书
ISBN 978-7-111-24100-3

Ⅰ. 车… Ⅱ. 朱… Ⅲ. 车削－职业技能鉴定－教材
Ⅳ. TG51

中国版本图书馆 CIP 数据核字（2008）第 064057 号

机械工业出版社（北京市百万庄大街 22 号 邮政编码 100037）
策划编辑：朱 华 王英杰 责任编辑：王英杰 版式设计：霍永明
责任校对：李汝庚 封面设计：陈 沛 责任印制：李 洋
北京瑞德印刷有限公司印刷（三河市胜利装订厂装订）
2016 年 1 月第 1 版·第 3 次印刷
184mmx260mm·12 印张·295 千字
标准书号：ISBN978-7-111-24100-3
定价：20.00 元

凡购本书，如有缺页、倒页、脱页，由本社发行部调换

电话服务
服务咨询热线：010-88361066
读者购书热线：010-68326294
010-88379203

网络服务
机工官网：www.cmpbook.com
机工官博：weibo.com/cmp1952
教育服务网：www.cmpedu.com
金 书 网：www.golden-book.com

封面无防伪标均为盗版

前　言

自我国加入世界贸易组织后，我国的经济飞速发展，对各层次专业人才的需求不断增加。随着经济全球化进程的不断深入，发达国家的制造能力加速向发展中国家转移，我国已成为全球的加工制造基地，这样就使高技能型人才严重短缺的矛盾更加突出。媒体在不断呼吁现在是“高薪难聘高素质的高技能型人才”，高技能型人才的严重短缺成为社会普遍关注的热点问题。针对这一问题，国家先后出台了《国务院关于大力推进职业教育改革与发展的决定》、《关于全面提高高等职业教育教学质量的若干意见》和《国务院关于大力发展职业教育的决定》、《关于进一步加强高技能人才工作的意见》等相关政策和法规，决定大力发展职业教育，加强高技能型人才的培养。

作为高技能型人才的重要培养基地，高职高专院校非常重视人才的培养，对学时和教学模式相应进行了改革。学生毕业后要取得双证书，即不仅要取得学历证书，还要取得工人等级证书。高职高专学生取得大专学历是顺理成章的事情，而要取得工人等级证书就必须进行工人技术等级鉴定，那就必须对其进行再培训。因此，将高职高专的实训课和技能鉴定培训结合在一起，编写一本教材，是非常有必要的。这样在满足了高职高专实训课需要的同时，还满足了工人技术等级操作技能鉴定与培训的需要。针对这一现状，我们特组织相关人员编写了这本教材。

本书由朱丽军主编，由孙强、周玉柱、王建任副主编，参加编写的还有于子立、谢芳、杜馨、赵恒炜、尹洪彬、尹荣会。本书由马明琪担任主审。

在本书的编写过程中，参考了有关资料和文献，在此向其作者表示衷心的感谢！

由于编者水平有限，且时间仓促，书中难免有疏漏、错误和不足之处，恳请读者批评指正。

编　者

目　录

绪　论

一、车工生产实习课的任务

车工生产实习课的任务是使学生全面掌握本工种的基本操作技能，会做本工种中级技术等级的工件；掌握一定的先进工艺操作技能；能熟练地使用、调整本工种的主要设备并独立进行车床的一级保养；正确使用工、夹、量、刀具；具有安全生产知识和文明生产的习惯；在生产实习教学过程中注意发挥学生的智能。

二、安全常识

1. 正确使用车床

1）开机时应照顾周围情况，身体不可靠在机床上，脚也不可踏在油盘上；车多角工件时不可靠近卡盘，防止衣服被机床或工件绞入；更不得把手伸入车床转动部位及车刀与工件之间。

2）开机时应检查电动机运转是否正常，待机床运转正常后方可进行加工。

3）车偏重工件，应配平衡铁，装夹牢固。

4）车床运转中不准清理机床，清理切屑不准用手，应用铁钩清理。

5）车削时不要面向切屑飞散的方向，不可隔着机床取东西。

6）用砂布、锉刀、刮刀修光工件，测量工件，装卸工件或调换卡盘时，必须把车刀移动到安全位置。

7）用锉刀修光工件时，不可让手或衣服触到工件上，工件如有突出部分或凹槽时，不可锉光或打光，凹槽用木料填塞后方可进行；若不用尾座时，应把它移动到车床尾端。

8）有下列情况必须停机：短时间离开车床、电流中断、整理加油、调整机床、小修机床、调换车刀、测量工件尺寸及变换转速时。

9）车床运转中禁止拆除和揭开防护装置。

10）装卸卡盘时，要用垫木放在床面上，防止砸伤床面。

11）时刻注意机床运转情况、轴承是否发热、有无杂音，不得任意调松或拧紧轴承和定位环。

12）不可用锤子敲打主轴和后顶尖。

13）装顶尖和卡盘前，须将主轴锥孔擦净。

14）传动带不可过紧或过松。

15）机床导轨面上不得刻划记号、放置工具和工件。

16）操作时注意力要集中，不得闲谈，操作中如出现问题，应先停机，再请教师和有关人员处理。

17）不得纵、横向同时自动进给。

18）各手柄必须放到固定位置，不许推到中间，以免打坏齿轮。

19）两人同时使用一台机床时，只许一人操作，一人辅助，禁止同时动手，以免发生事故。

20）停机前，机床须先停止进刀，退刀后再停机。

21）如发现运转不正常，或有异常声音，应立即停机报告教师处理。

22）工作完毕和实习结束时，应关闭电源，清理工具，整齐地放入工具箱内，送交当班工件，擦拭机床，清扫工作场地。

23）必须首先了解车床的构造，各手柄的作用及操作方法，未经教师讲解和允许，不许开动机床。

24）开机前必须将卡盘扳手或刀架扳手取下。

25）车刀磨损后，要及时刃磨，否则会增加车床负荷，甚至损坏机床。

26）车削铸铁、气割下料的工件，导轨上面的润滑油要擦去，工件上的型砂等杂质应清理干净，以免损坏导轨。

27）使用切削液时，要在车床导轨面上涂上润滑油，切削液应定期调换。

28）下班后，应将床鞍摇至床尾一端，防止床身变形。

2. 正确使用砂轮机

1）工作前应检查砂轮有无裂纹、法兰盘螺母是否拧紧、防护罩是否齐全。

2）新装砂轮必须试转 3 ~4min，检查砂轮轴是否平衡，有无振动和摆动现象。

3）砂轮不可使用侧面，两人不可同时使用一个砂轮。

4）衣服要扎紧，手指不可接触砂轮。

5）砂轮应符合标准，不可超负荷使用，不得用身体增加压力，以免挤碎砂轮伤人。

3. 安全技术

1）工作时应穿工作服，并扣紧袖口。女工应戴工作帽，把头发或辫子塞入帽内。

2）车削时，必须戴上防护眼镜，头不应该跟工件靠得太近，以免切屑飞入眼中。

3）工作时必须集中精力，不允许擅自离开机床或做与车削无关的工作。手和身体不能靠近正在旋转的工件或车床部件。

4）工件和车刀必须装夹牢固，卡盘必须装有保险装置，不准用手去刹住转动着的卡盘。

5）车床开动时，不能测量工件，也不能用手去摸工件表面。

6）在车床上工作时不准戴手套。

7）工件、毛坯等放在适当位置，以免从高处落下伤人。

8）交接班时要交接设备安全状况记录，一旦设备出现不安全因素必须记录并及时上报有关部门。

第一章　车床基本操作

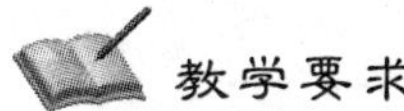

学习目标

车床是切削加工的主要技术装备。它能完成的切削加工最多。因此，在机械加工中，车床是一种应用得最广泛的金属切削机床。

本章的学习目标：

1. 掌握常用机床的规格、结构、用途、操作和维护保养方法。
2. 掌握车刀的种类及其刃磨方法。
3. 掌握圆柱工件在四爪单动卡盘上装夹和找正的方法。
4. 合理选择切削液。

课题一　车床简介及其操作

教学要求

1. 掌握车床的结构。
2. 掌握车床的基本操作方法。

一、常用车床结构简介

CA6140 型车床是我国自行设计的卧式车床，其外形结构见图 1-1。它由床身、主轴箱、交换齿轮箱、进给箱、溜板箱、滑板和床鞍、刀架、尾座及冷却、照明等部分组成。

1. 床身

床身 4 是车床精度要求很高的带有导轨（山形导轨和平导轨）的一个大型基础部件。用于支撑和连接车床的各个部件，并保证各部件在工作时有准确的相对位置。

2. 主轴箱

主轴箱 1 用来支撑并传动主轴以带动工件作旋转主运动。箱内装有齿轮、轴等，组成传动机构，变换箱外的手柄位置，可使主轴获得各种不同的转速。

3. 进给箱

利用进给箱 11 内部的齿轮传动机构，可以把交换齿轮箱传递过来的运动，经过变速后传递给丝杠，以实现车削各种螺纹；传递给光杠，以实现机动进给。

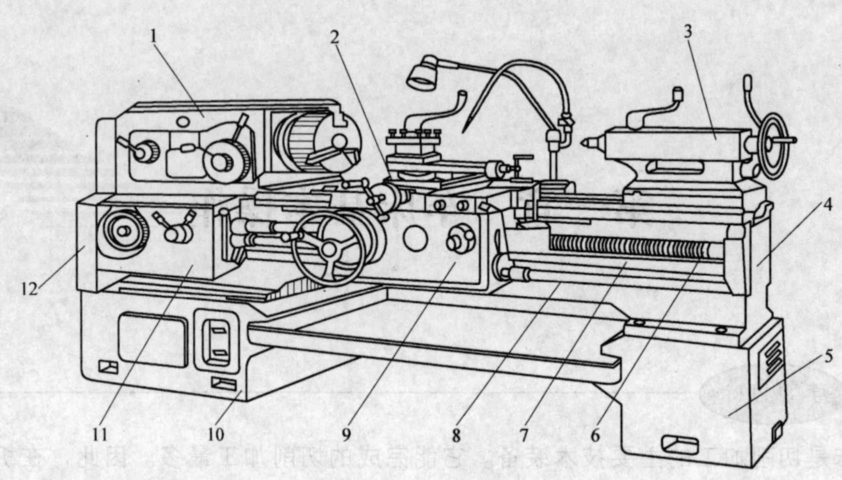

图 1-1 车床结构

1—主轴箱 2—刀架 3—尾座 4—床身 5、10—床脚 6—丝杠
7—光杠 8—操纵杆 9—溜板箱 11—进给箱 12—交换齿轮箱

4. 交换齿轮箱

交换齿轮箱 12 把主轴箱的转动传递给进给箱。调换箱内的齿轮，配合进给箱内的变速机构，可以车削不同螺距的螺纹，并满足车削时对不同纵向、横向进给量的需求。

5. 溜板箱

1）溜板箱 9 接受光杠或丝杠传递的运动，以驱动床鞍和中滑板及刀架实现车刀的纵向、横向进给运动。

2）滑板分床鞍、中滑板、小滑板三种。床鞍、小滑板作纵向移动，中滑板做横向移动。

3）刀架部分用来装夹刀具。

6. 尾座

尾座 3 安装在床身导轨上，可沿导轨作纵向移动，以调整其工作位置。尾座主要用来安装后顶尖，以支撑较长工件，也可安装麻花钻、铰刀、中心钻等来加工工件上的孔和中心孔。

7. 冷却装置

冷却装置主要通过冷却水泵将水箱中的切削液加压后喷射到切削区域，用来降低切削温度，冲走切屑，润滑加工表面，以提高刀具使用寿命和工件加工表面质量。

二、车床的传动路线

电动机输出的动力，经带传动传给主轴箱，使主轴箱得到不同的转速。再经卡盘（或夹具）带动工件旋转。此外，主轴的旋转还通过交换齿轮箱、进给箱、光杠或丝杠到溜板箱，带动床鞍、滑板、刀架沿导轨作直线运动，从而控制车刀的运动轨迹，完成车削各种表面的工作。

三、车床附件简介

常用的车床附件有三爪自定心卡盘、四爪单动卡盘、花盘、角铁、中心架、跟刀架等。这里只介绍三爪自定心卡盘，其他附件将结合加工过程陆续介绍。

1. 三爪自定心卡盘结构

三爪自定心卡盘是车床上应用最为广泛的一种通用夹具，其形状和结构见图 1-2。

三爪自定心卡盘主要由壳体、三个卡爪、三个小锥齿轮、一个大锥齿轮等零件组成。当卡盘扳手插入小锥齿轮 2 的方孔中转动时，就带动大锥齿轮 3 转动，大锥齿轮的背面是平面螺纹，平面螺纹与卡爪 4 的螺纹啮合，从而带动三个卡爪同时作向心或离心移动。

常用的三爪自定心卡盘规格有 ϕ150mm、ϕ200mm、ϕ250mm。

2. 用途

三爪自定心卡盘用以装夹工件，并带动工件随主轴一起旋转，实现主运动。

三爪自定心卡盘能自动定心，安装工件快速、方便，但夹紧力不如四爪单动卡盘大。一般用于精度要求不是很高，形状规则（如圆柱形、正三边形、正六边形等）的中、小工件的安装。

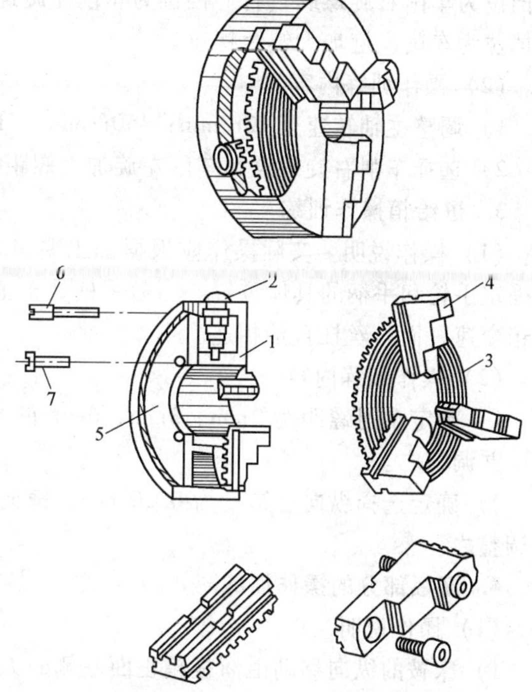

图 1-2 三爪自定心卡盘结构
1—壳体 2—小锥齿轮 3—大锥齿轮
4—卡爪 5—防尘盖板 6—定位螺钉 7—紧固螺钉

四、车床的基本操作

1. 车床的起动操作训练

（1）操作说明 在起动车床之前必须检查车床各变速手柄是否处于正确位置、离合器是否处于正确位置、操纵杆是否处于停止状态等，在确定无误后，方可合上车床电源总开关，开始操纵车床。

先按下床鞍上的起动按钮（绿色）使电动机起动。接着将溜板箱右侧操纵杆手柄向上提起，主轴便逆时针方向旋转（即正转）。操纵杆手柄有向上、中间、向下三个挡位，可分别实现主轴的正转、停止和反转。若需较长时间停止主轴转动，必须按下床鞍上的红色按钮，使电动机停止转动。若下班，则需关闭车床电源总开关，并切断本车床的电源闸刀开关。

（2）操作训练内容

1）作起动车床的操作，掌握起动车床的先后步骤。

2）用操纵杆控制主轴正、反转和停机训练。

2. 主轴箱的变速操作训练

（1）操作说明 不同型号、不同厂家生产的车床，其主轴变速操作不尽相同，可参考相关的车床说明书。下面介绍 CA6140 型车床的主轴变速操作方法。CA6140 型车床主轴变速通过改变主轴箱下面右侧两叠套的手柄位置来控制。前面的手柄有六个挡位，每个挡位上有四级转速，若要选择其中某一转速可通过后面的手柄来控制。后面的手柄除有两个空挡外，尚有四个挡位，只要将手柄位置拨到其所显示的颜色与前面手柄所处挡位上的转速数字所标示的颜色相同的挡位即可。

主轴箱正面左侧的手柄是加大螺距及螺纹左、右向变换的操纵机构。它有四个挡位：左上挡位为车削右旋螺纹，右上挡位为车削左旋螺纹，左下挡位为车削右旋加大螺距螺纹，右下挡位为车削左旋加大螺距螺纹。

（2）操作训练内容

1）调整主轴转速至12r/min；450r/min；710r/min。

2）选择车削右旋螺纹和车削左旋加大螺距螺纹的手柄位置。

3．进给箱操作训练

（1）操作说明　实际操作应根据加工要求，查找进给箱油池盖上的螺纹进给量调配表来确定手轮和手柄的具体位置。当后手柄处于正上方时是第Ⅴ挡，此时齿轮箱的运动不经进给箱变速，而与丝杠直接相连。

（2）操作训练内容

1）确定车削螺距为2mm、3mm、6mm的米制螺纹时，在进给箱上的手轮和手柄的位置，并调整之。

2）确定选择纵向进给量为0.20 mm，横向进给量为0.15 mm时，手轮与手柄的位置，并调整之。

4．溜板部分的操作训练

（1）操作说明

1）床鞍的纵向移动由溜板箱正面左侧的大手轮控制，当顺时针转动手轮时，床鞍向右运动；逆时针转动手轮时，床鞍向左运动。

2）中滑板手柄控制中滑板的横向移动和横向进给量。当顺时针转动手柄时，中滑板向远离操作者的方向移动（即横向进刀）；逆时针转动手柄时，中滑板向靠近操作者的方向移动（即横向退刀）。

3）小滑板可作短距离的纵向移动。小滑板手柄顺时针转动，小滑板向左移动；逆时针转动小滑板手柄，小滑板向右移动。

（2）操作训练内容

1）熟练操作使床鞍左、右纵向移动。

2）熟练操作使中滑板沿横向进、退刀。

3）熟练操作控制小滑板沿纵向作短距离左、右移动。

5．刻度盘及分度盘的操作训练

（1）操作说明

1）溜板箱正面的大手轮轴上的刻度盘分别为300格，每转过1格，表示床鞍纵向移动1mm。

2）中滑板丝杠上的刻度分为100格，每转过1格，表示刀架横向移动0.05mm。

3）小滑板丝杠上的刻度分为100格，每转过1格，表示刀架纵向移动0.05mm。

（2）操作训练内容

1）若刀架需纵向进给10mm，应该操纵哪个手柄（或手轮）？其刻度盘转过的格数为多少？并实施操作。

2）若刀架需横向进给10mm，中滑板手柄刻度盘应朝什么方向转动？转过多少格？并实施操作。

6. 自动进给的操作训练

（1）操作说明　溜板箱右侧有一个带十字槽的扳动手柄，是刀架实现纵向、横向机动进给和快速移动的集中操纵机构。该手柄的顶部有一个快进按钮，是控制接通快速电动机的按钮，当按下此钮时，快速电动机工作，放开按钮时，快速电动机停止转动。该手柄扳动方向与刀架运动的方向一致，操作方便。当手柄扳至纵向进给位置，且按下快速按钮时，则床鞍作快速纵向移动；当手柄扳至横向进给位置，且按下快进按钮时，则中滑板带动小滑板和刀架作横向快速进给。

（2）操作训练内容

作床鞍左、右两个方向快速纵向进给训练。

操作时应注意：当中滑板前、后伸出床鞍足够远时，应立即放开快进按钮，停止快进，避免因中滑板悬伸太长而使燕尾导轨受损，影响运动精度。

7. 刀架的操作训练

（1）操作说明　方刀架相对于小滑板的转位和锁紧，依靠刀架上的手柄控制刀架定位、锁紧元件来实现。逆时针转动刀架手柄，刀架可以逆时针转动，以调换车刀；顺时针转动刀架手柄时，刀架则被锁紧。

（2）操作训练内容

1）刀架上不装夹车刀，进行刀架转位和锁紧的操作训练。

2）刀架上安装四把车刀，再进行刀架转位与锁紧的操作训练。

当刀架上装有车刀时，转动刀架时其上的车刀也随同转动，注意避免车刀与工件、卡盘或尾座相撞。

【技能训练】

1. 训练内容

三爪自定心卡盘零部件的装拆，见图1-3。

2. 工具及设备

（1）工具　扳手、螺钉旋具等。

（2）设备　车床、三爪自定心卡盘。

（3）其他　木棒、护板等。

3. 训练步骤

1）在教师的指导下，能掌握三爪自定心卡盘零部件的装拆，能根据装夹需要，更换正、反卡爪，能在主轴上装卸三爪自定心卡盘。

2）学生观摩教师示范操作。示范操作时，重点讲解卡爪的正、反安装以及卡盘在主轴上的装卸。

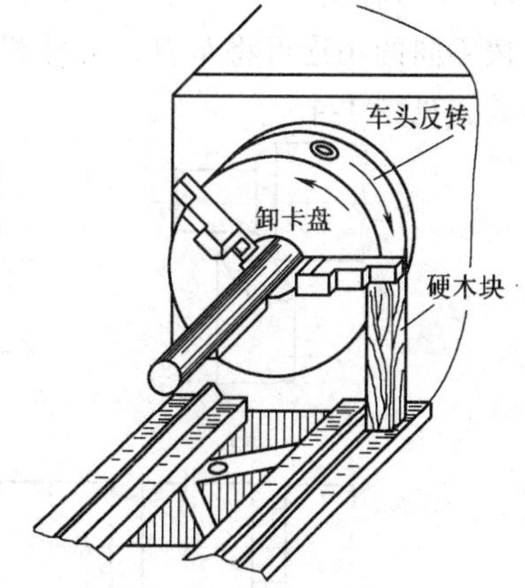

图1-3　三爪自定心卡盘零部件的装拆

3）学生应预先了解装拆方法，会运用正确的装拆步骤和方法。

4）学生练习三爪自定心卡盘及卡爪的装拆。

基本操作步骤描述：卸下三个定位螺钉→取出三个小锥齿轮→松去三个紧固螺钉→取出防尘盖板和大锥齿轮

① 拧下三个定位螺钉，取出三个小锥齿轮。

② 拧下三个紧固螺钉，取出防尘盖板和大锥齿轮。

操作提示

◇ 装拆卡盘时，拆去的零部件要放好，防止丢失。

◇ 安装卡爪时，要按卡爪上的号码依 1，2，3 的顺序装配。若号码看不清，则可把三个卡爪排放在一起，比较卡爪端面螺纹牙数的多少，多的为 1 号卡爪，少的为 3 号卡爪。

◇ 装三个卡爪时，应按逆时针顺序进行，并防止平面螺纹的螺扣转过头。

◇ 在主轴上卸卡盘时，应在主轴孔内插一硬质木棒，并垫一床面护板，防止砸坏床面。

◇ 装卡盘时，不准开机，以防危险。

课题二　车刀及其刃磨

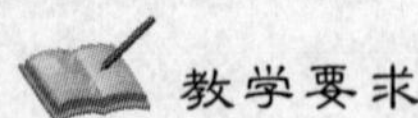

教学要求

1. 了解车刀的种类、材料和用途。
2. 掌握车刀的几何角度及其选择方法。
3. 了解砂轮的种类和使用的安全常识。
4. 掌握车刀的刃磨方法。

为了保证产品质量，提高劳动生产率，作为一名车工，必须掌握车刀的几何角度，合理地刃磨车刀，并正确选择和使用车刀。

一、常用车刀的种类和用途

1. 车刀种类

按不同的用途可将车刀分为外圆车刀、端面车刀、切断刀、内孔车刀、成形车刀和螺纹车刀等，见图 1-4。

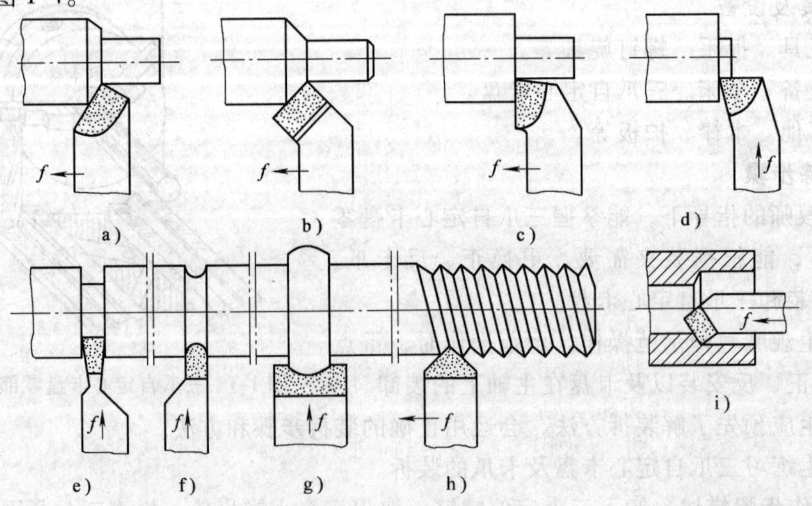

图 1-4　各种车刀

a）直头外圆车刀　b）45°弯头外圆车刀　c）90°外圆车刀　d）端面车刀
e）切断刀　f）圆弧槽车刀　g）成形车刀　h）螺纹车刀　i）车孔车刀

2. 车刀的用途

(1) 90°车刀（外圆车刀）　又叫偏刀，主要用于车削外圆、台阶和端面。

(2) 45°车刀（弯头车刀）　主要用来车削外圆、端面和倒角。

(3) 切断刀　用来切断工件或在工件上车槽。

(4) 内孔车刀　用来车削内孔。

(5) 成形车刀　用来车削成形面。

(6) 螺纹车刀　用来车削螺纹。

3. 硬质合金可转位车刀

硬质合金可转位车刀见图1-5。

这是近年来国内外大力发展和广泛应用的先进刀具之一。用机械夹紧的方式将用硬质合金制成的各种形状的刀片固定在相应标准的刀柄上，组合成加工各种表面的车刀。当刀片上的一个切削刃磨损后，只需将刀片转过适当角度，不需刃磨即可用新的切削刃继续切削。其刀片的装拆和转位都很方便、快捷，从而大大地节省了换刀和磨刀时间，并提高了刀柄的利用率。

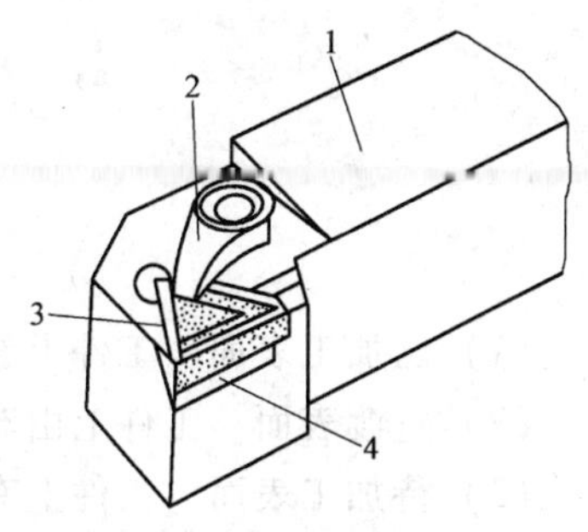

图1-5　硬质合金可转位车刀
1—刀柄　2—夹紧装置
3—刀片　4—刀垫

硬质合金可转位车刀可根据加工内容的不同，选用不同形状和角度的刀片（正三角形、四边形、五边形等），可组成外圆车刀、端面车刀、螺纹车刀等。

二、车削运动和切削用量的基本概念

1. 车削运动

车削工件时，必须使工件和刀具相对运动。根据运动的性质和作用，车削运动主要分为工件的旋转运动（主运动）和车刀的直线或曲线运动（进给运动）。

(1) 主运动　由机床或人力提供的主要运动；它促使刀具和工件之间产生相对运动，从而使刀具前面接近工件。也可直观地理解为：直接切除工件上的切削层，并使之变成切屑以形成工件新表面的运动。车削时，工件的旋转运动就是主运动，见图1-6。

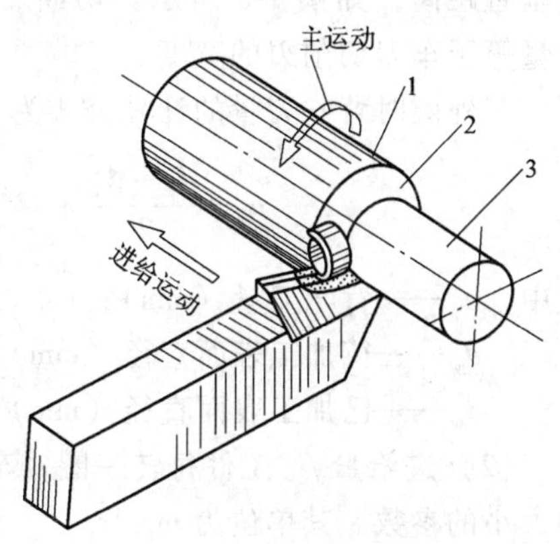

图1-6　车削运动
1—待加工表面
2—过渡表面　3—已加工表面

(2) 进给运动　由机床或人力提供的运动，它使刀具与工件之间产生附加的相对运动；加上主运动，即可不断地或连续地切除切屑，并得出具有所需几何特性的已加工表面。依车刀切除金属层时移动的方向不同，进给运动又可分为纵向进给运动和横向进给运动。如车外圆时车刀的运动是纵向进给运动。车端面、切断、车槽时，车刀的运动是横向进给运动。

2. 车削时工件上形成的表面

车削时，工件上有三个不断变化的表面，见图1-7。

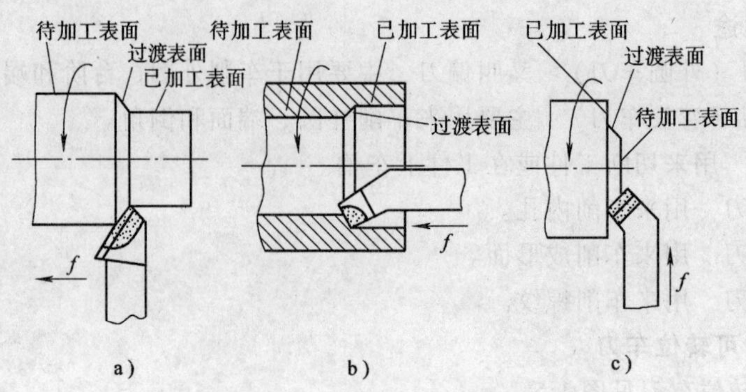

图 1-7 工件上的三个表面

a) 车外圆 b) 车孔 c) 车端面

(1) 已加工表面 工件上经刀具切削后产生的表面。

(2) 过渡表面 工件上由车刀切削刃形成的表面。它将在工件的下一转里被切除。

(3) 待加工表面 工件上有待切除的表面。它可能是毛坯表面或已加工过的表面。

3. 切削用量的基本概念

切削用量是度量主运动和进给运动大小的参数，它包括背吃刀量、进给量和切削速度。

(1) 背吃刀量 a_p 在通过切削刃基点并垂直于工作平面的方向上测量的吃刀量。对车削来说，可理解为：车削工件上已加工表面与待加工表面之间的垂直距离，如图 1-8 所示。切断、车槽时的背吃刀量等于车刀切削刃的宽度。

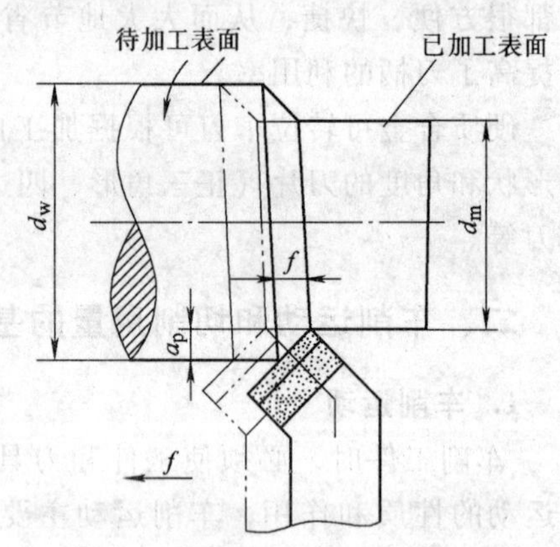

图 1-8 背吃刀量和进给量

车外圆时背吃刀量的计算公式为

$$a_p = \frac{d_w - d_m}{2}$$

式中 a_p——背吃刀量（mm）；

d_w——待加工表面直径（mm）；

d_m——已加工表面直径（mm）。

(2) 进给量 f 工件每转一圈，车刀沿进给方向移动的距离叫进给量。它是衡量进给运动大小的参数。其单位为 mm/r。

进给量又分纵向进给量和横向进给量。沿床身导轨方向的进给量是纵向进给量，沿垂直于床身导轨方向的进给量是横向进给量。

(3) 切削速度 v_c 切削刃选定点相对于工件的主运动的瞬时速度，还可理解为车刀在 1min 内车削工件表面的理论展开直线长度（假定切屑无变形或收缩）。它是衡量主运动大小的参数，单位为 m/min。切削速度的计算公式为

$$v_c = \frac{\pi d_w n}{1000}$$

式中 v_c——切削速度（m/min）；

n——主轴转速（r/min）；

d_w——工件待加工表面直径（mm）。

车削时，当转速 n 值一定，工件上不同直径处的切削速度不相同，在计算时应取最大的切削速度。如车外圆时应以工件待加工表面直径计算；在车内孔时则应以工件已加工表面直径计算。

车端面或切断、车槽时切削速度是变化的，切削速度随切削直径的变化而变化。

在实际生产中，往往是已知工件的直径，并根据工件材料、刀具材料和加工性质等因素来选择切削速度，再依切削速度求出主轴转速 n，以便调整机床主轴转速。此时公式可改写为

$$n = 1000v_c/\pi d_w$$

（4）切削用量的初步选择　合理选择切削用量，对能否合理使用刀具与机床，保证加工质量，提高生产效率和经济效益，都具有很重要的意义。

1）粗车时切削用量的选择：粗车时，主要考虑尽可能提高生产效率和保证必要的刀具寿命。原则上应选较大的切削用量，但又不能同时将切削用量三要素都增大。合理的选择是：首先选用较大的背吃刀量，以减少走刀次数。其次，为缩短进给时间再选择较大的进给量。当背吃刀量和进给量确定之后，在保证车刀寿命的前提下，再选择一个相对大而且合理的切削速度。

2）半精车、精车时切削用量的选择：半精车、精车阶段，主要是考虑保证加工精度和表面质量，同时还应兼顾提高生产率及保证刀具寿命。半精车、精车时进给量应选得小一些。背吃刀量是根据加工精度和表面粗糙度要求由粗加工后留下的余量确定的。切削速度应根据刀具材料选择。高速钢车刀应选较低的切削速度（$v_c < 5m/min$），以降低切削温度、保持车刀切削刃锐利。硬质合金车刀应选择较高的切削速度（$v_c > 80m/min$），这样既可提高工件表面质量，又可提高生产效率。

三、车刀的几何形状

1. 车刀的组成

车刀由刀柄和刀体组成。刀柄是刀具的夹持部分；刀体是刀具上夹持或焊接刀片的部分，或由它形成切削刃的部分，见图 1-9。

刀体的切削部分由“三面两刃一尖”（即前刀面、主后刀面、副后刀面、主切削刃、副切削刃、刀尖）组成。

（1）前刀面（以下简称前面）　车刀上切屑流经的表面。

（2）主后刀面（以下简称主后面）　车刀上同前面相交形成主切削刃的后面。

（3）副后刀面（以下简称副后面）　车刀上同前面相交形成副切削刃的后面。

（4）主切削刃　起始于切削刃上主偏角为零的点；

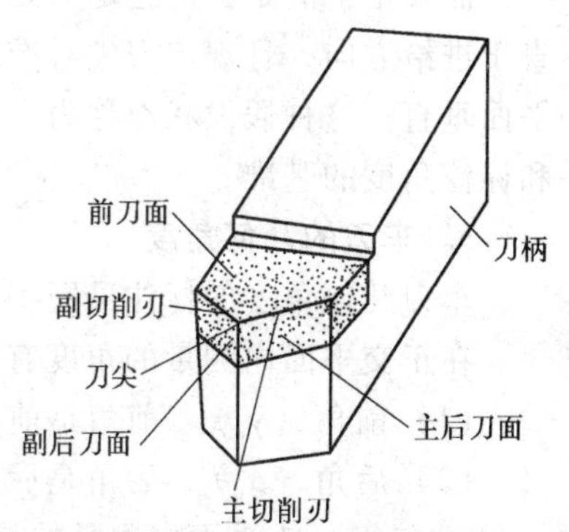

图 1-9　车刀的组成

并至少有一段切削刃拟用来在工件上切出过渡表面的那个整段切削刃，即前面与主后面相交的部分，它担负着主要的切削工作（也称主刀刃）。

（5）副切削刃　切削刃上除主切削刃以外的刃，亦起始于主偏角为零的点，但它向背离主切削刃的方向延伸，即前面与副后面相交的部分，靠近刀尖部分的副切削刃参加少量的切削工作。

（6）刀尖　主切削刃与副切削刃连接处的那一小部分切削刃。为了提高刀尖处的强度和寿命，改善散热条件，在刀尖处磨有修圆刀尖（圆弧过渡刃）。一般硬质合金车刀的刀尖圆弧半径 $r=0.5\sim1$mm。

（7）修光刃　副切削刃前段接近刀尖处的一段平直切削刃叫修光刃。装刀时必须使修光刃与进给方向平行，且修光刃长度要大于进给量，才能起到修光的作用。

任何车刀都有上述几个组成部分，但数量不完全一样。图 1-9 所示的外圆车刀是由三个刀面、两条切削刃和一个刀尖组成；而 45°偏刀和切断刀则由四个刀面（两个副后面）、三条切削刃和两个刀尖组成。此外有的切削刃是直线，有的切削刃则为曲线，如圆头成形切削刃就为曲线，其后面为曲面。

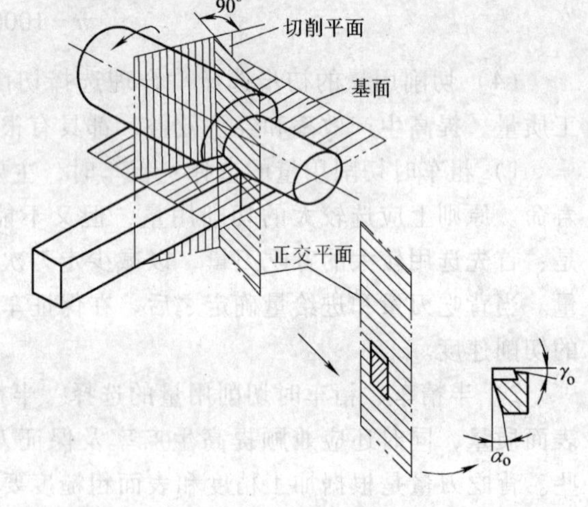

图 1-10　辅助平面

2. 确定车刀角度的辅助平面

为了确定和测量车刀的几何角度，通常假设三个辅助平面作为基准，即切削平面、基面和正交平面，见图 1-10。

（1）切削平面　切削平面是通过切削刃选定点与切削刃相切并垂直于基面的平面。

（2）基面　过切削刃选定点的平面，它平行或垂直于刀具在制造、刃磨及测量时适用于安装或定位的一个平面或轴线，一般来说其方位要垂直于假定的主运动方向。也可理解为：基面是过车刀主切削刃上某一选定点，并与该点切削速度方向垂直的平面。显然基面与切削平面是相互垂直的。

（3）正交平面　通过切削刃选定点并同时垂直于切削平面和基面的平面。

需要指出的是：上述定义是假设切削时只有主运动，不考虑进给运动，刀柄的中心线垂直于进给方向，且规定刀尖对准工件中心，此时基面与刀柄底平面平行，切削平面与刀柄底平面垂直。这种假设状态称为刀具的“静止状态”。静止状态的辅助平面是车刀刃磨、测量和标注角度的基准。

3. 车刀的几何角度

车刀几何角度的标注见图 1-11。

在正交平面内测量的角度有：

（1）前角（γ_o）　前角是前面与基面间的夹角。

（2）后角（α_o）　后角是后面与切削平面间的夹角。在 p_o—p_o 平面中测量的是主后角（α_o）；在 p_o'—p_o' 平面中测量的是副后角（α_o'）。

（3）楔角（β_o）　楔角是前面与后面之间的夹角。它的大小与前角和后角的大小有关，

通常可由下式来计算

$$\beta_o = 90° - (\gamma_o + \alpha_o)$$

在基面内测量的角度有：

(4) 主偏角（κ_r）　是主切削平面与假定工作平面间的夹角，简单讲可理解为：主切削刃在基面上的投影与进给运动方向间的夹角。

(5) 副偏角（κ_r'）　是副切削平面与假定工作平面间的夹角，也可理解为：副切削刃在基面上的投影与背离进给运动方向间的夹角。

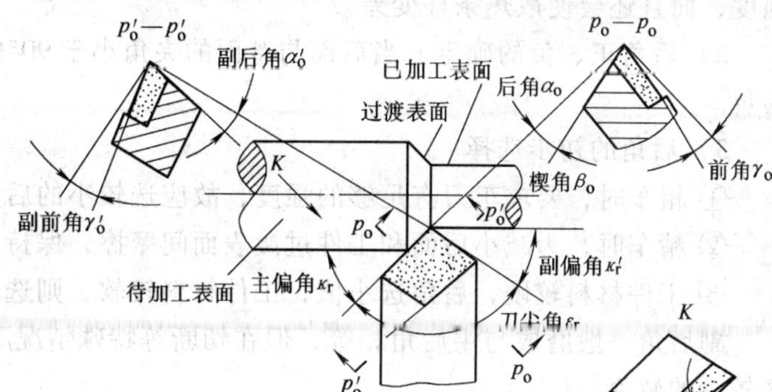

图 1-11　车刀的主要角度

(6) 刀尖角（ε_r）　是主切削平面与副切削平面间的夹角，也可理解为：主切削刃和副切削刃在基面上的投影之间的夹角。它影响刀尖的强度和散热性。其值按下式来计算

$$\varepsilon_r = 180° - (\kappa_r + \kappa_r')$$

在切削平面内测量的角度有：

(7) 刃倾角（λ_s）　刃倾角是主切削刃与基面之间的夹角。

4. 车刀主要几何角度的初步选择

(1) 前角的选择

1) 前角的作用

① 前角的主要作用是影响切削刃口的锋利程度、切削力的大小与切屑变形的大小。前角增大，可使切削刃口锋利、切削力减小、降低加工工件的表面粗糙度值，同时还会使切屑变形小、排屑容易。

② 前角还会影响车刀强度、受力情况和散热条件。若增大前角，会使楔角减小，从而削弱了刀体强度。前角增大还会使散热体积缩小，而散热条件变差，会导致切削区域温度升高。

2) 前角正、负的确定。在正交平面中，当前面与切削平面之间的夹角小于90°时，前角为正；大于90°时，前角为负。

3) 前角的初步选择。只要刀体强度允许，尽量选较大的前角。具体选择时尚须综合考虑工件材料、刀具材料、加工性质等因素。

① 工件材料较软，可选择较大的前角；工件材料较硬，则应选择较小的前角。

② 粗加工时，为了保证切削刃有足够的强度，应选较小的前角；精加工时，为了减小工件的表面粗糙度值，应选较大的前角。

③ 车刀材料的强度、韧度较差，前角应取小值；反之，取大值。

(2) 后角的选择

1) 后角的作用

① 后角的主要作用是减少后面与工件过渡表面之间的摩擦，以提高工件的表面质量，

延长刀具的使用寿命。

② 增大后角可使车刀刃口变锋利。但后角过大，又会使楔角减小，不仅会削弱车刀的强度，而且还会使散热条件变差。

2）后角正、负的确定。当后面与基面的夹角小于90°时，后角为正；大于90°时，后角为负。

3）后角的初步选择

① 粗车时，要求车刀有足够的强度，故应选较小的后角。

② 精车时，为减小后面和工件过渡表面间摩擦，保持刃口锋利，应选择较大的后角。

③ 工件材料较硬，后角选小值，工件材料较软，则选较大值。

副后角一般磨成与主后角相等，但在切断等特殊情况下，为了保证车刀强度，副后角应选较小的数值。

（3）主偏角与副偏角的选择

1）主偏角的作用。主偏角主要影响车刀的散热条件、切削分力的大小和方向的变化及切屑厚薄的变化。主偏角对切削分力的影响见图1-12。

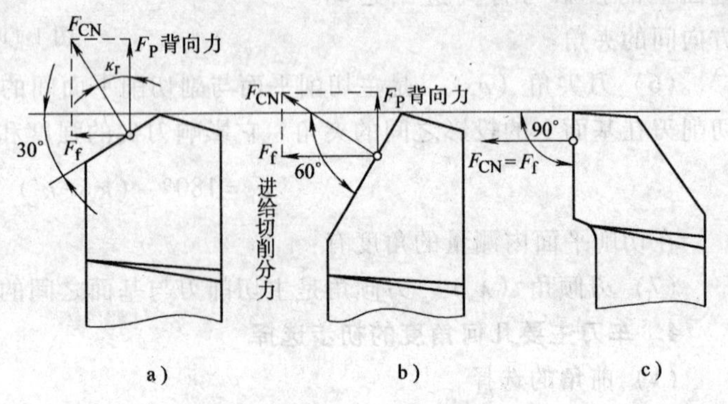

图1-12 主偏角对切削分力的影响

a）$\kappa_r=30°$ b）$\kappa_r=60°$ c）$\kappa_r=90°$

2）主偏角的选择。选择主偏角时，应重点考虑工件的形状和刚性。工件刚性差（如车细长轴为了减小径向分力），应选择较大主偏角；加工台阶轴类的工件，主偏角 $\kappa_r>90°$。车削硬度较高的工件，应选较小的主偏角。

3）副偏角的作用。副偏角主要是减少副切削刃与工件与已加工表面的摩擦，影响工件的表面加工质量及车刀的强度。

4）副偏角的选择。减小副偏角，可以减小工件表面粗糙度值。粗车时副偏角选稍大些，精车时副偏角选稍小些。

（4）刃倾角的选择

1）刃倾角的作用。刃倾角的主要作用是影响刀具强度和控制排屑方向。当刃倾角为负值时，可增加刀头的强度，并在车刀受冲击时保护刀尖。刃倾角还会影响前角及切削刃的锋利程度。增大刃倾角能使切削刃锋利，并可切下很薄的金属层。

2）刃倾角有正、负值和零度之分。当主切削刃和基面平行时，刃倾角为零度，切削时，切屑基本上朝垂直于主切削刃方向排出，见图1-13c。

当刀尖位于主切削刃最高点时，刃倾角为正值。切削时，切屑朝工件待加工面方向排出，见图1-13a。切屑不易擦伤已加工表面，但刀尖的强度较差。尤其是车削不连续的工件表面时，由于冲击力较大，刀尖易损坏。

当刀尖位于主切削刃最低点时，刃倾角为负值。切削时，切屑朝工件已加工面方向排出，容易擦伤已加工表面。但刀尖强度好。在车削有较大冲击力的工件时，最先承受冲击的

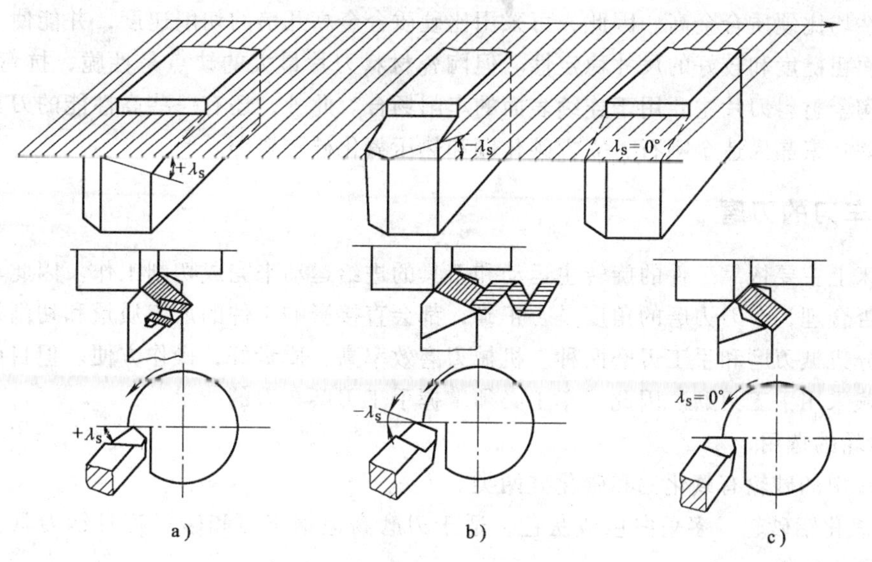

图 1-13　刃倾角及对切削的影响

a）$+\lambda_s$　b）$-\lambda_s$　c）$\lambda_s=0$

着力点，在远离刀尖的切削刃处，从而保护了刀尖，见图 1-13b。

3）刃倾角的初步选择。选择刃倾角时通常主要考虑工件材料、刀具材料和加工性质。

粗加工和继续切削时，所受冲击力较大，为了提高刀尖强度，应选负值刃倾角；车削一般工件，则取零度刃倾角；精车时，为了避免切屑将已加工表面拉毛，刃倾角应取正值。

四、车刀切削部分的材料

1. 车刀的材料要求

在车削过程中，车刀的切削部分是在较大的切削抗力、较高的切削温度和剧烈的摩擦条件下进行工作的。车刀寿命的长短和切削效率的高低，首选决定于车刀切削部分的材料是否具备优良的切削性能。所以车刀切削部分的材料应满足高硬度、高的耐磨性、高的耐热性、足够的抗弯强度和冲击韧度以及良好的工艺性。

2. 车刀切削部分的常用材料

（1）高速钢　是一种含钨、铬、钒、钼等元素较多的高合金工具钢。常用的牌号为：W18Cr4V、W9Cr4V2 等。这种材料强度高、韧性好，能承受较大的冲击力，工艺性好，易磨削成形，刃口锋利，常用于一般切削速度下的精车。但因其耐热性较差，故不适于高速切削。

（2）硬质合金　是用钨和钛的碳化物粉末加钴作为粘结剂，高压压制成形后再高温烧结而成的粉末冶金制品，其硬度、耐磨性均很好，红硬性也很高，故其切削速度比高速钢高出几倍甚至十几倍，能加工高速钢无法加工的难切削材料，但抗弯强度和抗冲击韧度比高速钢差很多。制造形状复杂刀具时，工艺上要比高速钢困难。硬质合金是目前应用最为广泛的一种车刀材料，尤其适合高速切削（最高切削速度可达 220m/min）。硬质合金按其成分不同，常用的有钨钴类和钨钛钴类合金两类。

（3）陶瓷　用氧化铝（Al_2O_3）微粉在高温下烧结而成的陶瓷材料刀片，其硬度、耐磨性和耐热性均比硬质合金高。因此，可采用比硬质合金高几倍的切削速度，并能使工件获得较高的表面粗糙度和较好的尺寸稳定性。但陶瓷材料刀片最大的缺点是性脆，抗弯强度低、易崩刃。陶瓷材料刀片主要用于连续表面的车削场合。此外，还有一些高性能的刀具材料得到应用，如：聚晶人造金刚石、立方碳化硼和热压氧化硅陶瓷等。

五、车刀的刃磨

在车床上主要依靠工件的旋转主运动和刀具的进给运动来完成切削工作。因此车刀角度的选择是否合理，车刀刃磨的角度是否正确，都会直接影响工件的加工质量和切削效率。车刀的刃磨分机械刃磨和手工刃磨两种。机械刃磨效率高、质量好，操作方便。但目前中小型工厂仍普遍采用手工刃磨。因此，车工必须掌握手工刃磨车刀的技术。

1. 砂轮的选用

目前常用的砂轮有氧化铝和碳化硅两类。

(1) 氧化铝砂轮　多呈白色或灰色，适于刃磨高速钢车刀和碳素工具钢刀具。氧化铝砂轮也称刚玉砂轮。

(2) 碳化硅砂轮　多呈绿色，适于刃磨硬质合金车刀。

砂轮的粗细以粒度表示。GB/T 2481—1998 规定了 37 个粒度号，粒度大表示组成砂轮的磨料细，粒度小表示组成砂轮的磨料粗。粗磨时用粗粒度，精磨时用细粒度。

2. 车刀刃磨的方法和步骤

现以硬质合金（YT15）90°外圆车刀为例，介绍手工刃磨车刀的方法。

1) 先磨去车刀前面、后面上的焊渣，并将车刀底面磨平。

2) 粗磨主后面和副后面的刀柄部分。刃磨时，在略高于砂轮中心的水平位置处将车刀翘起一个比刀体上的后角大 2°～3°的角度，以便刃磨刀体上的主后角和副后角，见图 1-14。

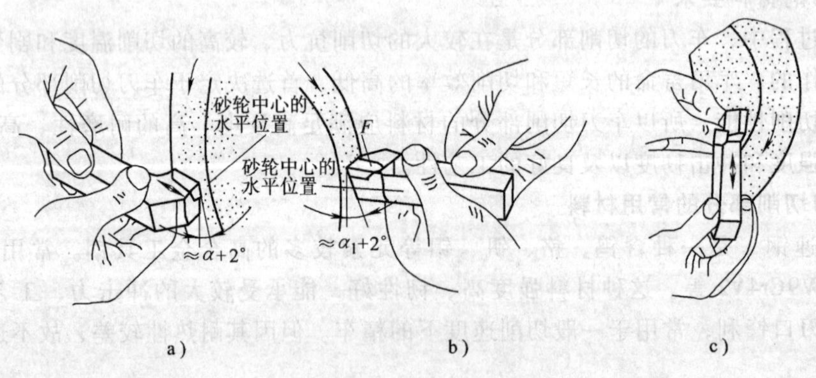

图 1-14　刃磨车刀

a) 粗磨后角　b) 粗磨副后角　c) 粗磨前面

3) 粗磨刀体上的主后面。磨主后面时，刀柄应与砂轮轴线保持平行，同时刀体底平面向砂轮方向倾斜一个比主后角大 2°的角度。刃磨时，先把车刀已磨好的后隙面靠在砂轮的外圆上，以接近砂轮中心的水平位置为刃磨的起始位置，然后使刃磨位置继续向砂轮靠近，并作左右缓慢移动。当砂轮磨至切削刃处即可结束，见图 1-14a。这样可同时磨出 $\kappa_r=90°$的主偏角和主后角。

4）粗磨刀体上的副后面。磨副后面时，刀柄尾部应向右转过一个副偏角 κ'_r 的角度，同时车刀底平面和砂轮方向倾斜一个比副后角大2°的角度（见图1-14b）。具体刃磨方法与粗磨刀体上主后面大体相同。不同的是粗磨副后面时砂轮应磨到刀尖处为止。如此，也可同时磨出副偏角 κ'_r 和副后角。

5）粗磨前面。以砂轮的端面粗磨车刀的前面，并在磨前面的同时磨出前角 γ_o，见图1-14c。

6）磨断屑槽。断屑槽常见的有圆弧型和直线型两种，见图1-15。圆弧型断屑的前角一般较大，适于切削较软的材料；直线型断屑槽前角较小，适于切削较硬的材料。

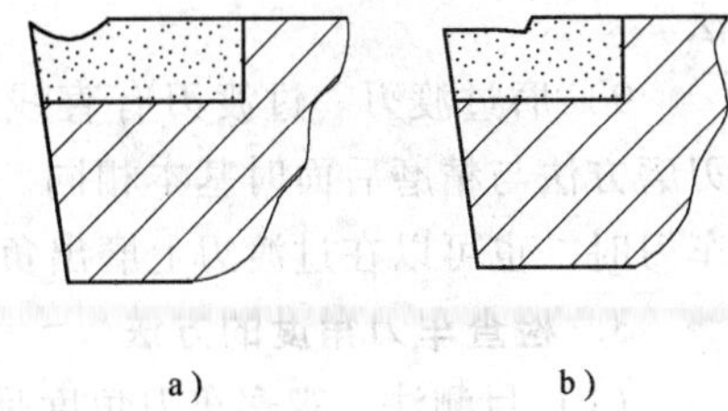

图1-15 断屑槽的两种形式

a）圆弧型 b）直线型

断屑槽的宽窄应根据背吃刀量和进给量来确定。

手工刃磨的断屑槽一般为圆弧型。刃磨时，须先将砂轮的外圆和端面的交角处用修砂轮金刚石笔（或用硬砂条）修磨成相应的圆弧。若刃磨直线型断屑槽，则砂轮的交角处须修磨得很尖锐。刃磨时刀尖可向下磨或向上磨。但选择刃磨断屑槽的部位时，应考虑留出刀头倒棱的宽度（即留出相当于进给量大小的距离），见图1-16。

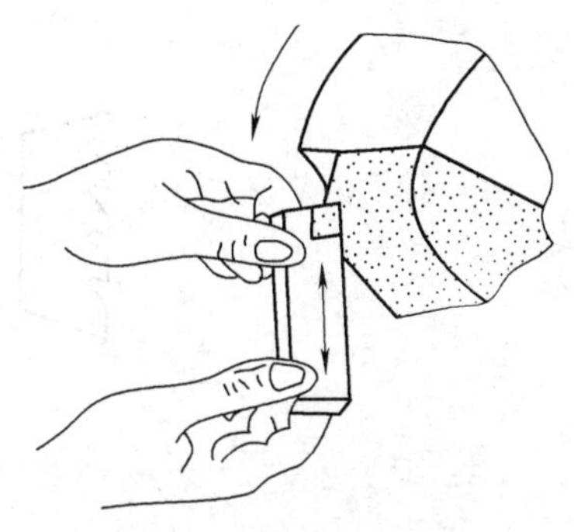

图1-16 刃磨断屑槽的方法

刃磨断屑槽时，须注意如下要点：

① 砂轮的交角处应经常保持尖锐或具有一定的圆弧状。当砂轮棱边磨损出较大圆弧时，应及时修整。

② 刃磨时的起点位置应该与刀尖、主切削刃离开一定距离，不能一开始就直接刃磨到主切削刃和刀尖上，而使主切削刃和刀尖磨塌。一般起始位置与刀尖的距离等于断屑槽长度的1/2左右；与主切削刃的距离等于断屑槽宽度的1/2再加上倒棱的宽度。

③ 刃磨时，不能用力过大，车刀应沿刀柄方向作上下缓慢移动。要特别注意刀尖，切莫把断屑槽的前端口磨塌。

④ 刃磨过程中应反复检查断屑槽的形状、位置及前角的大小。对于尺寸较大的断屑槽，可分粗磨和精磨两个阶段；尺寸较小的则可一次刃磨成形。

7）精磨主后面和副后面。精磨前要修整好砂轮，保持砂轮平稳旋转，刃磨时将车刀底平面靠在调整好角度的托架上，并使切削刃轻轻地靠在砂轮的端面上，并沿砂轮端面缓慢地左右移动，使砂轮磨损均匀、车刀刃口平直。

8）磨负倒棱。刀具主切削刃担负着绝大部分的切削工作。为了提高主切削刃的强度，改善其受力和散热条件，通常在车刀的主切削刃上磨出倒棱，见图1-17。

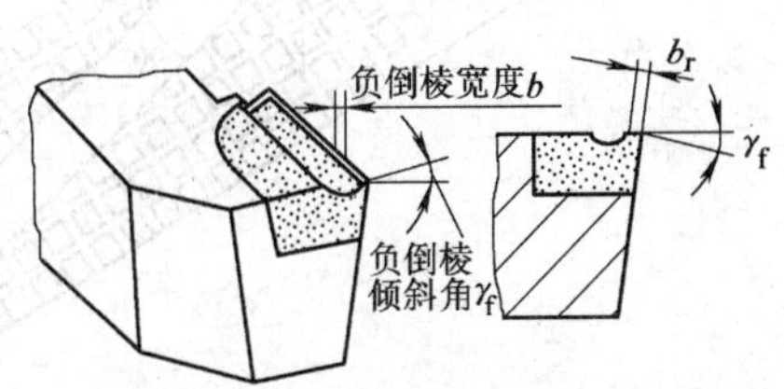

图1-17 负倒棱

负倒棱的倾斜角度 γ_f 一般为 $-5° \sim -10°$，其宽度 b_γ 为进给量的 $0.5 \sim 0.8$ 倍，即 $b_\gamma = (0.5 \sim 0.8)f$。

对于采用较大前角的硬质合金车刀及车削强度、硬度特别低的材料时，则不宜采用负倒棱。

负倒棱刃磨方法见图 1-18。刃磨时，用力要轻微，要使主切削刃的后端向刀尖方向摆动。刃磨时可采用直磨法和横磨法。为了保证切削刃的质量，最好采用直磨法。

9）磨过渡刃。过渡刃有直线型和圆弧型两种，其刃磨方法与精磨后面时基本相同。刃磨车削较硬材料的车刀时，也可以在过渡刃上磨出负倒棱。

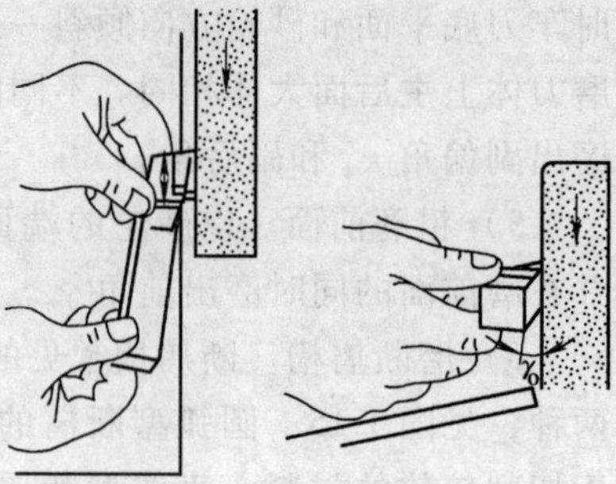

图 1-18 负倒棱的刃磨方法

3. 检查车刀角度的方法

（1）目测法　观察车刀角度是否符合车削要求，切削刃是否锋利，表面是否有裂痕和其他不符合车削要求的缺陷。

（2）量角器和样板测量法　对于角度要求较高的车刀，可以用这种方法检查，见图 1-19。

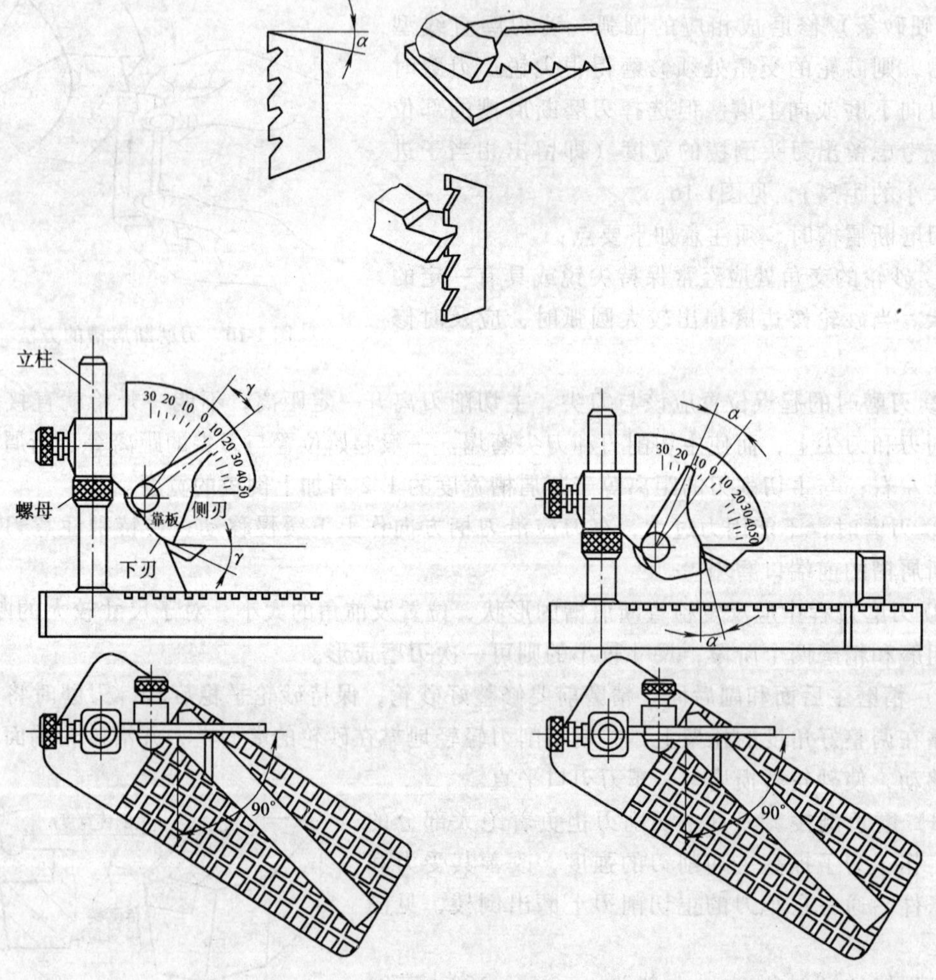

图 1-19 用样板和量角器测量车刀的角度

【技能训练】

1. 训练内容

学习车刀的刃磨方法，车刀的刃磨要求见图 1-20。

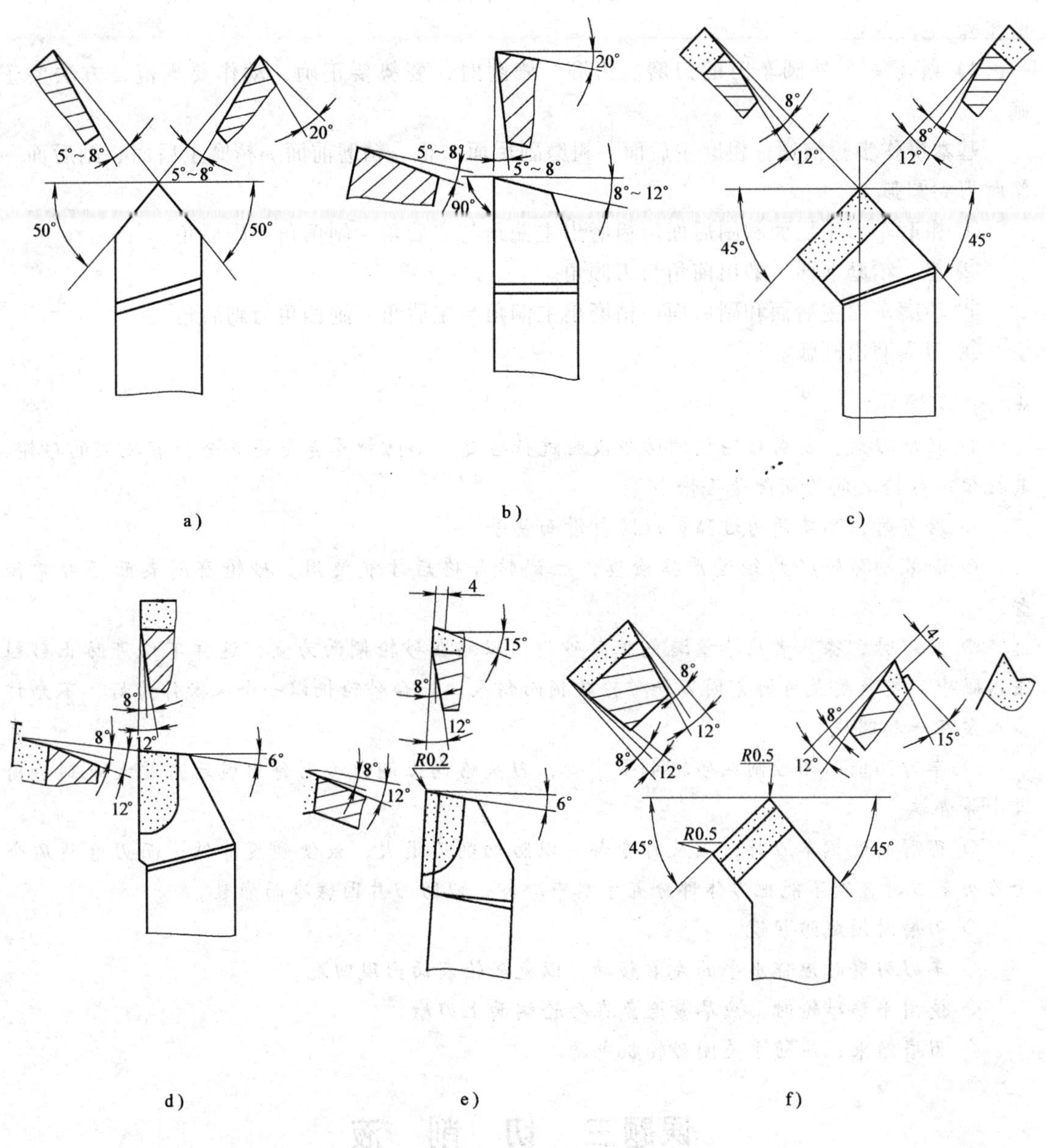

图 1-20　外圆车刀的刃磨要求

a）80°外圆车刀　b）高速钢 90°外圆车刀

c）、f）硬质合金 45°外圆车刀　d）、e）硬质合金 90°外圆车刀

2. 刀具及设备

（1）刀具　90°外圆车刀、45°外圆车刀、螺纹车刀。

(2) 设备 砂轮机。

3. 训练步骤

1) 在教师的指导下，分析理解车刀的几何角度，认真听教师讲解车刀的刃磨方法。

2) 学生观摩教师示范操作。示范操作时，重点讲解砂轮机的安全使用方法及车刀的刃磨步骤。

3) 练习一个外圆车刀的刃磨。刃磨、修磨时，姿势要正确，动作要规范，方法要正确。

基本操作步骤描述： 粗磨主后面→粗磨副后面→粗、精磨前面→精磨主后面、副后面→修磨刀尖圆弧

① 粗磨车刀主后面和副后面。粗磨出主偏角与主后角、副偏角与副后角。

② 粗、精磨前面。磨出前角与刃倾角。

③ 精磨车刀主后面和副后面。精磨出主偏角与主后角、副偏角与副后角。

④ 刀尖磨出圆弧。

操作提示

◇ 在磨刀前，要对砂轮机的防护设施进行检查。如防护罩壳是否齐全；有托架的砂轮，其托架与砂轮之间的间隙是否恰当等。

◇ 磨刀时，不要用力过猛，以防打滑而伤手。

◇ 新装的砂轮必须经过严格检查，经试转合格后才能使用。砂轮磨削表面须经常修整。

◇ 磨刀时，操作者应尽量避免正对砂轮，以站在砂轮侧面为宜，这样不仅可防止砂粒飞入眼中，更重要是可避免因万一砂轮破损而伤人。一台砂轮机以一个人操作为好，不允许多人聚在一起围观。

◇ 车刀高低必须控制在砂轮水平中心，刀头略向上翘，否则会出现后角过大或副后角过小等弊端。

◇ 刃磨高速钢车刀时，应及时冷却，以防切削刃退火，致使硬度降低；而刃磨硬质合金刀头车刀时，则不能把刀体部分置于水中冷却，以防刀片因骤冷而崩裂。

◇ 刃磨时须戴防护镜。

◇ 车刀刃磨时应作水平的左右移动，以免砂轮表面出现凹坑。

◇ 使用平形砂轮时，应尽量避免在砂轮端面上刃磨。

◇ 刃磨结束，应随手关闭砂轮机电源。

课题三 切 削 液

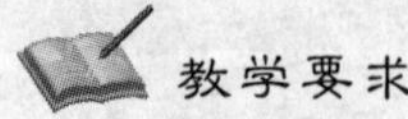

教学要求

1. 掌握切削液的作用及分类。
2. 掌握切削液的选用方法。

切削液主要用来降低切削温度和减少切削过程中的摩擦。在车削过程中，金属切削层发

生了变形，在切屑与刀具间、刀具与加工表面间存在着剧烈的摩擦。这些都会产生很大的切削力和大量的切削热。若在车削过程中合理地使用切削液，不仅能减小表面粗糙度值，减小切削力，而且还会使切削温度降低，从而提高劳动生产率和产品质量，延长刀具的使用寿命。

一、切削液的作用

1. 冷却作用

切削液能吸收并带走切削区域大量的切削热，能有效地改善散热条件、降低刀具和工件的温度，从而延长了刀具的使用寿命，防止工件因热变形而产生的误差，为提高加工质量和生产效率创造了极为有利的条件。

2. 润滑作用

由于切削液能渗透到切屑、刀具与工件的接触面之间，并粘附到工件表面上，而形成一层极薄的润滑膜，则可减小切屑、刀具与工件间的摩擦，降低切削力和切削热，减缓刀具的磨损，因此有利于保持车刀切削刃锋利，提高工件表面加工质量。对于精加工，加注切削液显得更为重要。

3. 冲洗作用

为了防止切削过程中产生的微小切屑粘附在工件和刀具上，尤其是钻深孔和铰孔时，切屑容易堵塞在容屑槽中，影响工件的表面粗糙度和刀具寿命。如果加注有一定压力和充足流量的切削液，能有效地冲走粘附在加工表面和刀具上的微小切屑及杂质，可减少刀具磨损，降低工件表面粗糙度值。

二、切削液的种类及其选用

1. 切削液的种类

车削常用的切削液有乳化液和切削油两大类。

(1) 乳化液　乳化液是用乳化油加 15～20 倍的水稀释而成，主要起冷却作用。其特点是粘度小，流动性好，比热容大，能吸收大量的切削热；但因其中水分较多，故润滑、防锈性能差。若加入一定量的硫、氯等添加剂和防锈剂，则可提高润滑效果和防锈能力。

(2) 切削油　切削油的主要成分是矿物油，少数也采用动物油或植物油。这类切削液的比热容小，粘度较大，散热效果稍差、流动性差，但润滑效果比乳化液好，主要起润滑作用。

常用的切削油是粘度较低的矿物油，如 L-AN16 和 L-AN22 全损耗系统用油、轻柴油、煤油等。由于纯矿物油的润滑效果不理想，通常在其中加入一定量的添加剂和防锈剂，以提高其润滑性能和防锈性能。

动、植物油作切削油虽然能形成较牢固的润滑膜，润滑效果较好，但因容易变质，而使其应用受到限制。

2. 切削液的选用

切削液的种类繁多，性能各异，在车削过程中应根据加工性质、工艺特点、工件材料和刀具材料等具体条件来合理选用。常用切削液见表 1-1。

表 1-1 常用切削液选用表

<table>
<tr><th colspan="2" rowspan="2">加工类型</th><th colspan="6">工 件 材 料</th></tr>
<tr><th>碳钢</th><th>合金钢</th><th>不锈钢及耐热钢</th><th>铸铁及黄铜</th><th>青 铜</th><th>铝及合金</th></tr>
<tr><td rowspan="2">车、铣及镗孔</td><td>粗加工</td><td>3%~5%乳化液</td><td>(1) 5%~15%乳化液
(2) 5%石墨或硫化乳化液
(3) 5%氯化石蜡油制乳化液</td><td>(1) 10%~30%乳化液
(2) 10%硫化乳化液</td><td>(1) 一般不用
(2) 3%~5%乳化液</td><td>一般不用</td><td>(1) 一般不用
(2) 中性或含有游离酸小于4mg的弱性乳化液</td></tr>
<tr><td>精加工</td><td colspan="2">(1) 石墨化或硫化乳化液
(2) 5%乳化液（高速时）
(3) 10%~15%乳化液（低速时）</td><td>(1) 氧化煤油
(2) 煤油75%、油酸或植物油25%
(3) 煤油60%、松节油20%、油酸20%</td><td>黄铜一般不用，铸铁用煤油</td><td>7%~10%乳化液</td><td rowspan="2">(1) 煤油
(2) 松节油
(3) 煤油与矿物油的混合物</td></tr>
<tr><td colspan="2">切断及切槽</td><td colspan="2">(1) 15%~20%乳化液
(2) 硫化乳化液
(3) 活性矿物油
(4) 硫化油</td><td>(1) 氧化煤油
(2) 煤油75%、油酸或植物油25%
(3) 硫化油85%~87%、油酸或植物油13%~15%</td><td>(1) 7%~10%乳化液
(2) 硫化乳化液</td><td></td></tr>
<tr><td colspan="2">钻孔及镗孔</td><td colspan="2">(1) 7%硫化乳化液
(2) 硫化切削油</td><td>(1) 3%肥皂+2%亚麻油（不锈钢钻孔）
(2) 硫化切削油（不锈钢镗孔）</td><td rowspan="2">(1) 一般不用
(2) 煤油（用于铸铁）
(3) 菜油（用于黄铜）</td><td>(1) 7%~10%乳化液
(2) 硫化乳化液</td><td>(1) 一般不用
(2) 煤油
(3) 煤油与菜油的混合油</td></tr>
<tr><td colspan="2">铰孔</td><td colspan="2">(1) 硫化乳化液
(2) 10%~15%极压乳化液
(3) 硫化油与煤油混合液（中速）</td><td>(1) 10%乳化液或硫化切削油
(2) 含硫氯磷切削油</td><td colspan="2">(1) 2号锭子油
(2) 2号锭子油与蓖麻油的混合物
(3) 煤油和菜油的混合物</td></tr>
<tr><td colspan="2">车螺纹</td><td colspan="2">(1) 硫化乳化液
(2) 氧化煤油
(3) 煤油75%，油酸或植物油25%
(4) 硫化切削油
(5) 变压器油70%，氯化石蜡30%</td><td>(1) 氧化煤油
(2) 硫化切削油
(3) 煤油60%，松节油20%、油酸20%
(4) 硫化油60%、煤油25%、油酸15%
(5) 四氯化碳90%，猪油或菜油10%</td><td>(1) 一般不用
(2) 煤油（铸铁）
(3) 菜油（黄铜）</td><td>(1) 一般不用
(2) 菜油</td><td>(1) 硫化油30%、煤油15%、2号或3号锭子油55%
(2) 硫化油30%、煤油15%、油酸30%、2号或3号锭子油25%</td></tr>
<tr><td colspan="2">滚齿及插齿</td><td colspan="3">(1) 20%~25%极压乳化液
(2) 含硫（或氯、磷）的切削油</td><td>(1) 煤油（铸铁）
(2) 菜油（黄铜）</td><td>(1) 10%~15%极压乳化液
(2) 含氯切削油</td><td>(1) 10%~15%极压乳化液
(2) 煤油</td></tr>
<tr><td colspan="2">磨削</td><td colspan="3">(1) 电解水溶液
(2) 3%~5%乳化液
(3) 豆油+硫磺粉</td><td colspan="2">3%~5%乳化液</td><td>磺化蓖麻油1.5%、浓度30%~40%的氢氧化钠，加至微碱性，煤油9%，其余为水</td></tr>
</table>

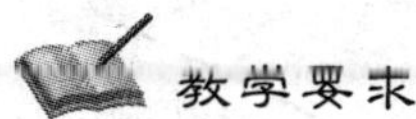

操作提示

◇ 切削一开始，就应供给切削液，并要求连续使用。

◇ 加注切削液的流量应充分，平均流量为 10～20L/min。

◇ 切削液应浇注在过渡表面、切屑和前面接触的区域，因为此处产生的热量最多，最需要冷却润滑。

课题四　车床的润滑和维护保养

教学要求

1. 了解车床维护保养的重要意义。
2. 懂得车床日常注油部位和注油方式。
3. 懂得车床的日常清洁维护保养要求。
4. 进行一级保养时，能正确使用所需的工具。
5. 掌握一级保养的步骤和方法。

为了保证车床的正常运转，减少磨损，延长车床使用寿命，应对车床的所有摩擦部位进行润滑。

一、车床润滑的几种方式

1. 浇油润滑

常用于外露的滑动表面，如床身导轨面和滑板导轨面等。

2. 溅油润滑

常用于密封的箱体中。如车床主轴箱中的转动齿轮将箱底的润滑油溅射到箱体上部的油槽中，然后输送到各处进行润滑。

3. 油绳导油润滑

常用于进给箱和溜板箱的油池中。利用毛线既易吸油又易渗油的特性，通过毛线把油引入润滑点，间断地滴油润滑，见图 1-21a。

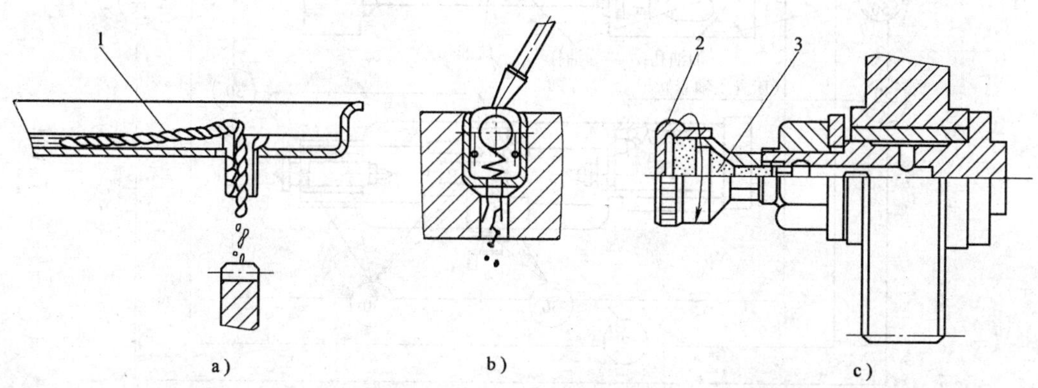

图 1-21　润滑的几种方式
1—毛线　2—黄油杯　3—黄油

4. 弹子油杯注油润滑

常用于尾座、中滑板手柄及丝杠、光杠、操纵杆等转动部位的轴承处。注油时用油枪端头油嘴压下油杯上的弹子，将油注入。油嘴撤去，弹子又回复原位，封住注油口，以防尘土和切屑入内，见图 1-21b。

5. 黄油（油脂）杯润滑

常用于车床交换齿轮架的中间轴或不便经常润滑处。使用时，在黄油杯中加满钙基润滑脂，需要润滑时，拧进油杯盖，则杯中的油脂就被压到润滑点中去，见图 1-21c。使用油脂润滑的另一特点是存油期长，不需每天加油。

6. 油泵输油润滑

常用于转速高、需要大量润滑油连续强制润滑的机构。如车床主轴箱内许多润滑点就是采用这种方式，见图 1-22。

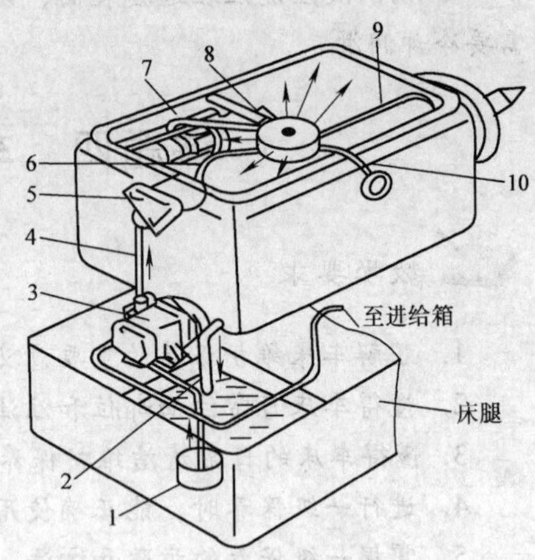

图 1-22 油泵循环润滑主轴箱
1—网式滤油器 2—回油管 3—油泵 4、6、7、9、10—油管 5—过滤器 8—分油器

二、车床的润滑部位、周期及润滑方法

车床的润滑部位见图 1-23。图中㉚表示 L-AN30 全损耗系统用油；②表示 2 号钙基润滑脂；$\frac{30}{50}$表示油类/两班制换（添）油天数。

1）主轴箱内的零件用油泵循环润滑或飞溅润滑。箱内润滑油一般三个月更换一次。主

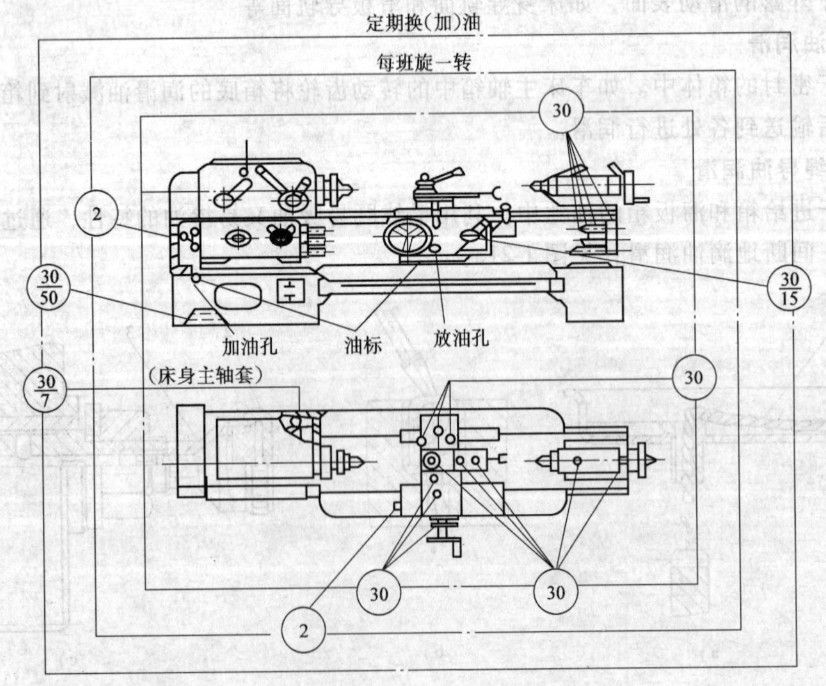

图 1-23 润滑部位

轴箱体上有一个油标，若发现油标内无油输出，说明油泵输油系统有故障，应立即停机检查断油的原因，待修复后才能开动车床。

2）进给箱内的齿轮和轴承，除了用齿轮飞溅润滑外，在进给箱上部还有用于油绳导油润滑的储油槽，每班应给该储油槽加一次油。

3）交换齿轮箱中间齿轮轴轴承是黄油杯润滑，每班一次，7 天加一次钙基脂。

4）尾座和中、小滑板手柄及光杠、丝杠、刀架转动部位靠弹子油杯润滑，每班润滑一次。

此外，床身导轨、滑板导轨在工作前后都要擦干净后用油枪加油。

三、车床日常保养的要求

为了保证车床的加工精度、延长其使用寿命、保证加工质量、提高生产效率，车工除了能熟练地操作机床外，还必须学会对车床进行合理的维护、保养。

车床的日常维护、保养要求如下：

1）每天工作后，切断电源，对车床各表面、各罩壳、导轨面、丝杠、光杠、各操纵手柄和操纵杆进行擦拭，做到无油污、无切屑，车床外表清洁、场地整洁。

2）每周要求保养车床三个导轨面及转动部位并清洁、润滑。要求油眼畅通、油标油窗清晰，清洗油绳和护床油毛毡，保持车床外表清洁。

四、车床的一级保养

通常当车床运行 500h 后，需进行一级保养。其保养工作以操作工人为主，在维修工人的配合下进行。

【技能训练】

1. 训练内容

卧式车床的一级保养

2. 工具辅具及设备

（1）工具　扳手、螺钉旋具等。

（2）辅具　刷子、棉布、柴油、润滑油等。

（3）设备　CA6140 型车床。

3. 训练步骤

1）在教师的指导下，做好充分的准备工作。认真听教师讲解车床一级保养的方法。

2）学生观摩教师示范操作。示范操作时，重点讲解方刀架、中小滑板、尾座的保养方法。

3）学生应预先知道正确的保养步骤和方法。

4）进行车床的一级保养。其操作步骤如下：

基本操作步骤描述：外保养→主轴箱保养→滑板及刀架保养→交换齿轮箱保养→尾座保养→冷却润滑系统的保养→电器部分的保养

① 外表的保养。清洗车床外表面及各罩盖，保持其内、外清洁，无锈蚀、无油污；清洗光杠、丝杠、操纵杆；检查并补齐各螺钉、手柄球、手柄。

② 主轴箱的保养。清洗过滤器和油池；检查主轴锁紧螺母有无松动；紧定螺钉是否拧

紧；调整制动器及离合器摩擦片间隙。

③ 交换齿轮箱的保养。清洗齿轮、轴套，注入新油脂；调整交换齿轮啮合间隙；检查轴套有无晃动现象。

④ 滑板和刀架的保养。拆洗刀架和中、小滑板，洗净擦干后重新组装；并调整中、小滑板与镶条的间隙及中、小滑板丝杠螺母的间隙。

⑤ 尾座的保养。摇出尾座套筒，并擦净涂油，以保持内外清洁。

⑥ 冷却润滑系统的保养。清洗冷却泵、过滤器和盛液盘，更换切削液；清洗油孔、油绳、油毡，保证油路畅通；检查油质，保持良好，油杯齐全，油标清晰。

⑦ 电器的保养。清扫电动机、电器箱上的尘屑。检查电气装置是否固定整齐；检查照明灯及接地情况，保证安全可靠。

操作提示

◇ 保养时，必须先切断电源。

◇ 要按保养步骤进行保养工作。

◇ 有要求拆下的部分，如刀架、中小滑板、尾座等，必须拆下后再清洗、复装、调试。

◇ 拆下的部件，要成组放好。

◇ 清洗零部件时，要节约用油。注意场地清洁。

第二章　车外圆柱面

学习目标

外圆表面是构成各种机器零件最基本的表面之一。在车削工作中最常见、最基本的加工是车外圆。

将工件装夹在车床卡盘上并做旋转运动，车刀安装在刀架上做纵向进给运动，就可以车出外圆了。

车削这类工件时，除了要保证图样上标注的尺寸精度、表面粗糙度外，还应保证形位精度。

本章的学习目标：

1. 掌握车削外圆、端面的方法。
2. 掌握车削台阶工件的方法。
3. 掌握钻中心孔的方法。
4. 掌握两顶尖装夹车削轴类零件的方法。
5. 掌握一夹一顶装夹车削轴类零件的方法。
6. 掌握车槽和切断的方法。

课题一　车外圆、端面

教学要求

1. 用手动进给均匀地移动床鞍、中滑板、小滑板，按图样要求车削工件。
2. 掌握用试车削、试测量的方法车外圆。
3. 遵守操作规程，养成文明生产、安全生产的良好习惯。

一、车刀安装

将刃磨好的车刀装夹在方刀架上。车刀安装正确与否，直接影响车削的顺利进行和工件的加工质量，所以在装夹车刀时必须注意下列事项：

1）车刀装夹在刀架上的伸出部分应尽量短，以增强其刚性。刀头伸出长度约为刀柄厚度的 1～1.5 倍。车刀下面垫片的数量要尽量少（一般为 1～2 片），并与刀架边缘对齐，且至少用两个螺钉平整压紧，以防振动。见图 2-1。

2）车刀刀尖应与工件旋转中心等高。车刀刀尖高于工件轴线，会使车刀的实际后角减小，车刀后面与工件之间的摩擦增大，造成刀尖碎裂。刀尖低于工件轴线，在车至端面中心时会留有上凸头。见图 2-2。

为使车刀刀尖对准工件中心，通常采用下列几种方法：

1）根据车床的主轴中心高，用金属直尺测量装刀。

2）根据机床尾座顶尖的高低装刀。

3）将车刀靠近工件端面，用目测估计车刀的高低，然后夹紧车刀，试车端面，再根据端面的中心来调整车刀。

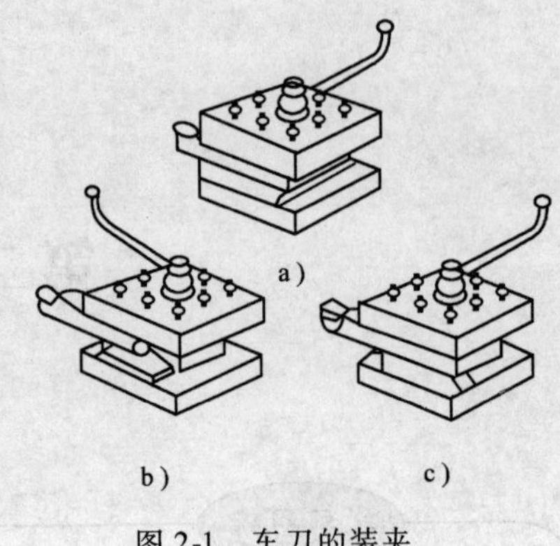

图 2-1 车刀的装夹
a）正确 b）、c）不正确

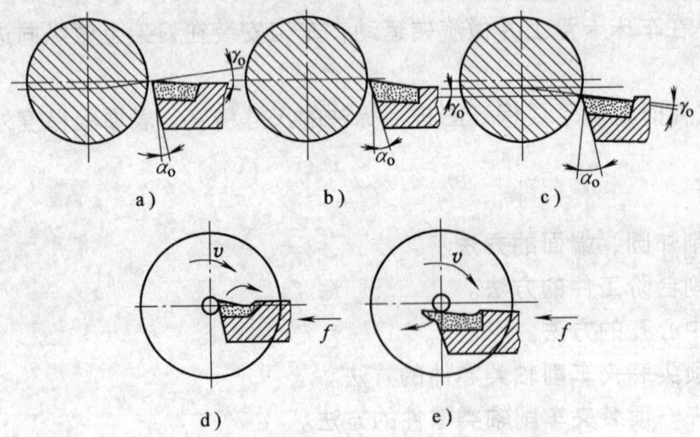

图 2-2 车刀刀尖不对准工件中心的后果
a）刀尖高于工件轴线 b）刀尖与工件轴线等高
c）刀尖低于工件轴线 d）刀尖不对中心 e）刀尖崩碎

二、工件的安装

车削时，必须将工件安装在车床的夹具上或三爪自定心卡盘上，经过校正和夹紧，使它在整个加工过程中始终保持正确的位置。工件安装的质量和速度，直接影响生产效率和加工质量。找正外圆时一般要求不高，只要保证能车至图样要求，以及不加工表面均匀即可。如发现毛坯工件呈扁形，应以直径小的相对两点为基准进行找正。

在三爪自定心卡盘上装夹工件，通常可采用以下几种方法：

1）粗加工时可用目测和划线盘找正工件毛坯表面。

2）半精车、精车时可用百分表找正工件外圆和端面。

3）装夹轴向尺寸较小的工件时，还可以先在刀架上装夹一铜棒，再轻轻夹紧工件，然后使卡盘低速带动工件转动，移动床鞍，使刀架上的圆头铜棒轻轻接触已粗加工的工件端面，观察工件端面大致与轴线垂直后即停机，并夹紧工件。见图 2-3。

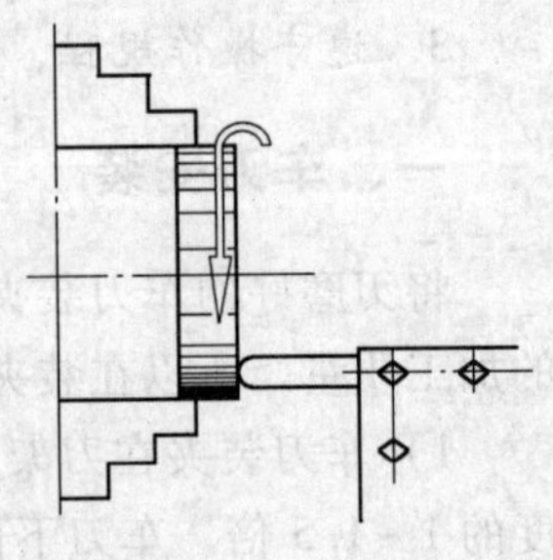

图 2-3 找正工件端面的方法

三、车外圆、端面的方法

1. 车端面的方法

开动机床使工件旋转，移动小滑板或床鞍，控制背吃刀量，然后锁紧床鞍。摇动中滑板手柄作横向进给，由工件外缘向中心车削。见图 2-4a、c、d。也可由中心向外缘车削，见图 2-4b。若选用 90°外圆车刀车削端面，应采用中心向外缘车削。

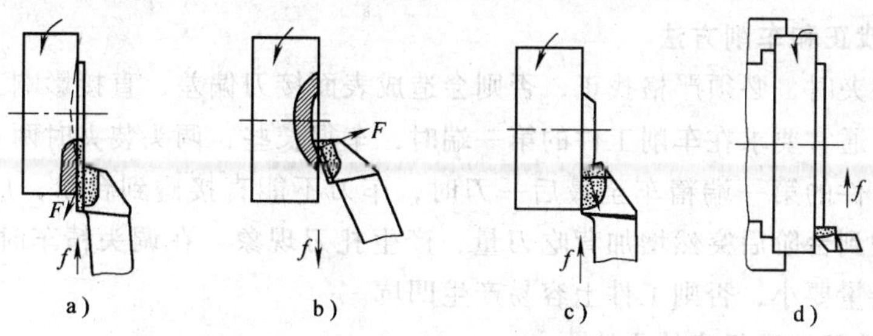

图 2-4　用偏刀车外圆
a)、c)、d) 从工件外缘向中心车削　b) 从工件中心向外缘车削

粗车时，一般选 $a_p=2\sim5$mm，$f=0.3\sim0.7$mm/r；精车时，一般选 $a_p=0.2\sim1$mm、$f=0.1\sim0.3$mm/r。车端面时的切削速度随着工件直径的减小而减小，计算时必须按端面的最大值计算。

2. 车外圆的方法

1）起动车床使工件旋转。左手摇动床鞍手轮，右手摇动中滑板手柄，使车刀刀尖靠近并轻轻地接触工件待加工表面，以此作为确定背吃刀量的零点位置。反向摇动床鞍手轮（此时中滑板手柄不动），使车刀向右离开工件 3～5mm。

2）摇动中滑板手柄，使车刀横向进给，其进给量为背吃刀量。

3）车外圆时要进行试车削、试测量。试切削的目的是为了控制背吃刀量，保证工件的加工尺寸。车刀进刀后作纵向移动 2mm 左右时，纵向快退，停机测量。如尺寸符合要求，就可继续切削；如尺寸还大，可加大背吃刀量；若尺寸过小，则应减小背吃刀量。见图 2-5。

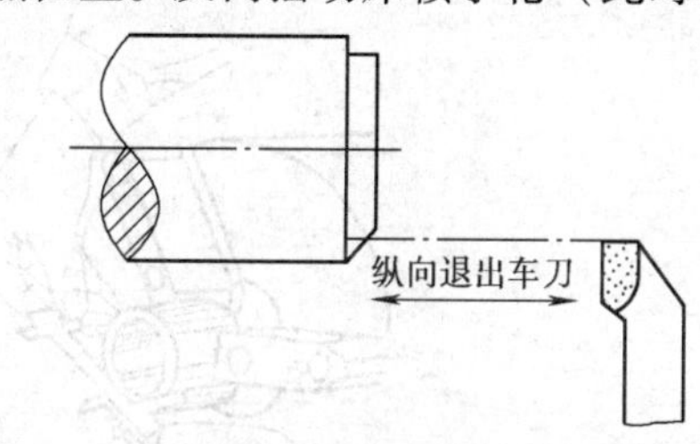

图 2-5　试车外圆

4）通过试车削调好背吃刀量后便可正常车削。此时，可选择机动或手动纵向进给。当车削到所需部位时，退出车刀，停机测量。如此多次进给，直到被加工表面达到图样要求为止。

5）为了控制外圆的长度，通常在车削前根据需要的长度，用金属直尺、卡尺及刀尖在工件外圆表面上刻一线痕，然后根据线痕进行车削。车削完以后，再用金属直尺、卡尺进行检查。见图 2-6。

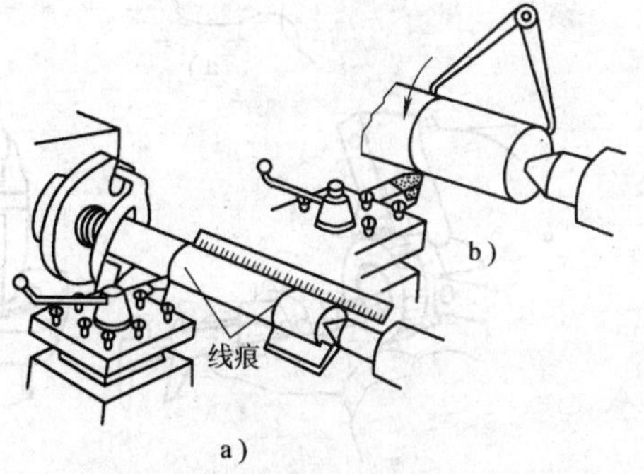

图 2-6　刻线痕确定车削长度
a）用金属直尺刻线痕
b）用内卡钳在工件上刻线痕

6）倒角。当平面、外圆车削好后，转动刀架，

使车刀的切削刃与工件外圆成45°夹角，再移动床鞍至工件外圆和端面相交处进行倒角。$C1$（1×45°）是指在外圆的轴向长度车出1mm长并呈45°的斜角。

四、调头接刀车削工件

工件的长度余量较少或一次装夹不能完成车削的光轴，常采用调头装夹，再接刀车削。调头接刀的工件，一般有接刀痕迹，表面质量较差。

1. 工件的找正和车削方法

接刀工件装夹时，必须严格找正，否则会造成表面接刀偏差，直接影响工件质量。为了保证接刀质量，通常要求在车削工件的第一端时，车得长些，调头装夹时两点间的找正距离应大一些。在工件的第一端精车至最后一刀时，车刀不能直接碰到台阶，应稍离台阶处停刀，以防车刀碰到台阶后突然增加背吃刀量，产生扎刀现象。在调头精车时，车刀要锋利，最后一刀精车余量要小，否则工件上容易产生凹坑。

2. 控制工件两端平行度的方法

以工件先车削的一端外圆和台阶平面为基准，用划线盘找正，找正的精度，可在车削过程中用外径千分尺进行检查，如发现偏差，应从工件最薄处用铜棒敲击，逐次找正。

五、外圆、端面的测量

1. 外圆的测量

（1）外径尺寸的测量　测量外径时，一般精度尺寸常选用游标卡尺，精度要求较高时则选用外径千分尺。见图2-7和图2-8。

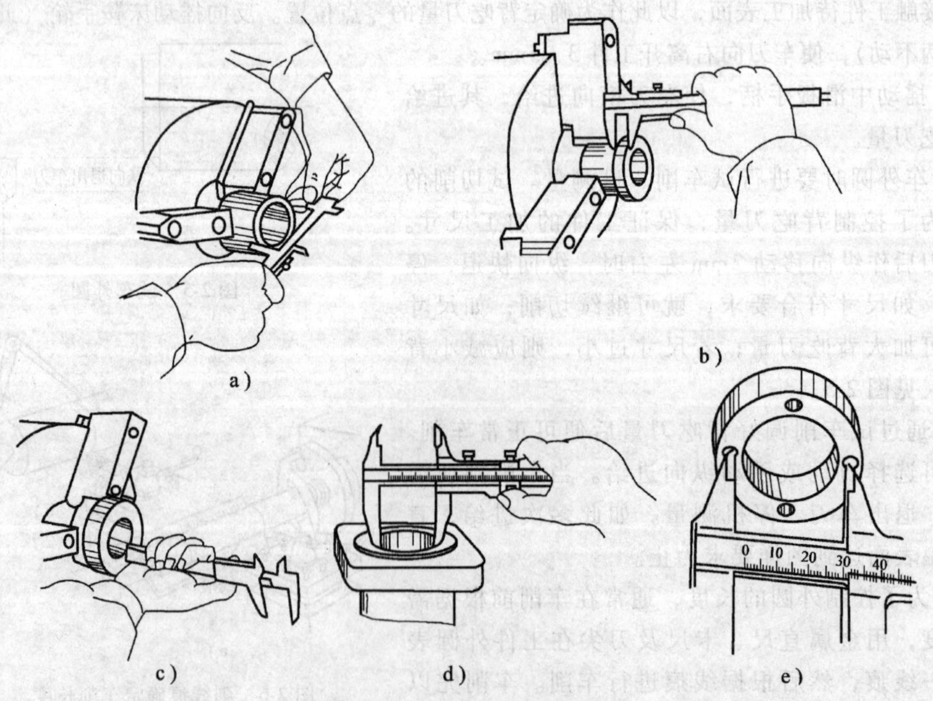

图2-7　游标卡尺的使用方法
a）下量爪测外径　b）下量爪测长度　c）深度尺测长度
d）测量内径尺寸　e）测量两孔间的距离

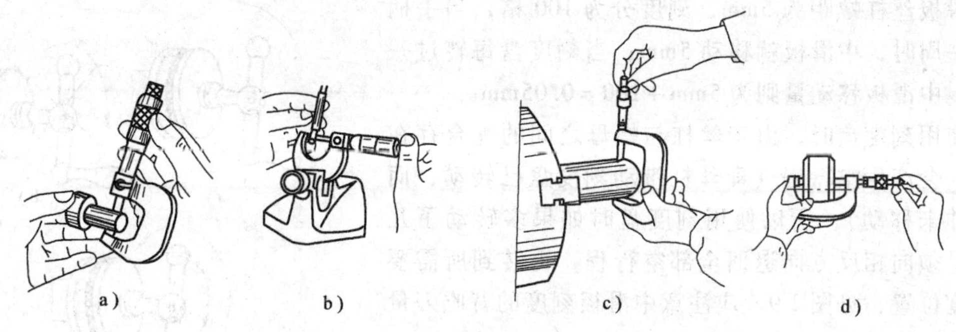

图 2-8　外径千分尺的使用方法
a）单手握千分尺　b）千分尺固定在尺架上　c）、d）双手握千分尺

（2）径向圆跳动误差的测量　将工件支撑在车床上的两顶尖之间，百分表的触头与工件被测部分的外圆接触，并预先将触头压下 1mm 以消除间隙，当工件转过一圈，百分表显示的读数最大差值就是该测量面上的径向圆跳动误差。按上述方法测量若干个截面，各截面上测得圆跳动量中的最大值就是该工件的径向圆跳动误差。也可将工件支撑在平板上面的 V 形架上，并在其轴向设一支撑限位，以防止测量时产生轴向位移，让百分表触头和工件被测部分外圆接触，工件转过一圈，百分表显示的读数最大差值就是该测量面上的径向圆跳动误差。按上述方法测量若干个截面，取各截面上测得跳动量的最大值，就是该工件的径向圆跳动误差。

（3）端面圆跳动误差的测量　若将百分表触头与所需测量的端面接触，并预先使触头压下 1mm，当工件转过一圈，百分表显示的读数最大差值即为该直径测量面上的端面圆跳动误差。按上述方法在若干直径处测量，其端面圆跳动量的最大值即为该工件的端面圆跳动误差。

2. 端面的测量

1）对端面的要求是既与轴心线垂直，又要求平直、光洁。一般可用金属直尺和刀口尺来检测端面的平面度误差。

2）端面对轴线垂直度误差的测量。端面圆跳动和端面对轴线的垂直度有一定的联系，但两者的概念又有所不同。端面圆跳动是端面上任一测量直径处的轴向跳动，而垂直度是整个端面的垂直度误差。

测量端面垂直度时，首先检查其端面圆跳动是否合格，若符合要求再测量端面垂直度。对于精度要求较低的工件，可用直角尺通过透光检查。精度要求较高的工件，将轴支撑在位于平板上的标准套中，然后用百分表从端面中心点逐渐向边缘移动，百分表显示的读数最大差值就是端面对轴线的垂直度误差。还可将轴安装在三爪自定心卡盘上，再用百分表依照上述方法测量。

六、刻度盘的计算和应用

车削工件时，为了准确和迅速地掌握背吃刀量，通常用中滑板或小滑板上的刻度盘进行操纵。中滑板的刻度盘装在横向进给丝杠端面头上，当摇动横向进给丝杠一圈时，刻度盘也随之转一圈，这时固定在中滑板上的螺母就带动中滑板、刀架及车刀一起移动一个导程。如果中滑板丝杠螺距为5mm，刻度分为100格，当手柄摇转一周时，中滑板就移动5mm；当刻度盘每转过一格时，中滑板移动量则为5mm÷100=0.05mm。

使用刻度盘时，由于丝杠与螺母之间的配合存在间隙，会产生空行程（即丝杠带动刻度盘已转动，而滑板并未移动）。所以使用刻度盘时如果多转动了几格，必须向相反方向退回全部空行程，再转到所需要的刻度位置，见图2-9。应注意中滑板刻度的背吃刀量应是工件余量的一半。

图2-9 消除刻度盘空行程的方法
a）转动所需格数 b）不允许倒转
c）退回空行程后正转到所需格数

【技能训练】

1. 训练内容

车削工件的外圆和端面（图2-10）及接刀练习（图2-11）。

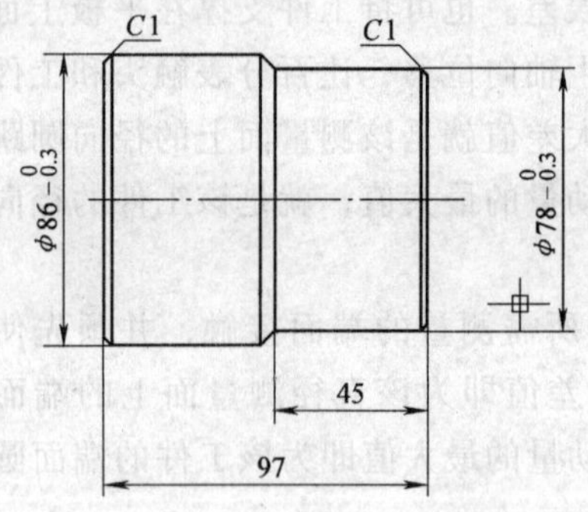

图2-10 车外圆、端面

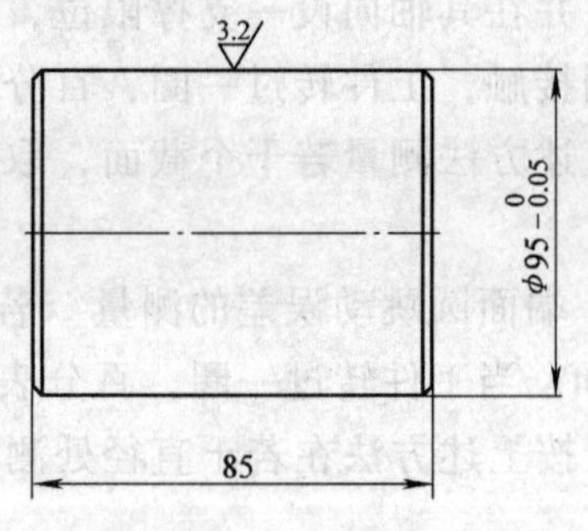

图2-11 接刀练习

2. 工具、量具、刀具及设备

（1）工具 扳手、螺钉旋具、毛刷、油壶等。

（2）量具 外径千分尺、游标卡尺等。

（3）刀具 90°外圆车刀、45°车刀。

（4）设备 CA6140型车床。

3. 训练步骤

1）在教师的指导下，分析理解外圆、端面的车削步骤，从一实例出发，认真听教师讲解外圆、端面的车削方法与测量方法。

2）学生观摩教师示范操作。示范操作时，重点讲解试车削、试测量的方法及测量的方法。

3）学生应预先知道如何车削外圆、端面及正确的测量步骤和方法。

4）练习一个工件外圆、端面的车削。

基本操作步骤描述：粗、精车一端外圆、端面→工件调头装夹，粗、精车另一端外圆、端面

图2-10所示工件的加工步骤：

① 夹住工件外圆20mm左右长，并找正、夹紧。

② 粗车端面及外圆 ϕ88mm，长 60mm。

③ 精车端面及外圆至 ϕ86 ±0.5mm，长 60mm，并倒角 $C1$。

④ 工件调头，并找正、夹紧。

⑤ 粗车端面和外圆 ϕ83mm，长 44mm。

⑥ 精车端面及外圆至图样要求，并倒角 $C1$。

⑦ 检查合格后取下工件。

基本操作步骤描述：粗、精车一端外圆、端面→工件调头，找正夹紧工件→粗、精车另一端外圆、端面

图 2-11 所示工件的加工步骤：

① 夹住外圆 10mm 左右长，找正夹紧。

② 粗车端面。

③ 粗车外圆至 ϕ95.5mm。

④ 精车端面。

⑤ 精车外圆 $\phi95_{-0.05}^{\ 0}$mm 至图样要求。

⑥ 倒角 $C1$。

⑦ 调头，夹住外圆找正。

⑧ 粗、精车另一端面，控制总长 85mm。

⑨ 粗车外圆 ϕ95.5mm。

⑩ 精车外圆 $\phi95_{-0.05}^{\ 0}$mm 至图样要求。

⑪ 倒角 $C1$。

操作提示

◇ 车刀必须对准工件旋转中心。

◇ 车削前应检查滑板位置是否正确，工件是否装夹牢靠，卡盘扳手是否取下。

◇ 车削时应先开机，后进刀。车削完毕后应先退刀后停机。

◇ 车削毛坯时，尽可能一刀车掉氧化皮，否则易损坏车刀。

◇ 摇动中滑板进刀时，要消除空行程。

◇ 开始练习时，建议手动进刀。

◇ 车刀中途磨损时，磨刀后需重新对刀。

课题二　车削台阶工件

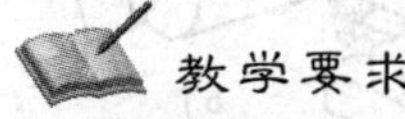

教学要求

1. 掌握车台阶工件的方法。

2. 掌握游标卡尺、外径千分尺、深度游标卡尺的使用方法。

台阶工件就是几个直径大小不同的圆柱体连接在一起像台阶一样的工件。车削台阶工件的方法与车外圆无显著区别，但在车削时应兼顾外圆直径尺寸和台阶长度尺寸的要求，还必须保证台阶面与工件轴线的垂直度要求。

一、台阶工件的技术要求

1）各个外圆之间的同轴度要求。

2）外圆与台阶平面的垂直度要求。

3）台阶平面的平面度要求。

4）台阶平面和外圆相交处要清角。

二、车刀的选择和装夹

车台阶时，通常选用90°偏刀。车刀的安装应根据粗、精车和余量的多少来区别。粗车时为了增加背吃刀量，减少刀尖的压力，车刀安装时主偏角可小于90°（一般为85°～90°）。精车时为了保证台阶端面和轴线垂直度要求，应取主偏角大于90°（一般为93°左右），见图2-12。

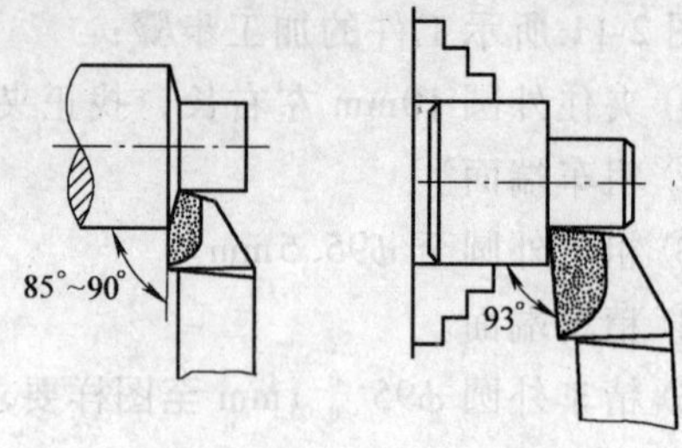

图2-12 车刀的装夹

三、台阶工件的车削方法

车削台阶工件，一般分粗、精车。粗车时的台阶长度除第一挡（即端头的）台阶长度略短外（留精车余量），其余各挡均车至要求的长度。

精车台阶工件时，要在机动进给精车外圆至近台阶处时，以手动进给代替机动进给。当车到台阶面时，应变纵向进给为横向进给，移动中滑板由里向外慢慢精车台阶平面，以确保台阶端面对轴线的垂直度，见图2-13。

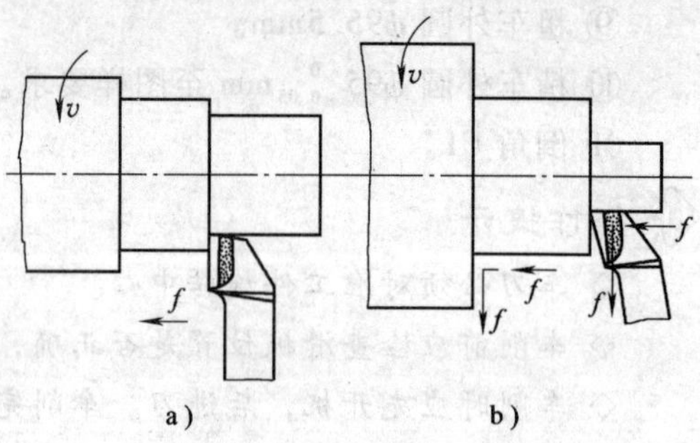

图2-13 台阶工件的车削方法
a）车削低台阶 b）车削高台阶

四、台阶长度的测量和控制方法

车削台阶时，准确掌握台阶长度的关键是按图样选择正确的测量基准。若选择不当，将造成累积误差（尤其是多台阶的工件）而产生废品。粗车时根据台阶长度用刀尖在工件表面刻线痕，进行长度的控制；精车时可用深度游标卡尺、刻度盘等控制长度尺寸。

1. 控制台阶长度尺寸常用的几种方法：

（1）刻线法 先用金属直尺或样板量出台阶的长度尺寸，用车刀刀尖在台阶的所在位置处车出细线，然后再车削，见图2-14。

（2）用挡铁控制台阶长度 在车床导轨的适当位置安装定位工具或挡块，使其对应各个台阶的长度。车削时，车到挡块位置，就可得

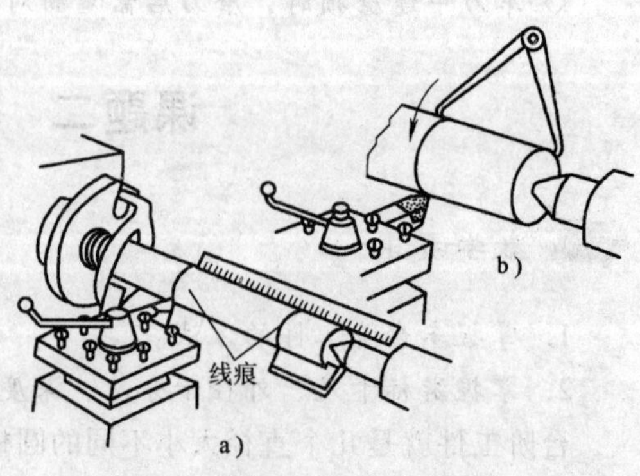

图2-14 刻线痕确定长度尺寸
a）用金属直尺测量 b）用卡钳测量

到所需长度尺寸。

(3) 用刻度盘控制　利用床鞍刻度盘确定台阶长度。

2. 台阶长度的测量

台阶长度的尺寸，通常用金属直尺检查，如精度要求较高时，可以用样板、深度游标卡尺、卡钳等测量，见图 2-15。

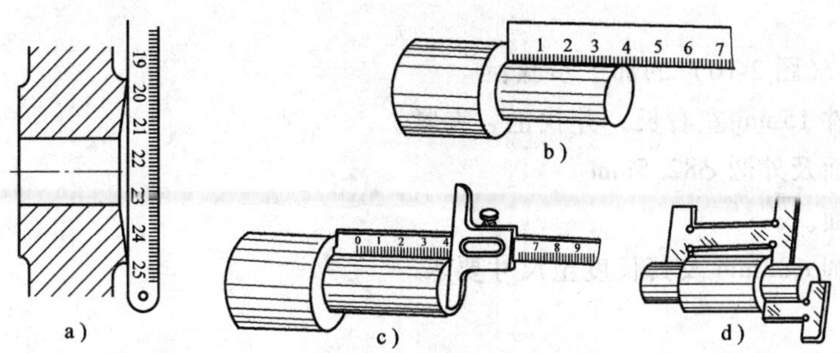

图 2-15　端面和台阶的测量

a)、b) 用金属直尺　c) 用深度游标卡尺　d) 用样板

五、工件的调头找正和车削

根据习惯的找正方法，应先找正卡爪处工件外圆，然后找正台阶处反平面。需反复多次找正后才能车削。粗车后，需进行复查，以防粗车时工件发生位移。

【技能训练】

1. 训练内容

学习台阶工件（图 2-16 和图 2-17）的车削。

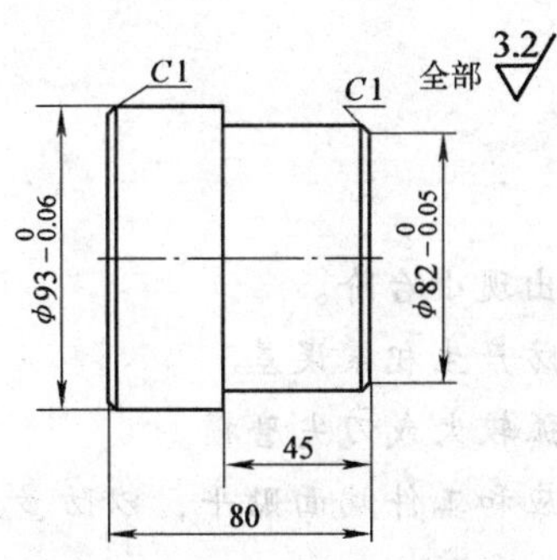

图 2-16　车削台阶工件 1

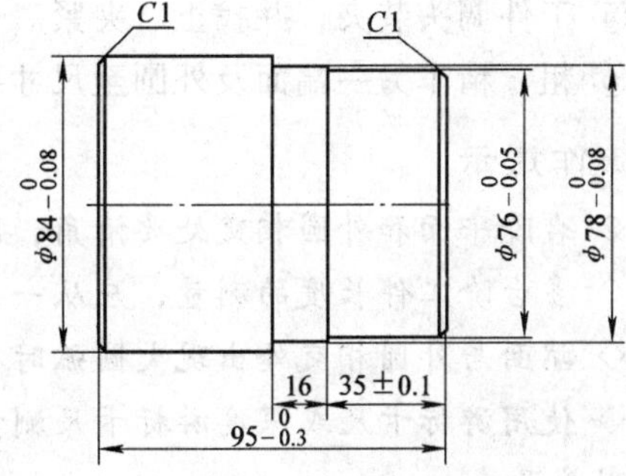

图 2-17　车削台阶工件 2

2. 工具、量具、刀具及设备

(1) 工具　扳手、螺钉旋具、毛刷、油壶等。

(2) 量具　游标卡尺、外径千分尺、深度游标卡尺。

(3) 刀具　90°外圆车刀。

(4) 设备　CA6140 型车床。

3. 训练步骤

1) 在教师的指导下，分析理解台阶工件的车削步骤，从一实例出发，认真听教师讲解台阶工件的车削方法与测量方法。

2）学生观摩教师示范操作。示范操作时，重点讲解台阶长度的控制方法。

3）学生应预先知道车削台阶工件时的正确测量步骤和方法。

4）练习台阶工件的车削。

基本操作步骤描述：粗车平面及外圆→精车平面及外圆→工件调头装夹，粗、精车另一端

台阶工件1（图2-16）的加工步骤：

① 夹住工件15mm左右长，并找正、夹紧。

② 粗车端面及外圆 ϕ82.5mm。

③ 精车端面。

④ 精车外圆 ϕ82mm 及其长度至尺寸要求。

⑤ 倒角 $C1$。

⑥ 工件调头装夹，找正近卡爪处外圆和台阶反平面。

⑦ 粗、精车另一端面及外圆至尺寸要求，并控制平行度误差。

⑧ 倒角 $C1$。

基本操作步骤描述：粗车端面及各挡台阶外圆→精车端面及各挡台阶外圆→工件调头装夹，粗、精车另一端

台阶工件2（图2-17）的加工步骤：

① 夹住工件外圆20mm左右长，并找正、夹紧。

② 粗车端面及外圆 ϕ78mm 长35mm，ϕ80mm 长16mm。

③ 精车端面及外圆 ϕ76mm 长35mm，ϕ78mm 长16mm 至尺寸要求。

④ 倒角 $C1$。

⑤ 工件调头装夹，并找正、夹紧。

⑥ 粗、精车另一端面及外圆至尺寸要求。

操作提示

◇ 台阶平面和外圆相交处要清角，防止产生凹坑和出现小台阶。

◇ 多台阶工件长度的测量，应从一个基面量起，以防产生积累误差。

◇ 端面与外圆相交处出现大圆弧时，原因是刀尖圆弧较大或刀尖磨损。

◇ 使用游标卡尺或深度游标卡尺测量长度时，量爪应和工件端面贴平，以防量爪歪斜，产生测量误差。

◇ 车床未停稳，不能使用量具测量工件。

课题三 钻中心孔

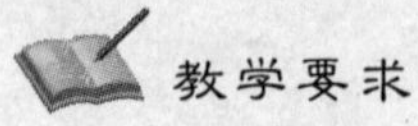

1. 掌握中心孔的种类及其作用。

2. 掌握中心钻的装夹及其钻削方法。

一、中心钻的种类及作用

在车削过程中，对需多次装夹才能完成车削工作的轴类工件，一般是先在工件两端钻出中心孔，然后采用两顶尖装夹或一夹一顶装夹，确保工件定心准确和便于装卸。

1. 中心孔的种类

国家标准 GB/T 145—2001 规定中心孔有 A 型（不带护锥）、B 型（带护锥）、C 型（带螺孔）和 R 型（带圆弧形）四种，见图 2-18。中心孔的尺寸以圆柱孔直径 d 为标准。

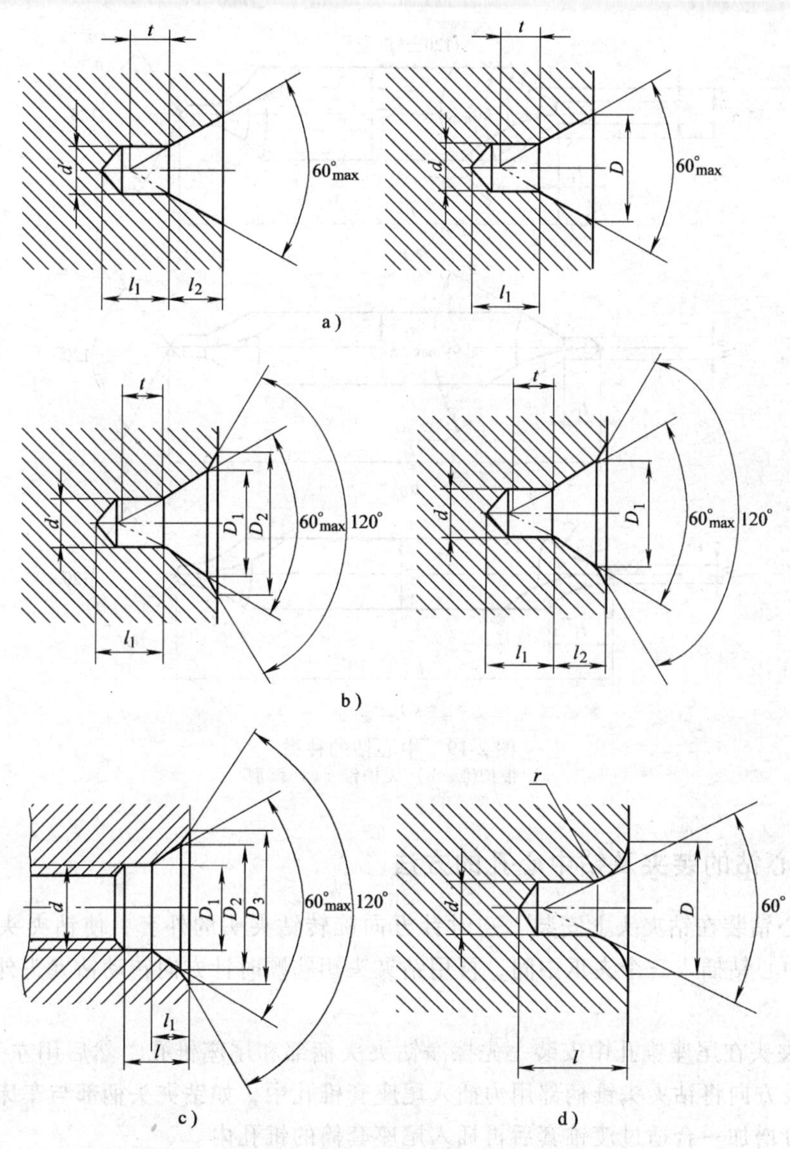

图 2-18　中心孔的种类

2. 各类中心孔的作用

A 型中心孔　一般适用于不需多次装夹或不保留中心孔的零件。

B 型中心孔　一般适用于多次装夹的零件。

C 型中心孔　一般用于当需要把其他零件轴向固定在轴上时采用。

R 型中心孔　一般在轻型和高精度轴上采用。

二、中心钻

常用的中心钻有 A 型、B 型和 R 型三种，直径 $\phi 6.3mm$ 以下的中心孔常用高速钢制成的中心钻钻出，见图 2-19。

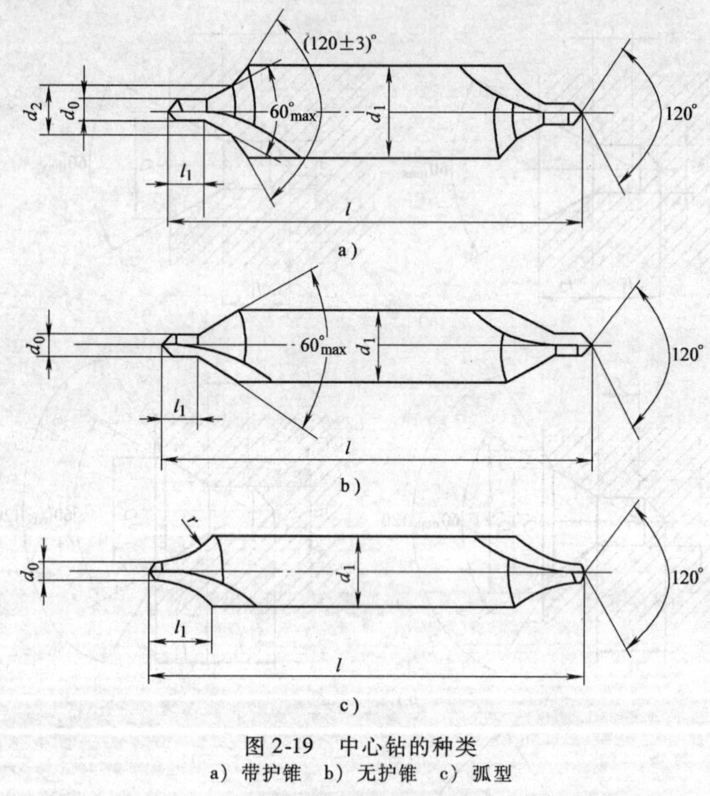

图 2-19　中心钻的种类

a）带护锥　b）无护锥　c）弧型

三、中心钻的装夹及钻中心孔的方法

（1）中心钻装在钻夹头上安装　逆时针方向旋转钻夹头的外套，使钻夹头的三个爪张开，然后将中心钻插入三个夹爪中间，再用钻夹头钥匙顺时针方向转动钻夹头外套，将中心钻夹紧。

（2）钻夹头在尾座锥孔中安装　先擦净钻夹头柄部和尾座锥孔，然后用左手握钻夹头，沿尾座套轴线方向将钻夹头锥柄部用力插入尾座套锥孔中，如钻夹头柄部与车床尾座锥孔大小不吻合，可增加一合适过渡锥套后再插入尾座套筒的锥孔内。

（3）校正尾座中心　工件装夹在卡盘上，开动车床，移动尾座，使中心钻接近工件端面，观察中心钻钻头是否与工件旋转中心一致，并校正，然后紧固尾座。

(4) 转速的选择和钻削　由于中心钻直径小，钻削时应取较高的转速，进给量应小而均匀。当中心钻钻入工件后应及时加切削液冷却润滑。钻毕时，中心钻在孔中应稍作停留，然后退出，以修光中心孔，使中心孔光、圆、准确。

【技能训练】

1. 训练内容

学习中心钻的装夹及钻中心孔。工件上的中心孔见图 2-20。

2. 工具、刀具及设备

(1) 工具　钻夹头、扳手、螺钉旋具等。

(2) 刀具　45°车刀、中心钻。

(3) 设备　CA6140 型车床。

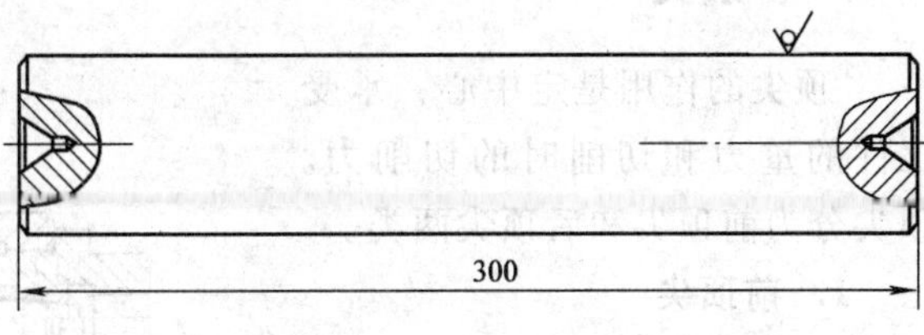

图 2-20　钻 A 型中心孔

3. 训练步骤

1) 在教师的指导下，分析理解中心孔的作用，从一实例出发，认真听教师讲解中心钻的装夹方法与钻削中心孔的方法。

2) 学生观摩教师示范操作。示范操作时，重点讲解中心钻的钻削方法。

3) 学生应预先知道正确的钻削步骤和方法。

4) 练习钻削中心孔。

基本操作步骤描述：车端面→钻中心孔

图 2-20 所示工件的加工步骤如下：

① 夹住外圆，伸出 30mm 左右长，并找正、夹紧。

② 车端面，钻中心孔。

③ 以车出的端面为基准，在工件上划线取总长。

④ 车端面，控制总长。

⑤ 钻中心孔。

操作提示

◇ 中心钻轴线必须与工件旋转中心一致。

◇ 及时进退，以便排除切屑，并及时注入切削液。

◇ 中心钻易折断的原因　1) 工件端面留有小凸头；2) 中心钻未对准工件旋转中心；3) 移动尾座时不小心撞断；4) 转速太低，进给太快；5) 中心钻磨损。

◇ 中心孔不得钻得太深，否则顶尖不能与 60°锥孔接触，影响加工质量。

◇ 及时注意中心钻的磨损状况，磨损后不能强行钻入工件，以避免折断中心钻。

◇ 中心孔钻好时应稍停留中心钻。

课题四　用两顶尖装夹车削轴类工件

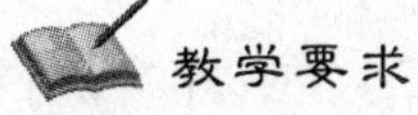

教学要求

1. 掌握转动小滑板车前顶尖的方法。

2. 掌握鸡心夹头的使用和对分夹头的方法。

3. 掌握用两顶尖装夹加工轴类零件的方法。

对于较长或必须经过多次装夹加工的轴类工件，或工序较多，车削后还要铣削和磨削的工件，为保证每次装夹时的精度可用两顶尖装夹。两顶尖装夹工件方便，不需找正，而且定位精度高，但装夹前必须在工件的两端面钻出合适的中心孔。

一、顶尖

顶尖的作用是定中心，承受工件的重力和切削时的切削力。顶尖分为前顶尖和后顶尖两类。

1. 前顶尖

前顶尖随同工件一起旋转，与中心孔无相对运动，不产生摩擦。前顶尖的类型有两种（见图2-21）：一种是插入主轴锥孔内的前顶尖（图2-21a），适合批量生产；另一种是夹在卡盘上的前顶尖（图2-21b），这种顶尖在卡盘上拆下后，当需要再用时必须将锥面重新修整，以保证顶尖锥面的轴线与车床主轴旋转中心重合。其优点是制造安装方便，定心准确；缺点是顶尖硬度不高，容易磨损，车削过程中容易抖动，只适合于小批生产。

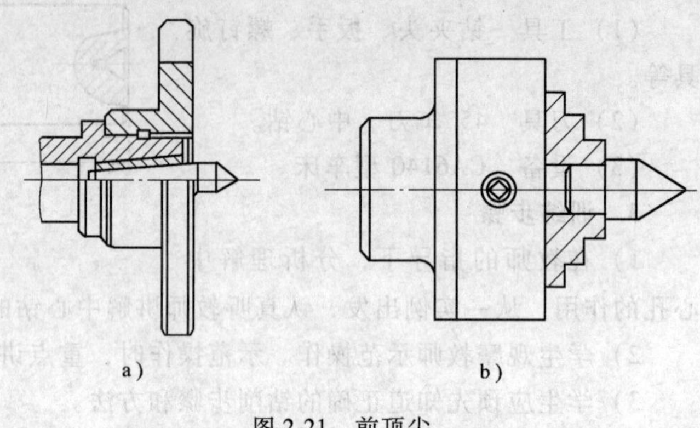

图 2-21 前顶尖
a）锥体前顶尖 b）自制前顶尖

2. 后顶尖

插入尾座套筒锥孔中的顶尖叫后顶尖。后顶尖又分为固定顶尖、硬质合金固定顶尖及回转顶尖，见图2-22。固定顶尖的优点是定心好，刚性好，切削时不易产生振动。缺点是与工件中心孔间有相对滑动，易磨损，易产生高热，会把顶尖或中心孔烧坏，只能用于低速切削；硬质合金顶尖则可用于高速切削。为了改善后顶尖与工件中心孔间的摩擦，常使用回转顶尖。这种顶尖将顶尖与中心孔的滑动摩擦变成顶尖内部轴承的滚动摩擦，而顶尖与中心孔间无相对运动，故能承受很高的转速，克服了固定顶尖的缺点，是目前应用最多的顶尖。缺点是定心精度和刚性差。

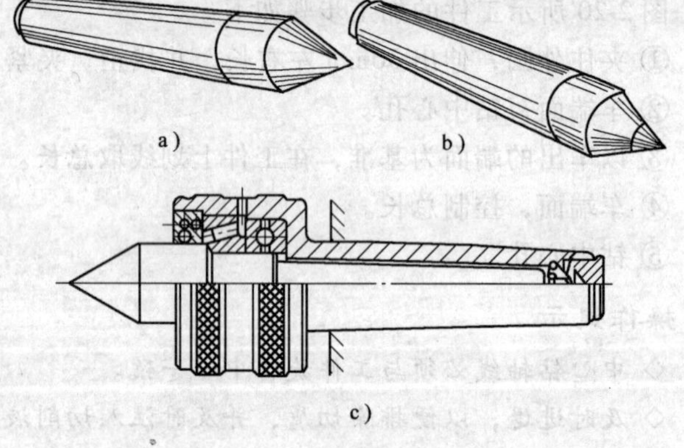

图 2-22 后顶尖
a）普通固定顶尖 b）硬质合金固定顶尖 c）回转顶尖

二、工件的安装

用两顶尖装夹工件，一般步骤是：

1）先分别安装前、后顶尖，装后顶尖时，要先擦净顶尖和尾座锥孔，然后向主轴箱方向移动尾座，对准前顶尖中心。见图 2-23。

2）根据工件的长度调整好尾座位置并紧固。

3）用鸡心夹头或对分夹头夹紧工件一端的适当部位，拨杆伸出轴端。因两顶尖对工件只起定心和支撑作用，故必须通过夹头的拨杆来带动工件旋转，见图 2-24。

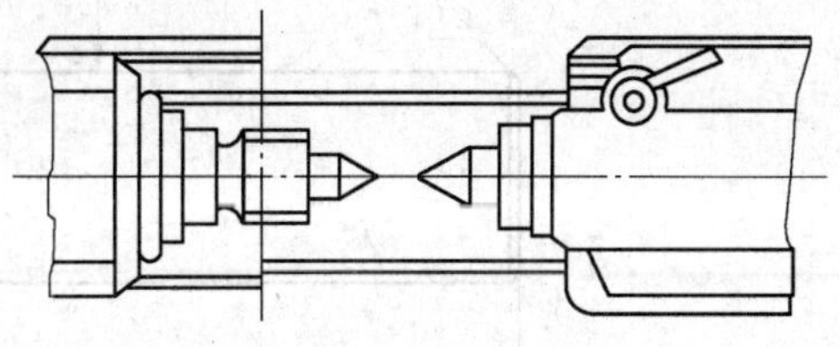

图 2-23 尾座与主轴对中心

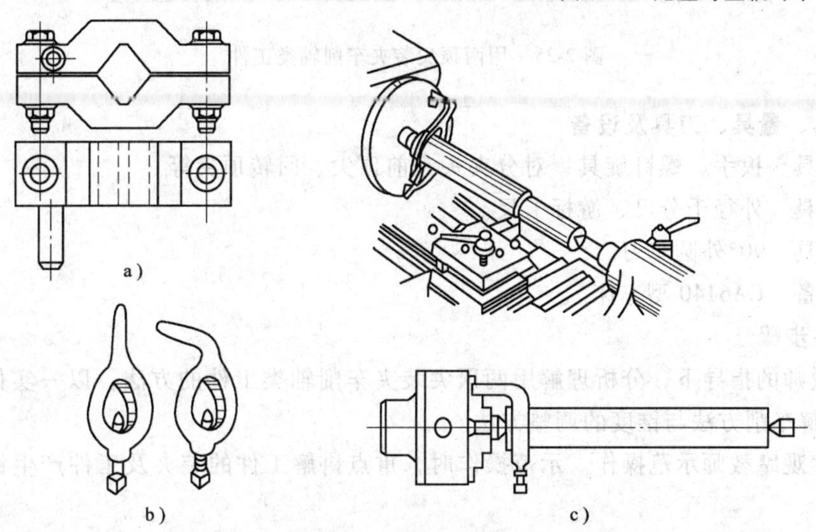

图 2-24 用鸡心夹头装夹工件

a）对分夹头 b）鸡心夹头 c）拨杆伸出轴端

4）将工件夹有鸡心夹头的一端中心孔放置在前顶尖上，并使拨杆贴近卡盘卡爪或插入拨盘的凹槽中。

5）转动尾座手轮，使后顶尖顶入工件尾端中心孔，其松紧程度以工件没有轴向窜动为宜。如果后顶尖用固定顶尖支顶，应加润滑脂，然后将尾座套筒的锁紧手柄压紧。

三、加工方法

粗车外圆后，测量工件两端直径，根据测量结果，调整尾座的偏移方向与偏移量。如工件右端直径大，左端直径小，尾座应向操作者方向移动；如果工件右端直径小，左端直径大，尾座的调整方向相反。

粗车时背吃刀量不能太大，防止在工件锥度调整好以前将工件车废。

精车时，宜选用主偏角稍大的车刀（如 90°外圆车刀），防止因工件刚性差，车削时产生振动。

【技能训练】

1. 训练内容

学习用两顶尖装夹车削轴类工件（图 2-25）。

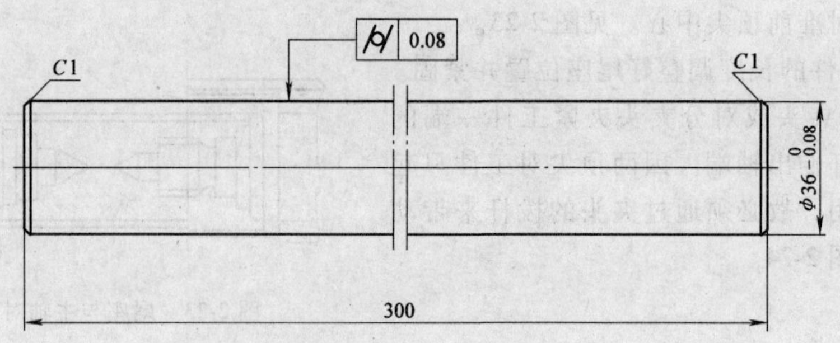

图 2-25　用两顶尖装夹车削轴类工件

2. 工具、量具、刀具及设备

（1）工具　扳手、螺钉旋具、对分夹头、前顶尖、回转顶尖等。

（2）量具　外径千分尺、游标卡尺。

（3）刀具　90°外圆车刀。

（4）设备　CA6140 型车床。

3. 训练步骤

1）在教师的指导下，分析理解用两顶尖装夹车削轴类工件的方法，以一实例出发，认真听教师讲解车削方法与锥度的调整方法。

2）学生观摩教师示范操作。示范操作时，重点讲解工件的装夹及工件产生锥度时的调整方法。

3）学生应预先了解如何进行锥度调整，运用正确的测量步骤和方法车削工件。

4）练习一个工件的车削。其操作步骤如下：

基本操作步骤描述：车端面→钻中心孔→车前顶尖→两顶尖装夹工件，车一端外圆→工件调头装夹，车另一端外圆

图 2-25 所示工件的加工步骤如下：

① 车端面控制总长，钻中心孔。

② 在三爪自定心卡盘上装夹前顶尖，逆时针转动小滑板 30°，车削前顶尖。

③ 装夹后顶尖，并和前顶尖对准。

④ 根据工件长度，调整尾座距离并紧固。

⑤ 装夹工件，锁紧尾座套筒。

⑥ 粗车 ϕ36mm 外圆长 260mm（留精车余量，并找正工件的锥度）。

⑦ 精车 ϕ36mm 至尺寸要求，倒角 $C1$。

⑧ 工件调头装夹，粗、精车外圆至尺寸要求，倒角 $C1$。

⑨ 检查后取下工件。

操作提示

◇ 车削前，应左右移动床鞍，检查有无碰撞现象。

◇ 鸡心夹头或对分夹头必须牢靠的夹住工件，以防车削时移动、打滑、损坏车刀。

◇ 注意防止对分夹头的拨杆与卡盘平面碰撞而破坏顶尖的定心作用。

◇ 顶尖不能支顶太松或太紧，过松会使工件产生窜动、径向跳动，车削时产生振动；

过紧会烧坏顶尖和中心孔。

◇ 车削时应随时观察工件在两顶尖间的松紧程度，并及时加以调整。

◇ 为增加车削时的刚性，在条件许可时尾座套筒不宜伸出过长。

◇ 注意安全，防止鸡心夹头或对分夹头勾衣伤人。

◇ 应及时使用专用铁钩清除切屑。

课题五　用一夹一顶装夹车削轴类工件

教学要求

1. 掌握一夹一顶装夹工件和车削的方法。
2. 掌握调整尾座的方法，找正车削过程中产生的锥度。

用两顶尖装夹车削轴类工件的优点虽然很多，但其刚性较差，因此在车削一般轴类工件，尤其对粗大笨重工件安装时的稳定性不够，切削用量的选择受到限制，这时通常选用一端用卡盘夹住另一端用顶尖支撑来安装工件，即一夹一顶安装工件，见图 2-26。为了防止工件的轴向窜动，通常在卡盘内装一个轴向限位支撑，见图 2-26a；或在工件的被夹持部位车削一个 10～20mm 的台阶，作为轴向限位支撑，见图 2-26b。一夹一顶安装工件比较安全、可靠，能承受较大的轴向切削力，轴向定位准确，因此它是车工常用的装夹方法。但这种方法对于相互位置精度要求较高的工件，在调头车削时校正较困难。

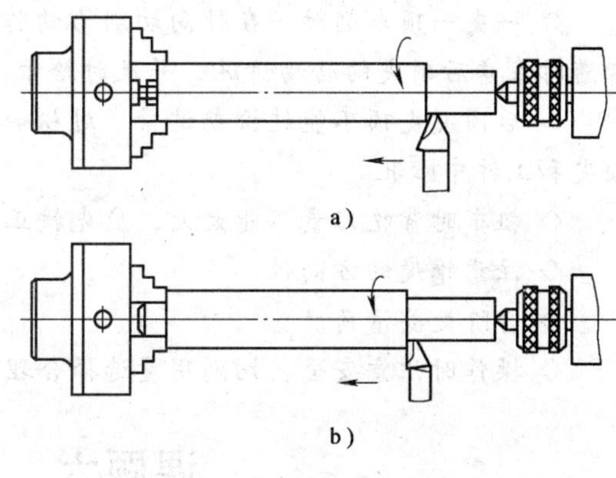

图 2-26　一夹一顶装夹工件
a）用专用限位支撑限位
b）用工件台阶限位

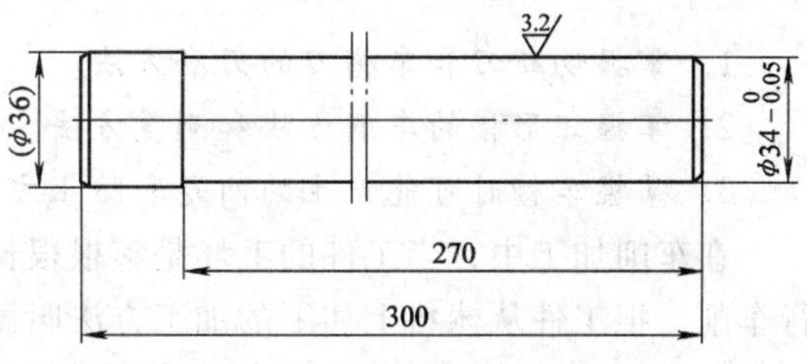

图 2-27　一夹一顶车削轴类工件

【技能训练】

1. 训练内容

学习一夹一顶车削轴类工件（图 2-27）。

2. 工具、量具、刀具及设备

（1）工具　扳手、螺钉旋具、回转顶尖等。

（2）量具　外径千分尺、游标卡尺、深度游标卡尺。

（3）刀具　90°外圆车刀。

（4）设备　CA6140 型车床。

3. 训练步骤

1）在教师的指导下，分析理解一夹一顶车削轴类工件的方法，从一实例出发，认真听教师讲解车削方法与测量方法。

2）学生观摩教师示范操作。示范操作时，重点讲解锥度的调整以及尺寸的控制方法。

3）学生应预先知道车削方法，如何进行锥度调整，以及正确的测量步骤和方法。

4）练习一夹一顶车削轴类工件。其步骤如下：

基本操作步骤描述：车端面→钻中心孔→一夹一顶车削外圆至尺寸要求→倒角

① 车端面和钻中心孔（已完成）。

② 用三爪自定心卡盘夹住毛坯一端外圆 15mm 左右长，另一端用后顶尖支顶。

③ 粗车外圆 ϕ35mm 长 270mm（留精车余量并调整工件产生的锥度）。

④ 精车外圆至尺寸要求。

⑤ 倒角 $C1$。

⑥ 检查合格后取下工件。

操作提示

◇ 一夹一顶车削时，在轴向切削力的作用下，工件容易产生轴向位移。因此要求操作者随时注意后顶尖的转动情况，并及时给予调整，以防发生事故。

◇ 后顶尖支顶不能过松或过紧。过松会使工件产生跳动，外圆变形；过紧易烧坏固定顶尖和工件中心孔。

◇ 粗车时背吃刀量不能太大，应先找正锥度。

◇ 注意锥度的方向性。

◇ 台阶处要清角。

◇ 操作时注意安全，切削用量选择合理，防止产生不断屑的带状切屑。

课题六 车槽和切断

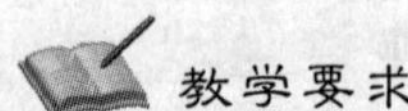

教学要求

1. 掌握切断刀和车槽刀的刃磨方法。
2. 掌握矩形槽的车削方法和测量方法。
3. 掌握车槽时可能产生的问题和防止方法。

在车削加工中，当工件的毛坯是整根很长的棒料时，需要事先按要求长度切断，然后进行车削。把工件从棒料上切下的加工方法叫做切断。

切断的关键是切断刀几何参数的选择及其刃磨和选择合理的切削用量。一般采用正向切断法，即车床主轴正转，车刀横向进给车削。

车削外圆及轴肩部分的沟槽，称为车外沟槽。常见的外沟槽有：外圆沟槽、45°外沟槽、外圆端面沟槽和圆弧沟槽等。外沟槽的作用一般是为了磨削时退刀方便，或使砂轮磨削端面时保证肩部垂直。在车螺纹时为了退刀方便，一般也在肩部切有沟槽。这些沟槽的另一个作用是使零件装配时有一个正确的轴向位置。

一、切断刀和车槽刀的几何角度

车槽与切断是车工的基本操作技能之一，能否掌握好，关键在于刀具的刃磨。

切断刀以横向进给为主，前端的切削刃为主切削刃，两侧的切削刃是副切削刃。车槽刀和切断刀的几何形状基本相似，刃磨方法也基本相同，只是刀头部分的宽度和长度有些区别，有时也通用。一般切断刀的主切削刃较窄，刀体较长，因此刀体强度较差，在选择刀体的几何参数和切削用量时，要特别注意提高切断刀的强度问题。

1. 高速钢切断刀和车槽刀的几何角度（图 2-28）

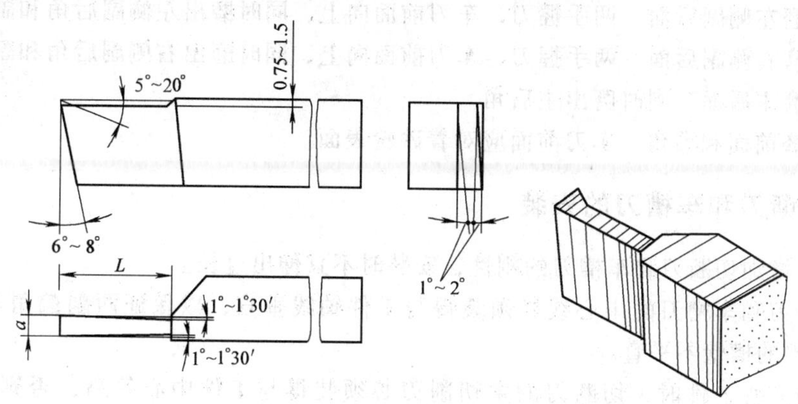

图 2-28　高速钢切断刀

（1）前角（γ_o）　$\gamma_o = 5° \sim 20°$。

（2）后角（α_o）　一般取 $\alpha_o = 6° \sim 8°$。

（3）副后角（α_o'）　切断刀有两个对称的副后角 $\alpha_o' = 1° \sim 3°$。

（4）主偏角（κ_r）　$\kappa_r = 90°$。

（5）副偏角（κ_r'）　$\kappa_r' = 1° \sim 1°30'$。

（6）主切削刃宽度（a）　主切削刃太宽会因切削力太大而振动，同时浪费工件材料；太窄又会削弱刀体强度。因此，主切削刃宽度可用下面的经验公式计算：

$$a \approx (0.5 \sim 0.6)\sqrt{d}$$

式中　a——主切削刃宽度（mm）；

d——工件待加工直径（mm）。

（7）刀体长度（L）　刀体太长也容易引起振动和使刀体折断，见图 2-29，可用下式计算：

$$L = h + (2 \sim 3)$$

式中　L——刀体长度（mm）；

h——切入深度（mm）。

（8）断屑槽　切断刀的断屑槽不宜磨得太深，一般为 0.75～1.5mm。断屑槽磨得太深，其刀头强度差，容易折断，更不能把前面磨得太低或磨成台阶形，这种刀切削不顺利，排屑困难，切削负荷大增，刀头容易折断。

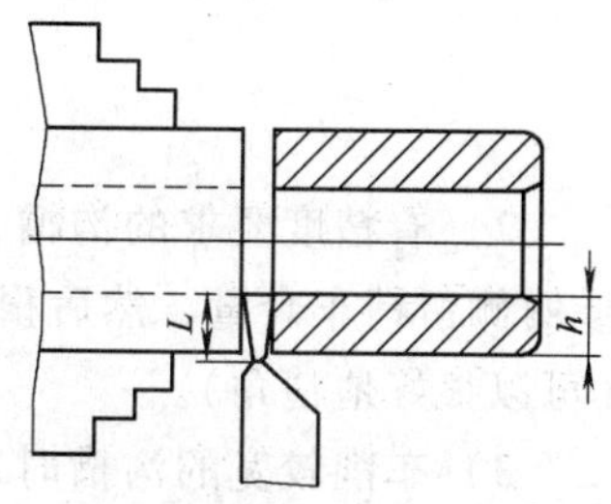

图 2-29　切断刀的刀体长度

2. 硬质合金切断刀

用硬质合金切断刀高速切断工件时，切屑和工件槽宽相等容易堵塞在槽内。为了排屑顺利，可把主切削刃两边倒角或磨成人字形。

高速切断时，会产生很大的热量。为防止刀片脱焊，在开始切断时应浇注充分的切削液。为增加刀体的强度，常将切断刀体下部做成凸圆弧形。

二、切断刀和车槽刀的刃磨方法

（1）刃磨左侧副后面　两手握刀，车刀前面向上，同时磨出左侧副后角和副偏角。

（2）刃磨右侧副后面　两手握刀，车刀前面向上，同时磨出右侧副后角和副偏角。

（3）刃磨主后面　同时磨出主后角。

（4）刃磨前面和前角　车刀前面应对着砂轮表面。

三、切断刀和车槽刀的安装

1）为了增加切断刀和车槽刀的刚性，安装时不宜伸出过长。

2）切断刀和车槽刀的中心线必须装得与工件轴线垂直，以保证两副偏角对称。否则，切断面和车出的槽壁不平直。

3）切断实心工件时，切断刀的主切削刃必须装得与工件中心等高，否则不能车到中心，而且容易崩刃，甚至折断车刀。

4）切断刀和车槽刀的底平面应平整，以保证两个副后角对称。

四、车外沟槽的方法与测量

1. 车外沟槽的方法

1）车削精度不高的和宽度较窄的沟槽时，要用刀宽等于槽宽的车槽刀，采用一次直进法车出，见图 2-30a。

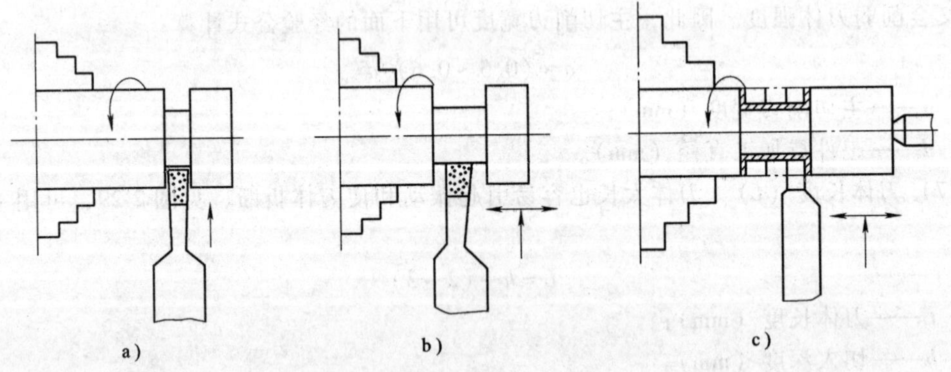

图 2-30　直沟槽的车削方法

a）窄沟槽的车削　b）、c）宽沟槽的车削

2）有精度要求的沟槽，一般采用再次直进法车出，见图 2-30b，即第一次车槽时，槽壁两侧留精车余量，然后根据槽深、槽宽进行精车。精车时，最好先精车槽壁再精车槽底（可以很好地清角）。

3）车削较宽的沟槽时，可用多次直进法切削，见图 2-30c，并在槽壁两侧留一定精车余量，然后根据槽深、槽宽进行精车。

4）车削较小的圆弧槽时，一般用成形车刀一次车出；较大的圆弧槽，可用双手联动车削，以样板检查修整。

5）车削较小的梯形槽，一般用成形刀一次完成，较大的梯形槽，通常先切割直槽，然后用梯形刀直进法或左右切削法完成，见图 2-31。

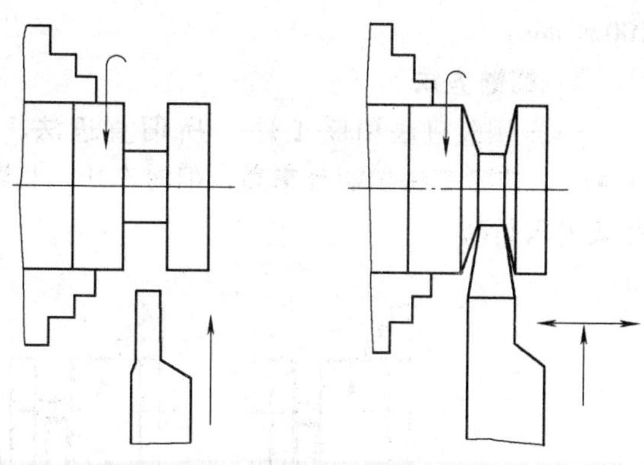

图 2-31　车较宽梯形槽的方法

2. 沟槽的检查和测量

1）精度要求低的沟槽可用卡钳或金属直尺测量，见图 2-32。

2）精度要求高的沟槽通常用千分尺、样板或游标卡尺测量，见图 2-33。

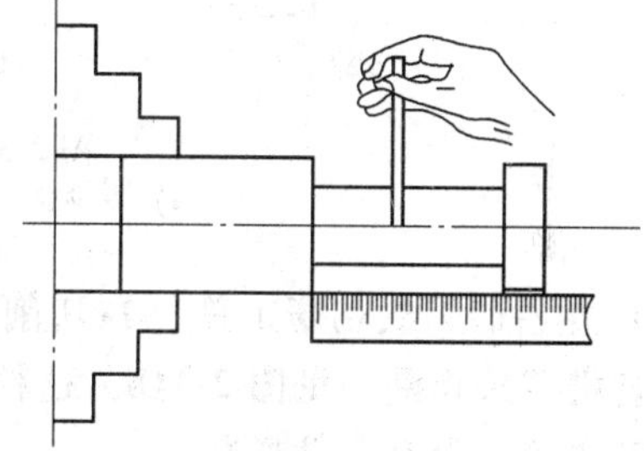

图 2-32　用卡钳、金属直尺测量沟槽

五、切断

1. 切断时切削用量的选择

由于切断刀的刀体强度较差，在选择切削用量时，应适当减小其数值。

（1）背吃刀量（a_p）　切断、车槽均为横向进给切削，背吃刀量 a_p 是垂直于已加工表面方向所量得的切削层宽度的数值，所以切断时的背吃刀量等于切断刀切削刃的宽度。

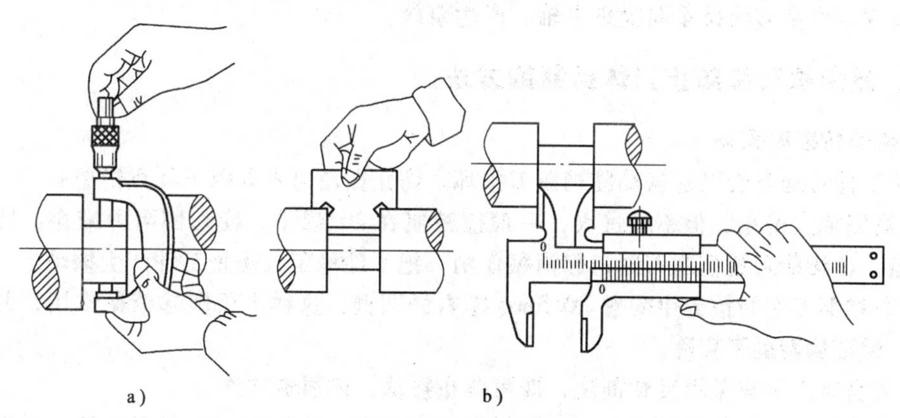

图 2-33　测量较高精度的沟槽
a）用千分尺测量沟槽直径　b）用样板、游标卡尺测量沟槽宽度

（2）进给量（f）　一般用高速钢车刀切断钢料时，$f=0.05\sim0.1\text{mm/r}$；切断铸铁时，$f=0.1\sim0.2\text{mm/r}$；用硬质合金切断刀切断钢料时，$f=0.1\sim0.2\text{mm/r}$；切断铸铁时，$f=0.15\sim0.25\text{mm/r}$。

（3）切削速度（v_c）　用高速钢车刀切断钢料时，$v_c=30\sim40\text{m/min}$；切断铸铁时，$v_c=15\sim25\text{m/min}$；用硬质合金切断刀切断钢料时，$v_c=80\sim120\text{m/min}$；切断铸铁时，$v_c=60\sim$

100m/min。

2. 切断方法

(1) 用直进法切断工件　所谓直进法，是指垂直于工件轴线方向进行切断（见图2-34a)。这种方法切断效率高，但对车床、切断刀的刃磨和安装都有较高的要求，否则容易造成刀头折断。

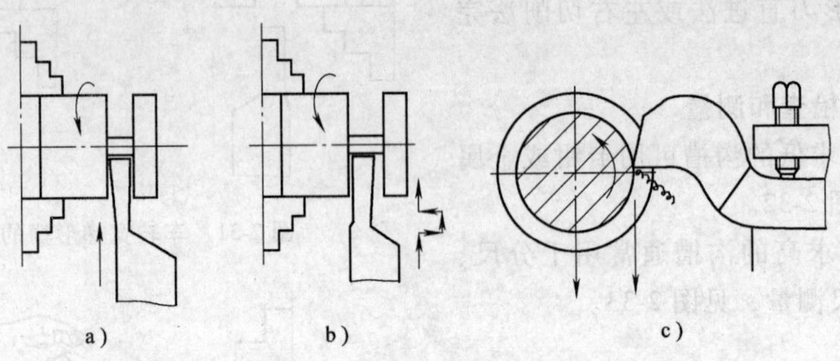

图 2-34　切断工件的方法
a）直进法　b）左右借刀法　c）反切法

(2) 左右借刀法切断工件　在切削系统（刀具、工件、车床）刚性不足的情况下，可采用左右借刀法切断，见图2-34b。这种方法是指切断刀在轴线方向反复地往返移动，随之两侧径向进给，直至工件切断。

(3) 反切法切断工件　反切法是指工件反转，车刀反向装夹，见图2-34c。这种切断方法宜用于较大直径工件的切断。采用这种方法切断，主轴不容易产生上下跳动，切屑不会堵塞在槽中，能比较顺利地切削。但必须指出，采用此法切断时，卡盘与主轴的联接部分必须有保险装置，否则会因反车而脱离主轴，产生事故。

六、减少振动和防止刀体折断的方法

1. 减少切断时振动

切断工件时经常会引起振动使切断刀损坏。防止振动可采取以下几点措施：

1）适当加大前角，但不能过大，一般应控制在20°以下，使切削阻力减小。同时适当减小后角，让切断刀的切削刃附近起消振作用，把工件稳定，防止工件产生振动。

2）在切断刀主切削刃中间磨 $R0.5$mm 左右的凹槽，这样不仅能起消振作用，并能起导向作用，保证切断的平直性。

3）大直径工件宜采用反切断法，既可防止振动，排屑也方便。

4）选用适宜的主切削刃宽度。主切削刃宽度狭窄，使切削部分强度减弱；主切削刃宽度宽，切断阻力大容易引起振动。

5）改变刀柄的形状，增大刀柄的刚性，刀柄下面做成“鱼肚形“，可减弱或消除切断时的振动现象。

2. 防止刀体折断的方法

1）增强刀体强度，切刀的副后角或副偏角不能过大，其前角亦不宜过大，否则容易产生“扎刀”，致使刀体折断。

2）切刀应安装正确，不得歪斜或高于、低于工件中心。

3）切断毛坯工件前，应先车外圆再切断或开始时尽量减小进给量。

4）手动进给切断时，摇手柄应连续、均匀，若切削中必须停机时，应先退刀，后停机。

【技能训练】

1. 训练内容

练习车槽（图 2-35）和切断（图 2-36）

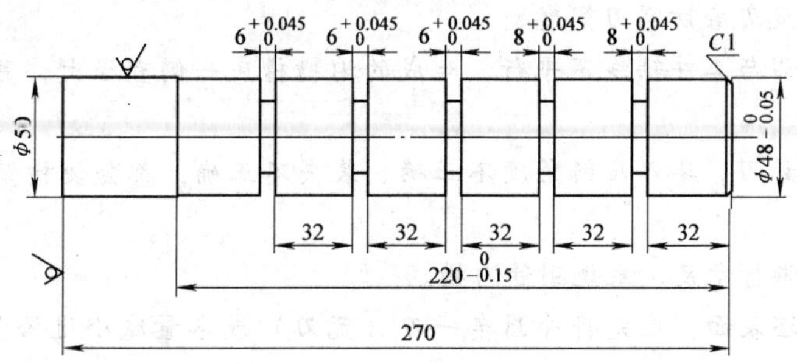

图 2-35 车槽

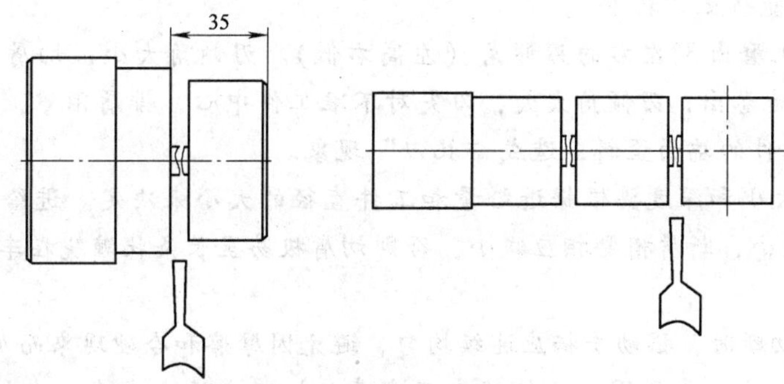

图 2-36 切断

2. 工具、量具、刀具及设备

（1）工具 扳手、螺钉旋具等。

（2）量具 外径千分尺、游标卡尺。

（3）刀具 高速钢切断刀和车槽刀。

（4）设备 CA6140 型车床。

3. 训练步骤

1）在教师的指导下，分析理解车槽与切断的方法，从一实例出发，认真听教师讲解车槽与切断的方法与测量方法。

2）学生观摩教师示范操作。示范操作时，重点讲解车槽与切断的车削步骤以及注意事项。

3）学生应预先知道车削方法和正确的加工步骤。

4）练习车槽与切断。其加工步骤如下：

基本操作步骤描述：一夹一顶装夹工件→粗、精车外圆→按图样要求车槽→切断

① 车端面和钻中心孔（已完成）。

② 一端用三爪自定心卡盘夹住毛坯15mm左右长，另一端用后顶尖支顶。

③ 粗、精车外圆至尺寸要求。

④ 从右至左粗、精车各条矩形槽至尺寸要求。

⑤ 经检查合格后，按要求切断。

操作提示

◇ 根据沟槽宽度刃磨切削刃宽度。

◇ 车槽刀切削刃与工件轴线不平行，车成的沟槽槽底一侧直径大，另一侧直径小，成竹节形。

◇ 切削刃磨钝让刀、车刀几何角度不正确、装夹不正确，都会使槽壁与工件轴心线不垂直。

◇ 要正确使用游标卡尺、塞规测量沟槽。

◇ 切断工件毛坯表面，应先将外圆车一刀（荒刀）或尽量减小进给量，以免“扎刀”而损坏切断刀。

◇ 理想的切屑是呈直带状从工件槽内流出，然后卷成“圆锥形螺旋”、“垫圈形螺旋”或“发条状”，才能防止“扎刀”。

◇ 在切断刀上磨出3°左右的刃倾角（左高右低）。刃倾角太小，切屑便在槽中呈“发条状”，不能理想地卷出；刃倾角太大，刀尖对不准工件中心，排屑困难，容易损伤工件表面，并使被切断工件的端面歪斜，造成“扎刀”现象。

◇ 断屑槽的大小和深度要根据进给量和工件直径的大小来决定。进给量大，断屑槽要相应增大。进给量小，断屑槽要相应减小，否则切屑极易呈长条状缠绕在车刀和工件上，产生严重后果。

◇ 手动进刀切断时，摇动手柄应连续均匀，避免因摩擦和冷硬现象而加剧刀具磨损。

◇ 切断刀折断的主要原因：工件装夹不牢靠；切断点远离卡盘；在切削力的作用下，工件抬起，造成刀头折断；进给量过大；刀具几何角度过大；切断时排屑不畅；刀具安装不正确。

◇ 切断时不准用两顶尖装夹工件，否则工件切断瞬间会飞出伤人，酿成事故。

◇ 选择适当的切削速度，并浇注切削液。

◇ 切断时产生振动的原因：切断的棒料太长，在离心力的作用下产生振动；主轴和轴承之间的间隙太大；切断刀远离工件支撑点；工件细长，切断刀主切削刃太宽；转速过高，进给量过小；切断刀伸出过长。

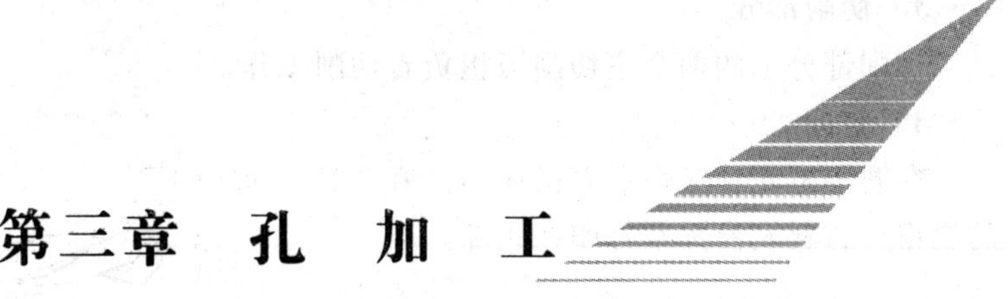

第三章　孔　加　工

学习目标

在机器中有很多零件因支撑和联接配合的需要，把它做成带圆柱孔的，如各种轴承套、齿轮等。作为配合的孔，一般都要求较高的尺寸精度、较小的表面粗糙度值和较高的形位精度。

孔加工是在工件内部进行的，观察切削情况很困难，尤其是孔小而深时，根本看不见，而且刀杆的长度由于受孔径和孔深的限制，刚性较差；排屑和冷却较困难。

本章的学习目标：

1. 掌握麻花钻的刃磨方法。
2. 掌握内孔车刀的刃磨步骤和方法。
3. 掌握钻孔的方法和切削用量的选择。
4. 掌握通孔、台阶孔、平底孔的车削方法。
5. 掌握铰孔的方法。

课题一　麻花钻的刃磨

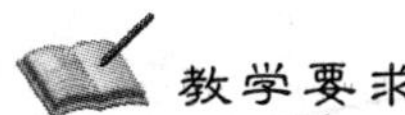

教学要求

1. *掌握麻花钻切削部分的刃磨方法。*
2. *掌握麻花钻刃磨时的注意事项。*

一、麻花钻的组成

麻花钻是最常用的钻孔工具，其组成部分见图 3-1。

1. 柄

柄是麻花钻的夹持部分，作用为定心和传递转矩。直径在 ϕ13mm 以下的麻花钻通常为圆柱柄，直径大于 ϕ13mm 的为莫氏锥柄。

2. 工作部分

工作部分包括切削部分和导向部分。导向部分上有两条刃带和螺旋槽。刃带的作用是引导钻头，螺旋槽的作用是向孔外排屑。

3．切削部分

切削部分上的两个主切削刃担负着切削工作。

4．空刀

在磨削麻花钻时做退刀槽使用，麻花钻的规格、材料及商标常打印在颈部。

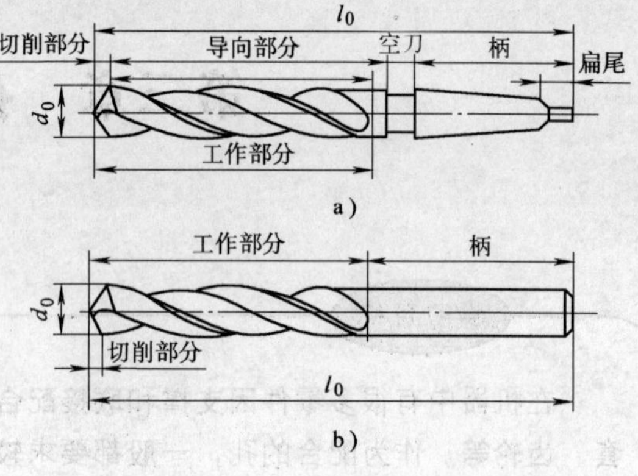

图 3-1 麻花钻的组成

a）锥柄 b）直柄

二、麻花钻的角度及其刃磨

1．螺旋角

麻花钻螺旋槽表面与外圆柱表面的交线为螺旋线，该螺旋线与钻头轴线的夹角称钻头螺旋角，记为β，见图 3-2。

β可由下式计算

$$\tan\beta = \frac{\pi d_0}{S}$$

式中 d_0——钻头直径；

S——麻花钻螺旋槽导程；

β——螺旋角（公称螺旋角，即外缘处螺旋角）。

螺旋角大，钻头切削刃锋利；但螺旋角过大，会使钻头刃口处强度削弱，散热条件变差。

一般螺旋角在 18°～30°之间。

2．切削部分的组成

切削部分的组成见图 3-3。

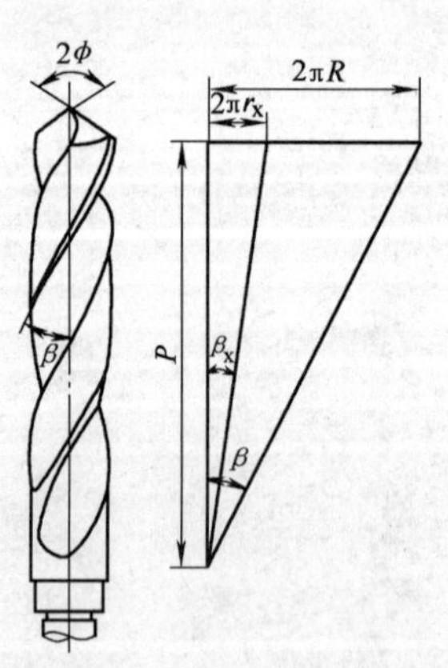

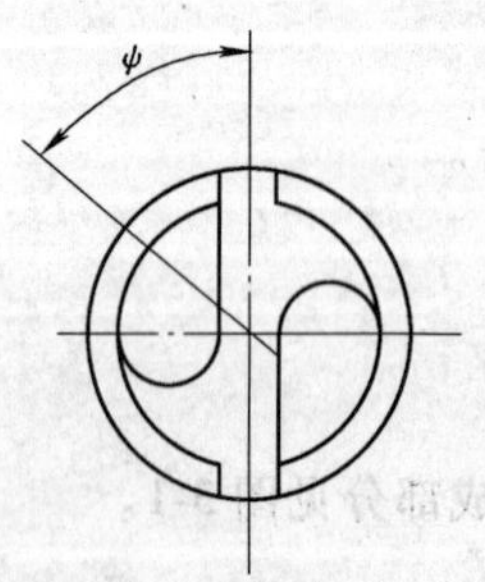

图 3-2 麻花钻的角度

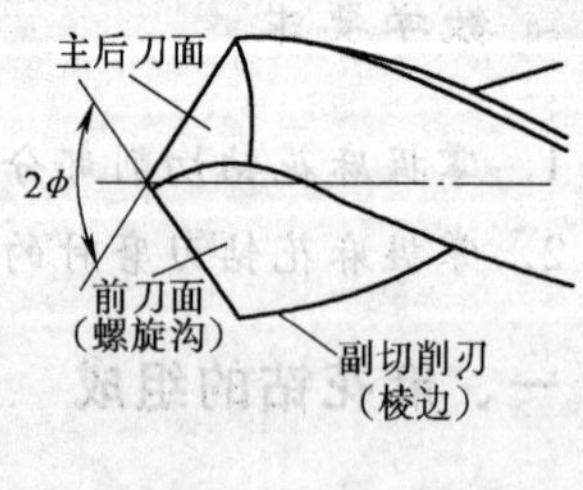

图 3-3 切削部分的组成

前面是切屑流经的螺旋槽表面，起容屑、排屑作用。

后面可理解为是与加工表面相对的表面。

副后面可视为是与已加工表面（孔壁）相对的钻头外圆柱面上的窄棱面。

3. 切削刃

切削刃见图 3-4。对钻头的三种切削刃可作如下直观理解：

1）主切削刃是前面与后面的交线，标准麻花钻主切削刃为直线（或近似直线）。

2）副切削刃是前面与副后面（窄棱面）的交线，即棱边。

3）横刃是两个（主）后面的交线。

4. 顶角

顶角是两条主切削刃在与其平行的平面内的投影之间的夹角，标准麻花钻的顶角是设计、制造、刃磨时的测量角度，标准麻花钻的顶角为 $2\phi=118°$，见图 3-5。

5. 横刃斜角

横刃与主切削刃在端面上投影间的夹角称为横刃斜角 ψ。见图 3-6。

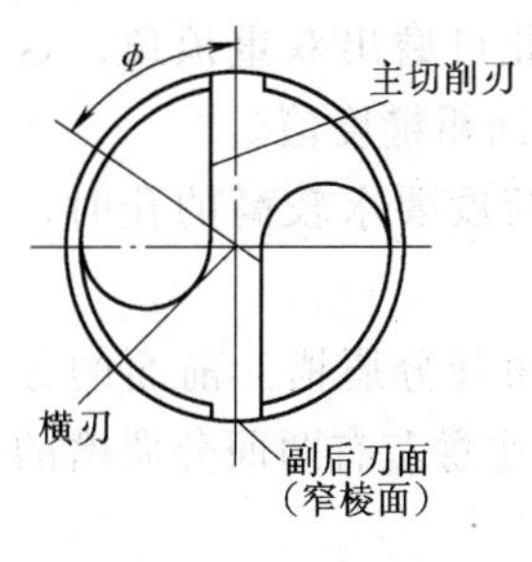

图 3-4　切削刃

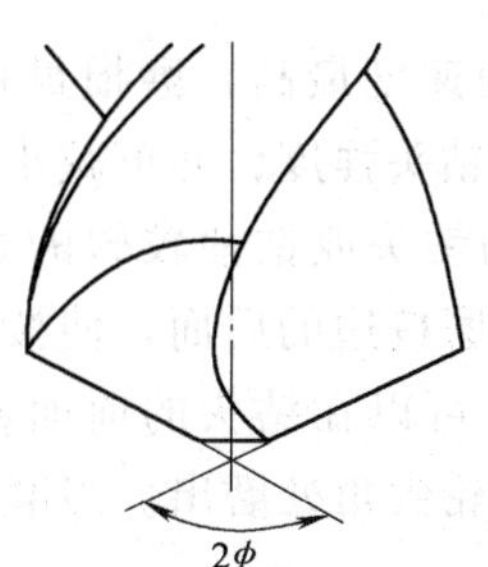

图 3-5　顶角

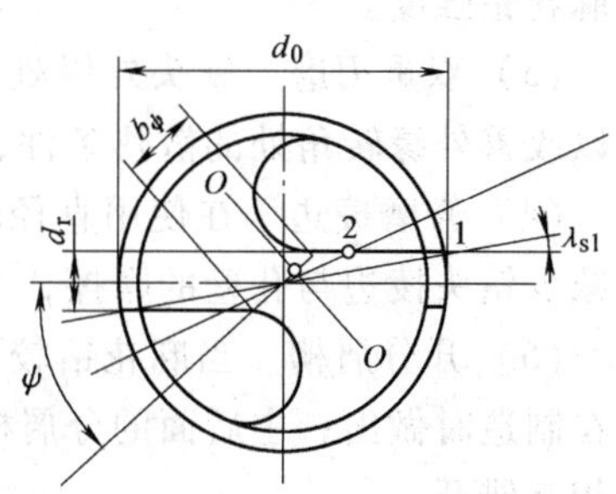

图 3-6　横刃斜角

6. 麻花钻的刃磨

1）刃磨麻花钻时，主要刃磨两个主切削刃及其后角。刃磨后的两个主切削刃应对称，顶角和后角的大小，应根据加工材料的性质选择。

2）操作者站在砂轮机左边，右手握住麻花钻的头部，左手握住柄部，摆平麻花钻的主切削刃，与砂轮圆柱面素线所成夹角等于顶角 2φ 的一半，见图 3-7。

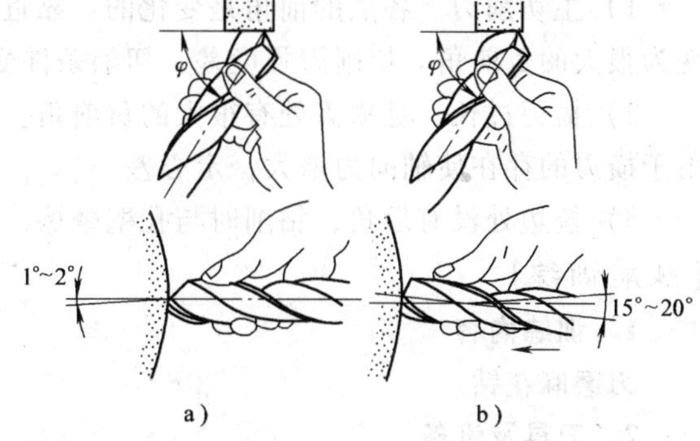

图 3-7　刃磨麻花钻

3）刃磨时，主切削刃接触砂轮，右手靠在砂轮的搁架上作定位支点，左手握钻头尾部作上下摆动。左手在下压钻尾的同时，右手应使钻头作顺时针方向转动（约 40°），下压角度为 15°～20°，翻转 180°，磨出另一边的主切削刃。

4）刃磨时两手动作应协调自然，由刃口向刃背方向刃磨，并将两主后面反复轮换进行刃磨。

5）样板测量。如有样板，可用样板检查钻头的顶角和横刃斜角。

三、麻花钻的刃磨要求和修磨

1. 麻花钻的刃磨质量直接影响钻孔质量和钻削效率。刃磨时，必须达到下列两个要求：

1）麻花钻的两条主切削刃应该对称，也就是两条主切削刃与麻花钻轴线成相同的角度，并且长度相等。

2）横刃斜角为55°。

2. 刃磨钻头口诀

钻刃摆平轮面靠，钻轴左斜出顶角，由刃及背磨后面，上下摆动尾别翘。

3. 麻花钻的修磨

（1）修磨横刃　修磨横刃就是要缩短横刃的长度，增大横刃处前角，减小轴向力。

（2）修磨前面　修磨前面有两种；修磨外缘处前面是为了减小外缘处的前角；修磨横刃处前面是为了增加横刃处的前角。修磨原则是：工件材料较软时，可修磨横刃处前面，以加大前角减小切削力，使切削轻快；工件材料较硬时，可修磨外缘处前面，以减小前角，增加麻花钻强度。

（3）双重刃磨　钻头外缘处的切削速度最高，磨损最快，因此可磨出双重顶角，这样可以改善外缘转角处的散热条件，增加钻头强度，并可减小孔的表面粗糙度值。

（4）修磨棱边　在使用直径较大的钻头或钻削较软的材料和精度要求较高的孔时，为了减少钻头棱边与孔壁的摩擦，可以修磨棱边的后面，使棱边变窄。

（5）开分屑槽　当麻花钻较大时，可以在钻头的前面或主后面开分屑槽。前面的分屑槽在制造时做出；主后面的分屑槽在砂轮尖角处磨出。刃磨时，要注意左右两面分屑槽的位置相互错开。

四、麻花钻的缺点

1）主切削刃上各点的前角是变化的。靠近边缘处的前角较大（+30°），接近钻心处已变为很大的负前角。切削刃强度差，切削条件变差。

2）横刃过长，且横刃处有很大的负前角。钻削时横刃不是切削而是挤压和刮削。而且由于横刃的存在使轴向力增大，定心差。

3）棱边处没有后角，钻削时与孔壁摩擦，因此产生的热量多，使棱边磨损加快。

【技能训练】

1. 训练内容

刃磨麻花钻。

2. 刀具及设备

（1）刀具　麻花钻。

（2）设备　砂轮机。

3. 训练步骤

1）在教师的指导下，分析理解麻花钻的各个角度，认真听教师讲解麻花钻的刃磨方法与检查方法。

2）学生观摩教师示范操作。示范操作时，重点讲解麻花钻的刃磨方法。

3）学生应预先知道正确的刃磨步骤和方法。

4）练习麻花钻的刃磨。

基本操作步骤描述：刃磨一后面→刃磨另一后面

步骤如下：

① 刃磨前，麻花钻切削刃应放在砂轮中心水平面上或稍高一些。麻花钻中心线与砂轮外圆柱面素线在水平面内的夹角等于顶角的一半，同时钻尾向下倾斜。

② 麻花钻刃磨时用手握住钻头前端作为支点，左手握钻尾，以钻头前端支点为圆心，钻尾作上下摆动，并略带旋转。

③ 当一个主切削刃磨好后，把钻头转过 180°，刃磨另一个主切削刃。

操作提示

◇ 麻花钻刃磨要做到姿势正确规范，安全文明操作。

◇ 刃磨高速钢钻头时，要注意充分冷却。

◇ 刃磨麻花钻时，钻尾向上摆动时不得高出水平线，以防磨出负后角。

◇ 钻尾向下摆动时不能幅度过大，以防磨掉另一主切削刃。

◇ 随时检查两条主切削刃的长度及与钻头轴心线的夹角是否对称。

◇ 建议先用废旧麻花钻练习刃磨。

课题二　内孔车刀的刃磨

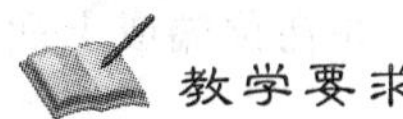

1. 掌握内孔车刀的刃磨步骤及方法。
2. 掌握内孔车刀刃磨时的注意事项。

对于铸造孔、锻造孔或用钻头钻出的孔，为达到所要求的尺寸精度、位置精度和表面粗糙度，可采用车孔的方法。车孔是车削加工的主要内容之一，可作为半精加工和精加工。车孔后的精度一般可达 IT7 ~ IT8，表面粗糙度可达 $R_a1.6 \sim 3.2\mu m$，精车可达 $R_a0.8\mu m$。

车内孔需要用内孔车刀，内孔车刀的切削部分基本与外圆车刀相似，只是多了一个弯头。

一、内孔车刀的种类

根据不同的加工情况，内孔车刀可分为通孔车刀和不通孔车刀两种，如图 3-8 所示。

1. 通孔车刀

通孔车刀切削部分的几何形状基本上与外圆车刀相似（图 3-8b)，为了减小径向切削抗力，防止车孔时振动，主偏角 κ_r 应取得大一些，一般在 60° ~ 75°之间，副偏角 κ'_r 一般为 15° ~ 45°。为了防止内孔车刀后面和孔壁摩擦而又不使后角太大，一般磨成两个后角 α_{o1} 和 α_{o2}，其中 α_{o1} 取 6° ~ 12°，α_{o2} 取 30°左右。

2. 不通孔车刀

不通孔车刀用来车削不通孔或台阶孔，切削部分的几何形状基本上与偏刀相似，它的主偏角 κ_r 大于 90°，一般为 93°左右，见图 3-8a，副偏角为 3° ~ 6°，后角为 8° ~ 12°。不同之处是不通孔车刀夹在刀杆的最前端，刀尖到刀杆外端的距离 a 小于半径 R，否则无法车平孔的底面。

内孔车刀可做成整体式，见图 3-8a，为节省刀具材料和增加刀柄强度，也可把高速钢或

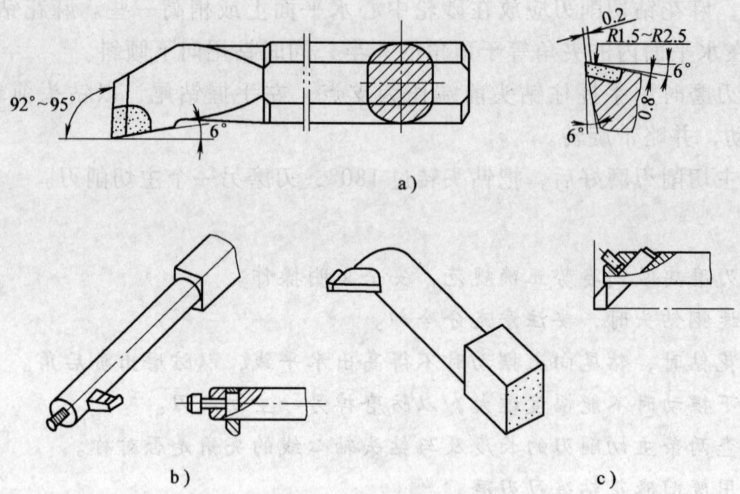

图 3-8 内孔车刀

a）整体式 b）通孔车刀 c）不通孔车刀

硬质合金做成较小的刀头，安装在碳钢或合金钢制成的刀柄前端或方孔中，并在顶端或上面用螺钉固定，见图 3-8b、c。

3．内孔车刀断屑槽方向的选择

当内孔车刀的主偏角为60°~75°，在主切削刃方向刃磨断屑槽，能使其切削刃锋利，切削轻快，在背吃刀量较大的情况下，仍然能保持切削平稳，适用于粗车；如果在副切削刃方向磨断屑槽，在背吃刀量较小的情况下，能达到较好的加工表面质量，见图 3-9。

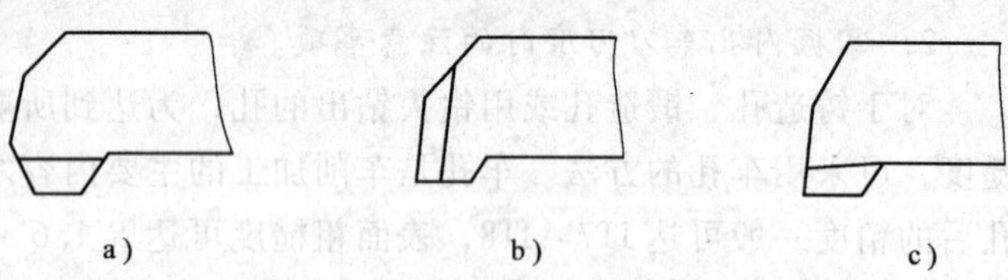

图 3-9 内孔车刀断屑槽的方向

a）、c）断屑槽在副切削刃方向 b）断屑槽在主切削刃方向

当内孔车刀的主偏角大于90°，在主切削刃方向刃磨断屑槽，适用于纵向切削，但背吃刀量不能太大；在副切削刃方向磨断屑槽，适用于横向切削。

二、内孔车刀的刃磨

内孔车刀的刃磨步骤：粗磨前面—粗磨主后面—粗磨副后面—磨断屑槽并控制前角和刃倾角—精磨主后面、副后面—修磨刀尖圆弧。

【技能训练】

1．训练内容

刃磨内孔车刀（图 3-10）。

2．刀具及设备

（1）刀具 内孔车刀。

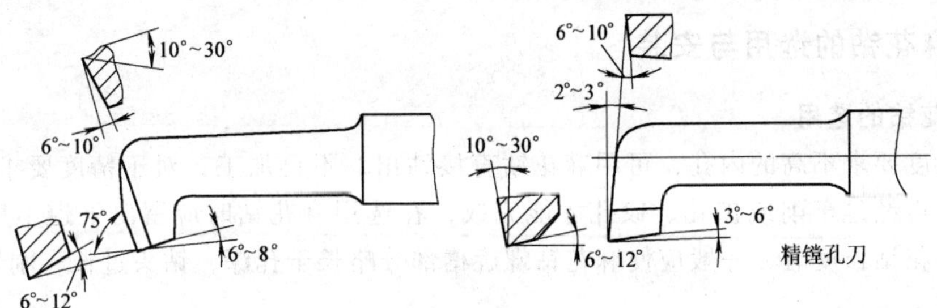

图 3-10 内孔车刀的刃磨

(2) 设备 砂轮机。

3. 训练步骤

1) 在教师的指导下，分析理解内孔车刀的几何角度，认真听教师讲解内孔车刀的刃磨方法。

2) 学生观摩教师示范操作。示范操作时，重点讲解内孔车刀的刃磨步骤。

3) 学生应预先知道正确的刃磨步骤和方法。

4) 学生练习内孔车刀的刃磨。

基本操作步骤描述：粗磨各刀面→磨断屑槽→精磨各刀面→修磨刀尖圆弧

磨削步骤如下：

① 粗磨前面。

② 粗磨主后面。

③ 粗磨副后面。

④ 粗、精磨前面，并磨出断屑槽。

⑤ 精磨主后面。

⑥ 精磨副后面。

⑦ 修磨刀尖圆弧。

操作提示

◇ 刃磨高速钢内孔车刀要及时冷却。

◇ 车刀的几何角度不能过大或过小。

◇ 刃磨断屑槽前，应先修整砂轮边缘处成为小圆角。

◇ 断屑槽不能磨得太宽，以防车内孔时排屑困难。

课题三 钻孔和扩孔

教学要求

1. 掌握钻孔的方法。

2. 掌握扩孔的方法。

3. 掌握切削用量的选择和切削液的使用。

一、麻花钻的选用与安装

1. 麻花钻的选用

对于精度要求不高的内孔，可用麻花钻直接钻出，不再加工；对于精度要求较高的孔，钻孔后还要再经过车削或扩孔、铰孔才能完成，在选用麻花钻时应留出下道工序的加工余量。选用麻花钻长度时，一般应使麻花钻螺旋槽部分略长于孔深，钻头过长，刚性差，反之则排屑困难。

2. 麻花钻的安装

直柄麻花钻用钻夹头装夹，再将钻夹头的锥柄插入尾座锥孔；锥柄麻花钻可直接或用莫氏变径套插入尾座锥孔。

二、钻孔时切削用量的选择

1. 背吃刀量（a_p）

钻孔时的背吃刀量是麻花钻直径的1/2，见图3-11a，它是随着麻花钻直径的大小而改变的。

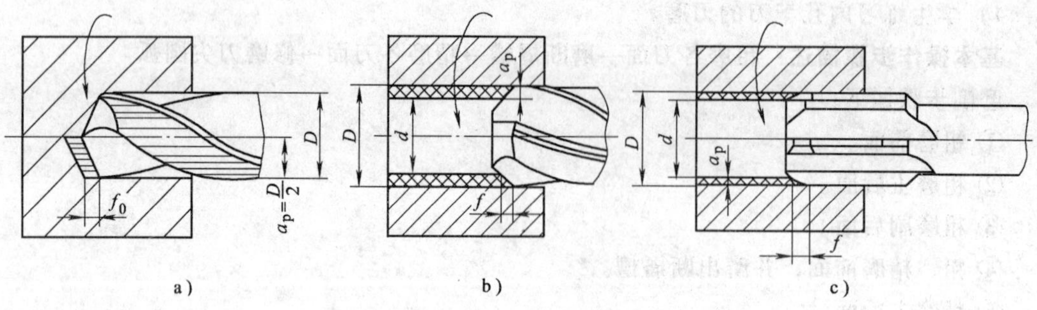

图3-11 钻孔、扩孔、铰孔的背吃刀量
a）钻孔 b）扩孔 c）铰孔

2. 切削速度（v_c）

钻孔时的切削速度是指麻花钻切削刃外缘处的线速度，其计算公式为

$$v_c = \pi nD/1000$$

式中 v_c——切削速度（m/min）；

D——麻花钻的直径（mm）；

n——主轴转速（r/min）。

用高速钢麻花钻钻钢料时，切削速度一般先取 $v_c = 20 \sim 40$m/min；钻铸铁时应稍低些。在相同切削速度下，麻花钻直径越小，转速越高。扩孔时切削速度可略高一些。

3. 进给量（f）

在车床上是用手慢慢转动尾座手轮来实现进给运动的。进给量太大会使钻头折断，用 ϕ30mm 的麻花钻钻钢料时，f 选 0.1～0.35mm/r；钻铸铁时，f 选 0.15～0.4mm/r。

4. 切削液

钻钢件时，为了不使麻花钻发热退火，必须加注充分的切削液；钻铸铁时，一般不加切削液。由于在车床上钻孔时，切削液很难进入到切削区，所以在加工过程中应经常退出麻花钻，以便于排屑和冷却。

三、钻孔的步骤

1. 准备工作

1）钻孔前先将工件需钻孔的表面车平，中心处不许留凸台，以利于麻花钻正确定心。

2）找正尾座，使麻花钻中心对准工件旋转中心，否则可能会使孔径钻大、钻偏甚至折断麻花钻，然后锁紧。

3）根据麻花钻直径调整主轴转速。

2. 钻通孔

1）开动机床，缓慢均匀地摇动尾座手轮，使麻花钻缓慢切入工件，待两个主切削刃完全切入工件时，加足切削液。

2）用细长麻花钻钻孔时，为了防止钻头晃动，可在刀架上夹一挡铁，见图3-12，支持钻头头部帮助钻头定心。即先用钻头尖部少量钻进工件平面，然后缓慢摇动中滑板，移动挡铁逐渐接近钻头前端，以使钻头的中心稳定在工件回转中心的位置上，但挡铁不能将钻头支顶过工件回转中心，否则容易折断钻头、当钻头已正确定心时，挡铁即可退出。

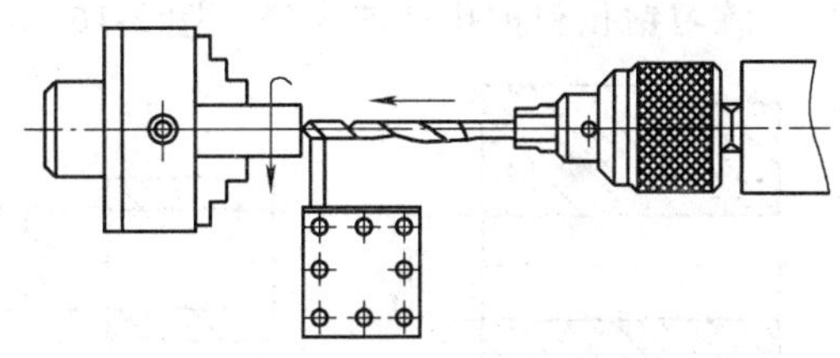

图3-12 用挡铁支顶麻花钻

另一种方法是先用直径小于5mm的麻花钻钻孔，钻孔前先在端面钻出中心孔，这样既便于定心且钻出的孔同轴度好。

3）钻比较深的孔时，观察到切屑排出困难，应将麻花钻及时退出，清除切屑后再继续钻孔。

4）在孔即将钻透时，应减慢进给速度，使孔能比较整齐地钻穿，以免损坏麻花钻。钻通后，应及时退出麻花钻。

3. 钻不通孔

钻不通孔与钻通孔的方法基本相同。不同的是钻不通孔时需要控制孔的深度，具体可按下述方法操作：

1）开动机床，摇动尾座手轮，当钻尖开始切入工件端面时，用金属直尺量出尾座套筒的伸出长度，那么钻不通孔的深度就应该控制为所测的伸出长度加上孔深，见图3-13。

2）双手均匀地摇动手轮钻孔，当套筒标尺上读数达到所要求的孔深时，退出麻花钻。

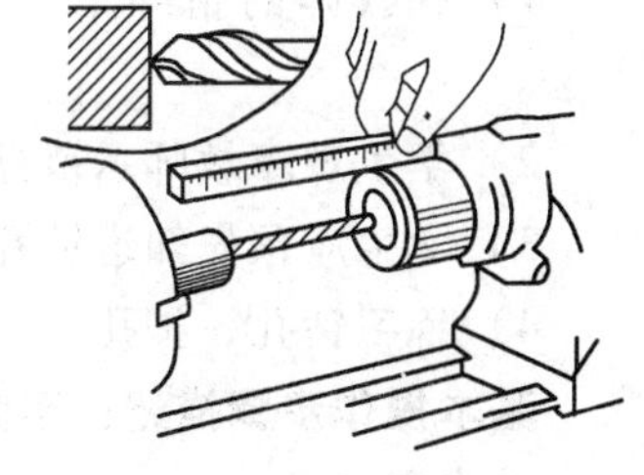

图3-13 钻不通孔

四、扩孔

常用的扩孔刀是麻花钻和扩孔钻。一般精度要求工件的扩孔可用麻花钻，精度要求高的孔的半精加工可用扩孔钻。

1. 用麻花钻扩孔

用麻花钻扩孔时，由于横刃不参加工作，轴向切削抗力小，进给省力；但因麻花钻外缘处的前角较大，容易将麻花钻拉出，使麻花钻在尾座套筒中打滑，因此，扩孔时，应将麻花钻外缘处的前角修磨得小些，并对进给量适当的控制，决不要因为钻削轻松而盲目地加大进给量。

2. 用扩孔钻扩孔

扩孔钻有高速钢扩孔钻和硬质合金扩孔钻两种，见图3-14。扩孔钻在自动车床和镗床上应用得较多，生产效率高，加工质量好，精度可达IT10～IT11，表面粗糙度值达 R_a6.3～12.5μm，可作为孔的半精加工。

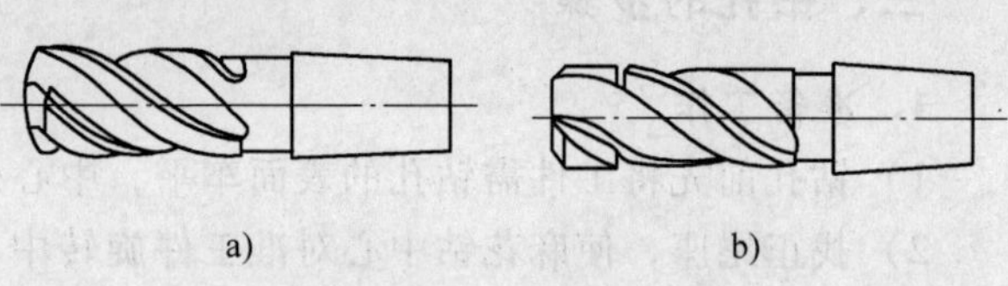

图3-14 扩孔钻

a）高速钢扩孔钻 b）硬质合金扩孔钻

【技能训练】

1. 训练内容

练习钻孔和扩孔（图3-15、图3-16）。

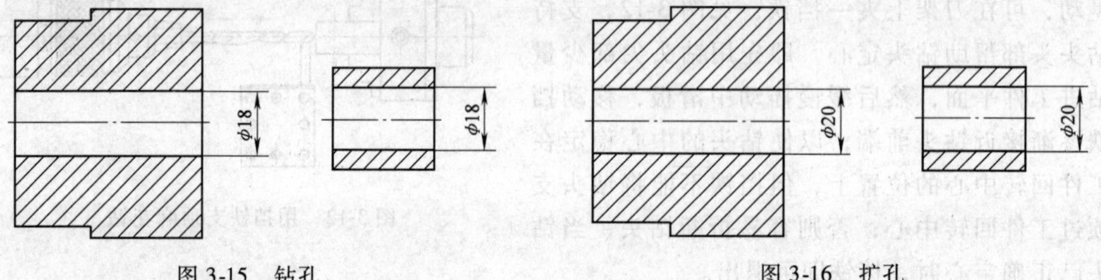

图3-15 钻孔　　图3-16 扩孔

2. 工具、刀具及设备

（1）工具　扳手、螺钉旋具等。

（2）刀具　45°车刀、麻花钻。

（3）设备　CA6140型车床。

3. 训练步骤

1）在教师的指导下，分析理解钻头的选用方法，认真听教师讲解钻孔方法与扩孔方法。

2）学生观摩教师示范操作。示范操作时，重点讲解麻花钻的安装与钻孔的方法。

3）学生应预先知道钻孔、扩孔方法及正确的钻孔步骤。

4）练习钻孔、扩孔。

基本操作步骤描述：车削端面→钻孔→扩孔

其步骤如下：

1）夹住工件外圆，找正、夹紧。

2）车端面。

3）钻 φ18mm 通孔。

4）扩 φ20mm 通孔。

操作提示

◇ 将麻花钻装入尾座套筒中，找正麻花钻轴线与工件旋转轴线相重合，否则会使麻花钻折断。

◇ 钻小而深孔时，应先用中心钻钻中心孔，以避免将孔钻歪。在钻孔过程中必须经常退出麻花钻清除切屑。

◇ 在实体材料上钻孔，小孔径可以一次钻出，若孔径超过30mm，则不宜用大麻花钻一次钻出。因为麻花钻大，其横刃亦长，轴向切削阻力亦大，钻削时费力，此时可分两次钻出。即先用一支小麻花钻钻出底孔，再用大麻花钻钻出所要求的尺寸，一般情况下，第一支麻花钻直径为第二次钻孔直径的0.5~0.7倍。

◇ 钻削钢料时必须浇注充分的切削液，使麻花钻冷却。钻削铸件时可不用切削液。

◇ 选用较短的麻花钻或用中心钻先钻导向孔；初钻时进给量要小，钻削时应经常退出麻花钻清除切屑后再钻。

◇ 检查麻花钻是否弯曲，钻夹头、钻套是否安装正确。

◇ 对钻孔后需铰孔的工件，由于所留铰孔余量较少，因此当麻花钻钻进1~2mm后将麻花钻退出，停机检查孔径，以防因孔径扩大没有铰削余量而报废。

◇ 钻孔前，必须将端面车平，中心处不允许有凸台。

◇ 钻削镁合金等金属材料时，应考虑其材料的性能，适当提高切削速度，加大进给量。

课题四 车 孔

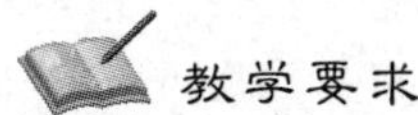

教学要求

1. 掌握车直孔的方法。
2. 掌握车台阶孔的方法。
3. 掌握车平底孔的方法。
4. 能使用塞规或内径百分表测量孔径。
5. 能正确使用切削液。

一、车直孔

1. 内孔车刀的装夹（图3-17）

1）安装时刀尖对准工件中心，精车刀可略高于工件中心。

2）安装时刀杆应与工件内孔轴线平行。

3）刀杆伸出长度尽可能短一些，比孔长5~10mm左右即可。

4）装夹后，让车刀在孔内试切一遍，检查刀杆与孔壁是否相碰。

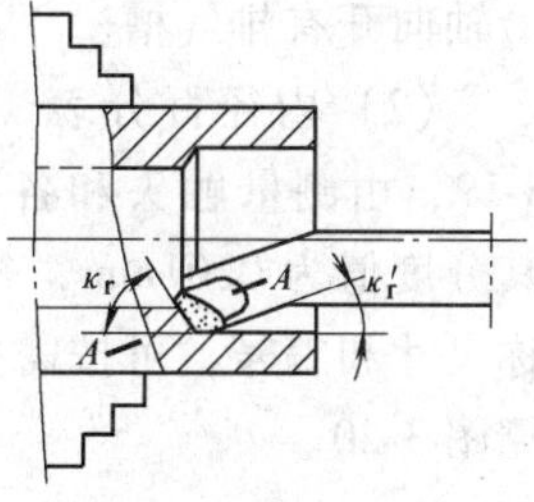

图3-17 车刀的装夹

2. 车孔方法

直通孔的车削基本上与车外圆相同，只是进刀和退刀的方向相反。

（1）粗车孔

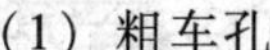

1）开动车床，使内孔车刀刀尖与孔壁接触，然后车刀纵向退出。

2）根据加工余量，确定背吃刀量，一般取2mm左右。

3）摇动溜板箱上的手轮，缓慢移动车刀至孔的边缘，合上纵向机动进给手柄，观察切屑排出是否顺利。当车削声停止后，立即停止进给。向前横向摇动中滑板手柄，使车刀刀尖脱离孔壁。摇动溜板箱手柄，快速退出车刀。

（2）精车孔

1）精车时也要进行试切削，其横向进给量为径向余量的二分之一，当车刀纵向切削至2mm左右时，纵向快速退刀（横向不动），然后停机测试，若孔的尺寸不到位，则需微量横向进刀后再次测试，直至符合要求，方可车出整个内孔表面。

2）车孔时的切削用量要比车外圆时适当减小些，特别是车小孔或深孔时，其切削用量应更小。

3. 孔径测量

测量孔径尺寸时，应根据工件的尺寸、数量及精度要求，采用相应的量具进行。如果孔的精度要求较低，用金属直尺、游标卡尺测量；精度要求较高可采用以下几种方法测量：

（1）塞规　塞规由通端、止端和手柄组成，见图3-18。通端的尺寸等于孔的最小极限尺寸，止端的尺寸等于孔最大极限尺寸，为了明显区别通端与止端，塞规止端长度比通端要短一些。测量时，通端通过，而止端不能通过，说明尺寸合格。测量不通孔的塞规应在外圆上沿轴向开有排气槽。

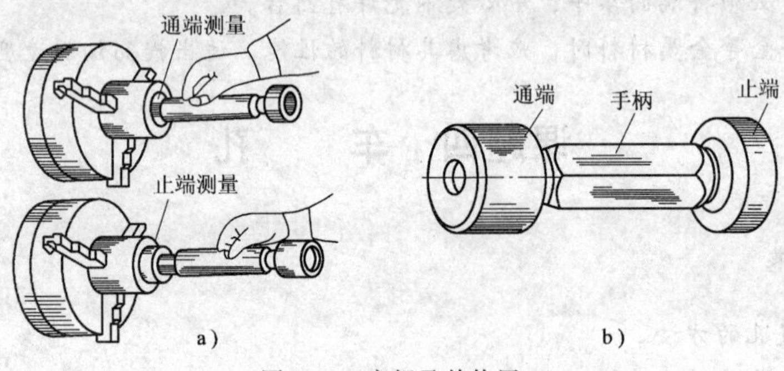

图3-18　塞规及其使用
a）测量方法　b）塞规结构

（2）内径百分表　内径百分表外形见图3-19，由测量触头和各种尺寸的接长杆组成，其分度值为0.01mm，每根接长杆上都注有公称尺寸和编号，可按需要选用。测量孔的方法见图3-20。

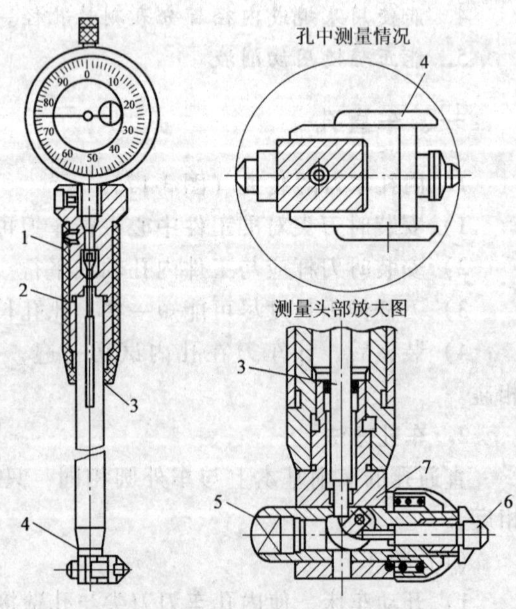

图3-19　内径百分表
1—测架　2—弹簧　3—杆　4—定心器
5—测量触头　6—触头　7—摆动块

二、车台阶孔

1. 内孔车刀的装夹

车台阶孔时，内孔车刀的装夹除了刀尖应对准工件中心和刀杆尽可能伸出短些外，内孔车刀（内偏刀）的主切削刃应和内平面成3°~5°的夹角，见图3-21。并且在车削内平面

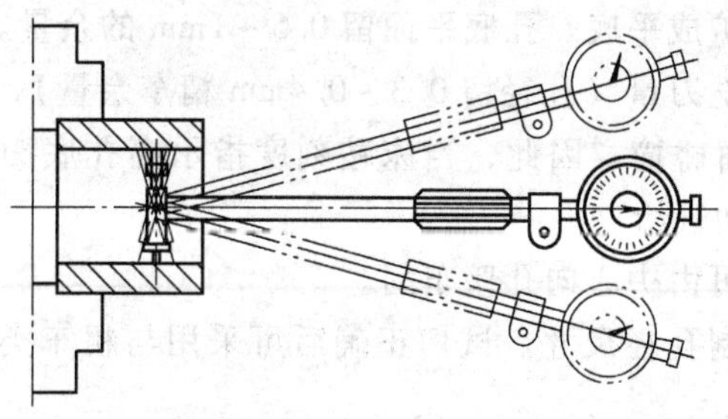

图 3-20　内径百分表的测量方法

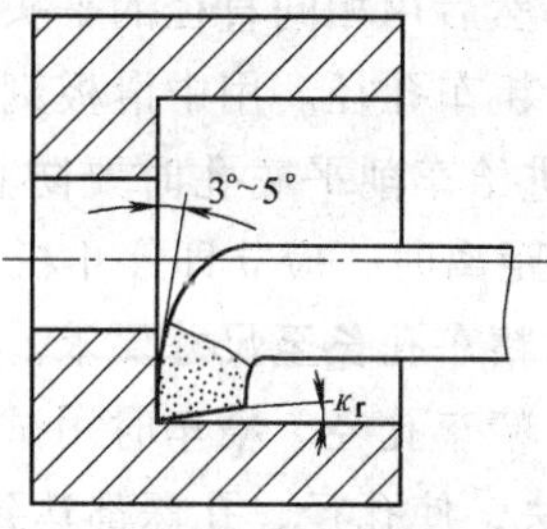

图 3-21　内孔车刀（内偏刀）的装夹

时，要求横向有足够的退刀余地。

2. 车孔方法

1）车直径较小的台阶时，由于观察困难而尺寸精度不宜掌握，所以常采用先粗、精车小孔，再粗、精车大孔的方法。

2）车大的台阶孔时，在便于测量小孔尺寸而视线又不影响的情况下，一般先粗车大孔和小孔，再精车小孔和大孔。

3）车削孔径尺寸较大的台阶孔时，最好采用主偏角 $\kappa_r<90°$的车刀先粗车，然后再用内偏刀精车。车削时背吃刀量不可太大，否则切削刃易损坏。其原因是刀尖处于切削刃最前端，切削时刀尖先切入工件，因此其承受切削抗力最大，加上刀尖本身强度差，所以容易碎裂；由于刀柄长，刚性差，背吃刀量大容易产生振动和扎刀。

控制车孔长度的方法通常采用粗车时刀柄上刻线痕作记号，见图 3-22a；或安放限位铜片，见图 3-22b；也可用床鞍刻线来控制等。精车时需用小滑板刻度盘或深度游标卡尺来控制车孔深度。

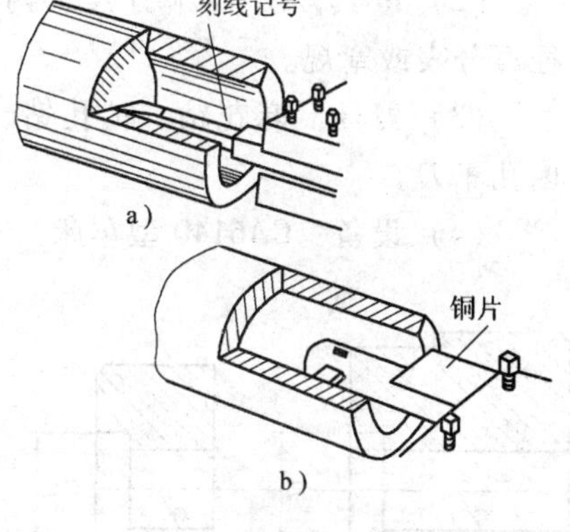

图 3-22　控制孔长的方法

a）刻线痕作记号　b）安放限位铜片

三、车不通孔（平底孔）

1. 内孔车刀的装夹

1）车不通孔时，其内孔车刀的刀尖必须与工件的旋转中心等高，否则不能将孔底车平，检验刀尖中心高的简便方法是车端面进行对刀，若端面能车至中心，则不通孔底面也能车平。

2）不通孔车刀的刀尖至刀柄外侧的距离 a 应小于内孔半径 R，见图 3-23。否则切削时刀尖还未车至中心，刀柄外侧就已与孔壁上部相碰。

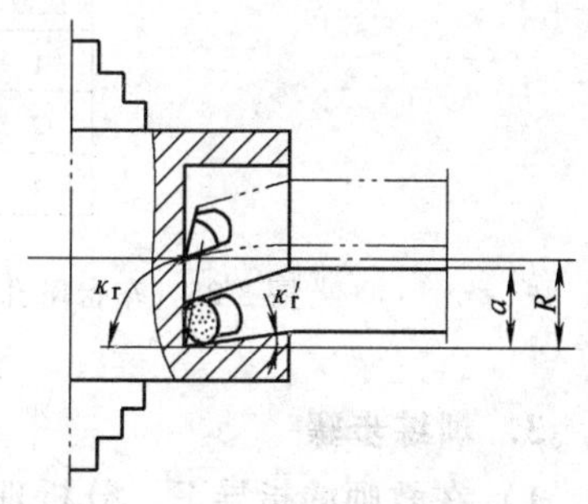

图 3-23　不通孔车刀的装夹

2. 车孔方法

1）车端面、钻中心孔。

2）钻底孔。可选择比孔径小 1.5～2mm 的麻花钻先钻出底孔（其钻孔深度从钻头顶尖量起）。然后用相同直径的平头麻花钻将孔底扩成平底。孔底平面留 0.5 ~ 1mm 的余量。

3）粗车孔径。用中滑板刻度指示控制背吃刀量（孔径留 0.3 ~ 0.4mm 精车余量），若机动纵向进给车削平底孔时要防止车刀与孔底面碰撞。因此，当床鞍刻度指示离孔底面还有 2 ~ 3mm距离时，应立即停止机动进给改用手动进给。

4）精车孔长至尺寸要求。精车长度时，可由中心向孔壁车削。

5）精车孔径。精车时用试切削的方法控制孔径尺寸。试切正确后可采用与粗车类似的进给方法，使孔径、孔深都达到图样要求。

【技能训练】

1. 训练内容

练习直孔（图 3-24）、台阶孔（图 3-25）、平底孔（图 3-26）的车削。

2. 工具、量具、刀具及设备

（1）工具　扳手、螺钉旋具等。

（2）量具　外径千分尺、内径百分表或塞规。

（3）刀具　麻花钻、扩孔钻、内孔车刀。

（4）设备　CA6140 型车床。

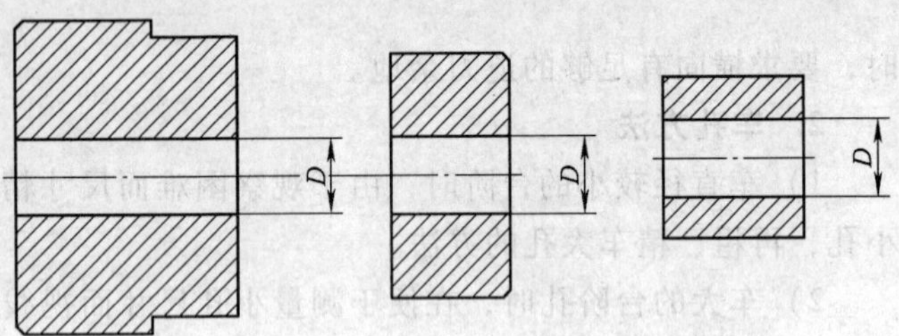

次数	D
1	$\phi22^{+0.05}_{0}$
2	$\phi24^{+0.03}_{0}$
3	$\phi25^{+0.023}_{0}$

图 3-24　车直孔

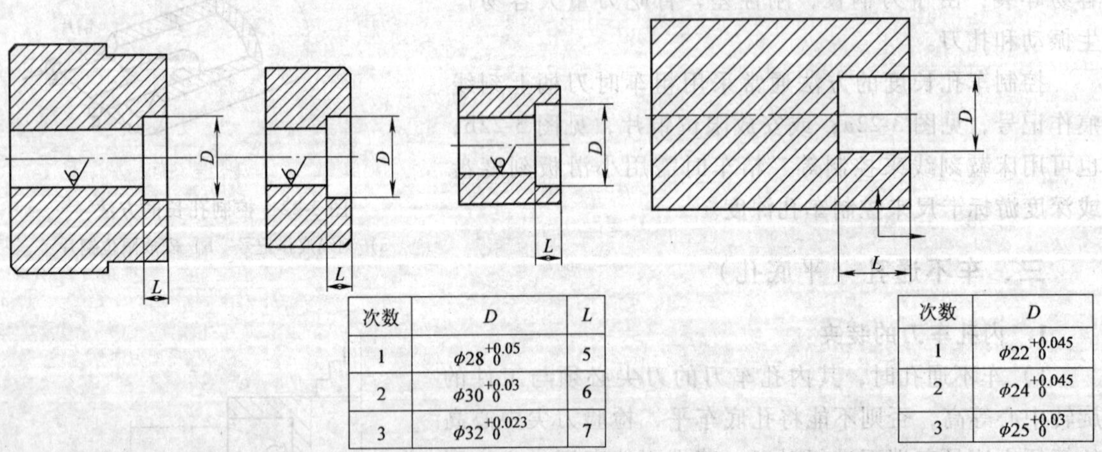

次数	D	L
1	$\phi28^{+0.05}_{0}$	5
2	$\phi30^{+0.03}_{0}$	6
3	$\phi32^{+0.023}_{0}$	7

图 3-25　车台阶孔

次数	D
1	$\phi22^{+0.045}_{0}$
2	$\phi24^{+0.045}_{0}$
3	$\phi25^{+0.03}_{0}$

图 3-26　车平底孔

3. 训练步骤

1）在教师的指导下，分析理解直孔、台阶孔、平底孔的车削方法，认真听教师讲解车削步骤与测量方法。

2）学生观摩教师示范操作。示范操作时，重点讲解孔的测量方法以及尺寸控制的方法。

3）学生应预先知道车削方法，知道如何进行尺寸控制，以及正确的测量步骤和方法。

4）练习直孔、台阶孔、平底孔的车削。

基本操作步骤描述： 车端面→钻孔→车孔→倒角

步骤如下：

① 夹住外圆，找正、夹紧。

② 车端面，车平即可。

③ 钻孔。

④ 粗车孔径。

⑤ 精车孔径。

⑥ 孔口倒角。

⑦ 检查后取下工件。

操作提示

◇ 使用塞规时，应尽可能使塞规与被测工件的温度一致，不要在工件还未冷却到室温时就去测量。测量内孔时，不可硬塞强行通过，一般应靠塞规自身重力自由通过，测量时塞规轴线应与孔的轴线一致，不可歪斜。

◇ 车孔时，由于工作条件不利，加上刀柄刚性差，容易引起振动，因此它的切削用量比车外圆时要低些。

◇ 车铝合金孔时，不要加切削液，因为水和铝容易引起化学作用，会使加工表面产生小针孔，在精加工铝合金时，一般使用煤油冷却较好。

◇ 车削铸铁孔接近孔径尺寸时，不要用手去抚摸，以防增加车削困难。

◇ 在孔内取塞规时，应注意安全，防止与内孔车刀碰撞。

◇ 精车内孔时，应保持切削刃锋利，否则易产生让刀，把孔车成锥形。

◇ 车台阶孔与平底孔时，要求内平面平直，孔壁与内平面相交处清角，并防止出现凹坑和小台阶。

◇ 孔径应防止喇叭口和出现试刀痕迹。

◇ 车平底孔时，刀尖应严格对准工件旋转中心，否则底平面无法车平。

◇ 车刀纵向切削至底平面时，应停止机动进给，用手动进给代替，防止碰撞底平面。

◇ 用内径百分表测量前，应检查整个测量装置是否正常，如固定测量头有无松动，百分表是否灵活，指针转动后能否回到原来位置，指针对准的"零位"是否走动。

课题五 铰 孔

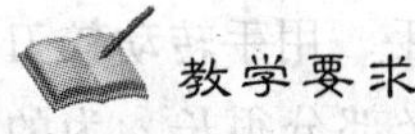

教学要求

1. 掌握铰刀的选择、装夹和铰削方法。
2. 掌握铰削余量和切削液的选择方法。
3. 能分析铰孔时产生废品的原因。

铰孔是用铰刀对未淬硬工件上的孔进行精加工的一种加工方法，在成批生产中已被广泛采用。铰刀是尺寸精确的多刃刀具，铰孔的质量好、效率高，操作简便。其精度可达 IT7 ~ IT9，表面粗糙度值可达 R_a0.4μm。因铰刀的刚性比内孔车刀好，所以更适合加工小深孔。

一、铰刀

1. 铰刀的组成（图 3-27）

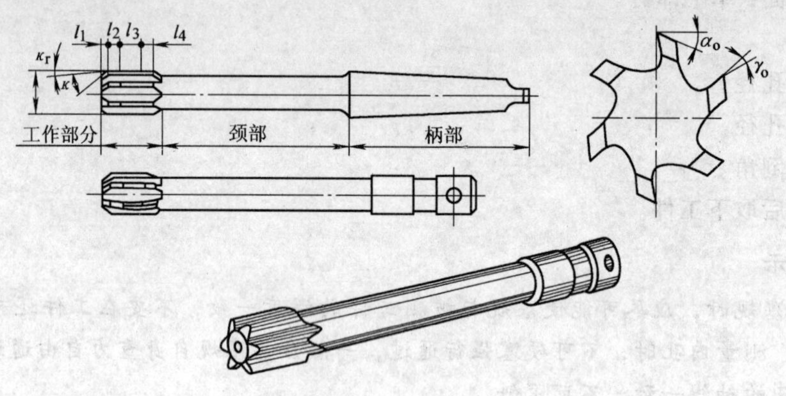

图 3-27 铰刀

（1）柄部 用来夹持和传递转矩。

（2）颈部 工作部分与尾部的连接部分。

（3）工作部分 由引导部分（l_1）、切削部分（l_2）、修光部分（l_3）和倒锥（l_4）组成。

1）引导部分是铰刀开始进入孔内的导向部分，其导向角（κ）一般为 45°。

2）切削部分担负主要切削工作，其切削锥角较小，因此铰削时定心好，切屑薄。

3）修光部分上有棱边，它起定向，碾光孔壁，控制铰刀直径和便于测量等作用。

4）倒锥部分可减小铰刀与孔壁之间的摩擦，还可防止产生喇叭形孔和孔径扩大。

铰刀的前角一般为 0°，粗铰钢料时可取前角 $\gamma_o = 5° \sim 10°$，铰刀后角一般取 $\alpha_o = 6° \sim 8°$，主偏角一般取 $\kappa_r = 3° \sim 1.5°$。

2. 铰刀的齿数

铰刀的齿数一般为 4 ~ 8 齿，为了测量直径方便，多数采用偶数齿。

3. 铰刀的种类

1）铰刀按用途分有机用铰刀和手用铰刀。机用铰刀的柄部有直柄和锥柄两种，机用铰刀工作部分较短，主偏角较大，标准机用铰刀的主偏角 $\kappa_r = 15°$，这是由于已有车床尾座定向，不必做出很长的导向部分。手用铰刀的柄部做成方榫形，以便套入扳手，用手转动铰刀来铰孔。手用铰刀工作部分较长，主偏角较小，一般为 $\kappa_r = 40' \sim 4°$。修光部分很长，为的是在使用时容易定位。

2）铰刀按切削部分材料分高速钢铰刀和硬质合金铰刀。

4. 铰刀尺寸的选择

铰孔的精度主要取决于铰刀的尺寸，铰刀的制造尺寸是按照下列几个基本原则考虑的：

1）铰孔时，铰出孔的实际尺寸一般比铰刀大一些，因此首先要考虑铰孔扩张量，也就是要求新铰刀的最大直径比孔的最大极限尺寸小一些。

2）为了延长铰刀的使用寿命，降低刀具的消耗成本，铰刀应具有一定的磨损余量。

3）制造铰刀也要有一定的制造公差，一般采用经验数值，铰刀的制造公差约为孔公差的三分之一。一般可按下面的计算方法来确定铰刀上、下偏差：

上偏差 = 2/3 被加工孔公差

下偏差 = 1/3 被加工孔公差

二、铰刀的装夹

在车床上铰孔时，一般将机用铰刀的锥柄插入尾座套筒锥孔中，并调整尾座套筒轴线与车床主轴轴线相重合，否则铰出的孔会产生孔口扩大或整个孔扩大。但对于一般精度的车床要求其主轴轴线与尾座轴线非常精确地在同一轴线上是比较困难的，故可采用浮动套筒（见图 3-28）装置。铰刀通过浮动套筒 1 插入孔中，利用套筒与主体 3，轴销 2 与套筒之间存在一定的间隙，而产生浮动。铰削时，铰刀通过微量偏移来自动调整其中心线与孔中心线重合，从而消除由于车床尾座套筒锥孔与主轴同轴度误差而对铰孔质量的影响。

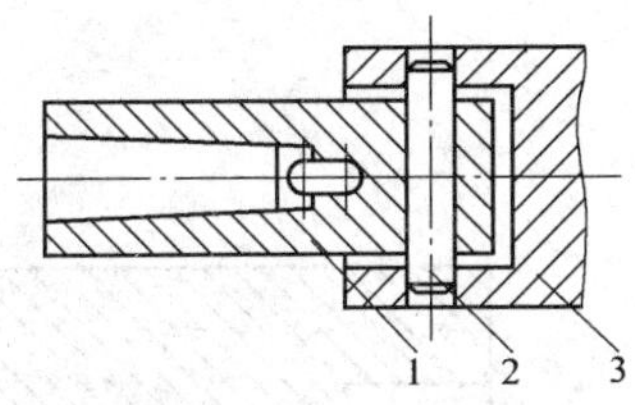

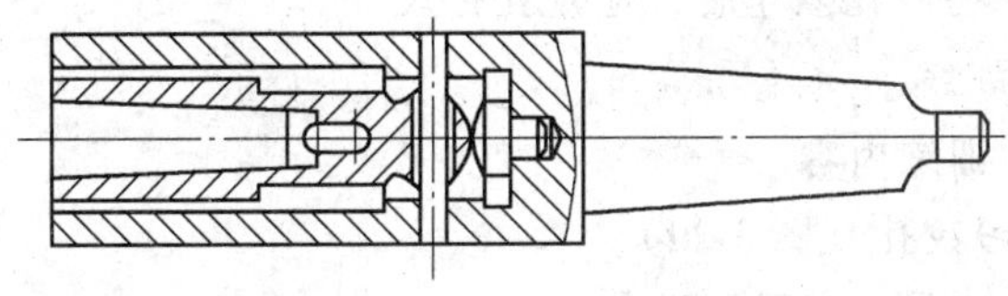

图 3-28 浮动套筒

三、铰孔方法

1. 切削用量的确定

1）铰孔前，一般先经过钻孔、扩孔或车孔等粗加工和半精加工，并留有适当的铰削余量。余量的大小直接影响到铰削质量，余量太小，车削痕迹不能铰去；余量太大，会使切屑挤塞在铰刀的齿槽中，使切削液不能进入切削区而影响质量。铰孔余量一般为 0.08 ~ 0.15mm，用高速钢铰刀铰削余量取小值，用硬质合金铰刀取大值。

2）铰削时切削速度一般在 5m/min 以下，这样容易获得较小的表面粗糙度值。

3）铰孔时，由于切屑少，且铰刀上还有修光定位部分，进给量可取大一些，钢件一般取 0.2 ~ 1mm/r，铸铁还可更大一些。

4）铰孔时，背吃刀量是铰孔余量的一半。

2. 合理选择切削液

铰孔时，切削液和孔的扩张量与孔的表面粗糙度有一定的关系。在干铰削和非水溶性切削液的铰削情况下，铰出的孔径要比铰刀的实际直径稍微大些，干铰削最大。而用水溶性切削液，铰出的孔径要比铰刀的实际直径稍微小些。

用水溶性切削液铰孔时，表面粗糙度值较小，用非水溶性切削液铰孔时，表面粗糙度值较大，干铰削最大。

铰削钢件时，用硫化乳化油；铰削铸件时，用煤油或柴油；铰削青铜或铝合金时，用2号锭子油和煤油。

3. 铰孔方法

1）选好铰刀。铰孔的尺寸精度和表面粗糙度在很大程度上取决于铰刀的质量，所以铰孔前应检查铰刀刃口是否锋利和完好无损，以及铰刀尺寸公差是否适宜。

2）找正尾座中心。铰刀中心线必须与车床主轴轴线重合，若尾座中心偏离主轴轴线，则会使铰出的孔尺寸扩大或孔口形成喇叭口。

3）尾座应固定在床鞍上的适当位置，使铰孔时尾座套筒的伸出长度在50~60mm范围内，为此，可移动尾座，使铰刀离工件端面约5~10mm处，然后锁紧尾座。

4）调整铰孔时的切削速度。

5）摇动尾座手轮，使铰刀的引导部分轻轻进入孔口，深度约1~2mm。

6）起动车床，加注充分的切削液，双手均匀摇动尾座手轮，进给量为0.5mm/r，均匀地进给至铰刀切削部分的3/4超出孔末端时，即反向摇动尾座手轮，将铰刀从孔内退出。此时工件应继续作主运动。

7）将内孔擦净后，检查孔径尺寸。

【技能训练】

1. 训练内容

练习铰孔（图3-29）。

2. 工具、刀具及设备

（1）工具　扳手、螺钉旋具等。

（2）刀具　麻花钻 $\phi9.5$mm 和 $\phi9.8$mm、铰刀（$\phi10$H7）。

（3）设备　CA6140型车床。

3. 训练步骤

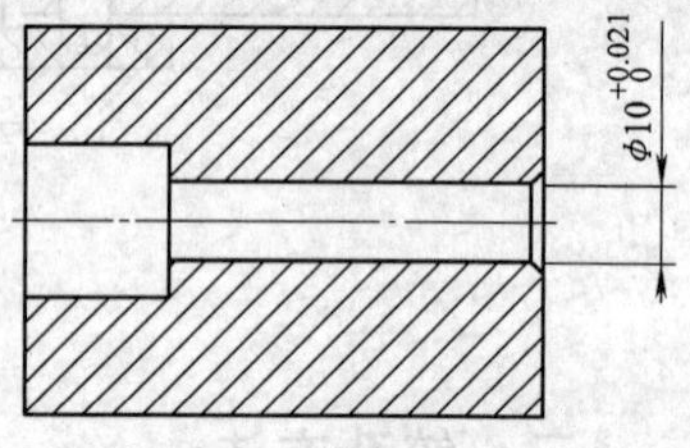

图3-29　铰孔

1）在教师的指导下，分析理解铰刀的种类及选择，认真听教师讲解铰孔的方法。

2）学生观摩教师示范操作。示范操作时，重点讲解铰刀的装夹与铰孔步骤以及切削液的选择方法。

3）学生应预先知道铰孔方法，了解如何进行切削用量的选择，明确运用正确的铰孔步骤和方法。

4）进行铰孔的练习。

基本操作步骤描述：车削端面→钻中心孔→钻小孔→扩孔→倒角→铰孔

其加工步骤如下：

① 夹住外圆，找正、夹紧。

② 车端面，车平即可。

③ 用中心钻钻定位孔。

④ 用麻花钻 $\phi9.5$mm 钻孔，再用麻花钻 $\phi9.8$mm 扩孔。

⑤ 倒角。

⑥ 铰孔 $\phi10^{+0.021}_{0}$ mm。

操作提示

◇ 铰不通孔时，当铰刀端部与孔底接触后会对铰刀产生轴向切削抗力，手动进给当感觉到轴向切削抗力明显增加时，表明铰刀端部已到孔底，应立即将铰刀退出。

◇ 铰较深的不通孔时，切屑排出比较困难，通常中途应增加退刀数次，用切削液和刷子清除切屑后再继续铰孔。

◇ 尾座偏使铰刀与孔中心线不重合时，校正尾座，使其对中，最好采用浮动套筒。

◇ 安装铰刀时，应注意锥柄和锥套的清洁。

◇ 根据选定的切削速度和孔径大小调整车床主轴转速。

◇ 应先试铰，以免造成废品。

◇ 选用铰刀时应检查刃口是否锋利，柄部是否光滑，完好无损的铰刀才能加工出高质量的孔。

◇ 注意铰刀保养，避免碰伤。

◇ 铰削钢件时，应防止产生积屑瘤，否则易把孔拉毛或把孔铰废。

◇ 切削液不能间断，浇注位置应是切削区域。

课题六　车内沟槽和端面槽

教学要求

1. 掌握内沟槽车刀与端面槽车刀的刃磨方法。
2. 掌握内沟槽的车削方法。
3. 掌握端面槽的车削方法。

一、车内沟槽

1. 内沟槽的作用

孔内的沟槽种类很多，见图 3-30。其作用有以下几种：

（1）退刀用的内沟槽　车内螺纹、车孔和磨孔时作退刀用，见图 3-30a。或为了拉油槽方便，两端开有退刀槽，见图 3-30b。

（2）密封用的内沟槽　在 T 形槽中嵌入油毛毡，防止滚动轴承上的润滑剂溢出。

（3）轴向定位内沟槽　在轴承座内孔中的适当位置开槽放入孔用弹性挡圈，以实现滚动轴承的轴向定位，见图 3-30d。有些较长的轴套，为了加工方便

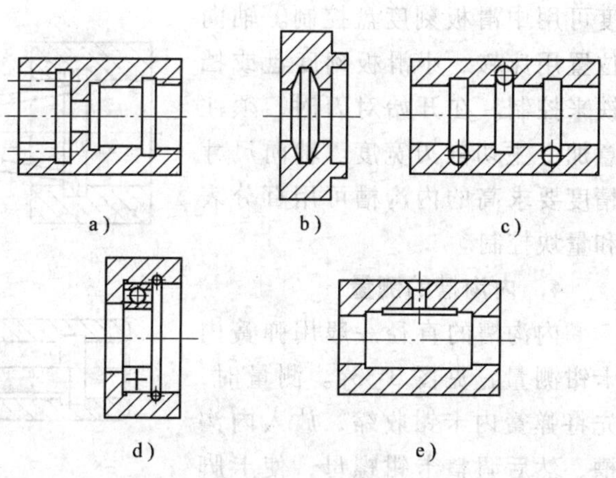

图 3-30　常见内沟槽的作用
a)、b) 退刀用内沟槽　c) 油气通道内沟槽
d)、e) 轴向定位内沟槽

和定位良好，往往在长孔中间开有较长的内沟槽，见图3-30e。

（4）油、气通道内沟槽　在各种液压和气压滑阀中开内沟槽以通油或通气，如图3-30c，这类沟槽要求有较高的轴向位置精度。

2. 内沟槽车刀

内沟槽车刀与切断刀的几何形状相似，只是用于在内孔中车槽。加工小孔中的内沟槽车刀做整体式，见图3-31a；在大直径内孔中车内沟槽的车刀，可采用刀杆装夹式，见图3-31b。内沟槽车刀的安装应使主切削刃与内孔中心等高或略高，两侧副偏角须对称。

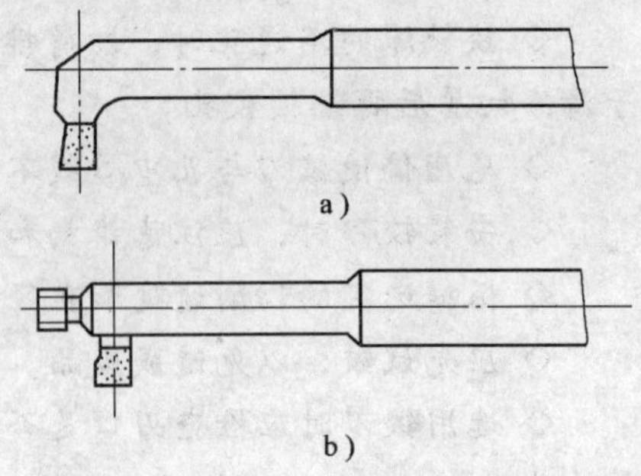

图3-31　内沟槽车刀
a）整体式　b）装夹式

3. 内沟槽的车削方法

车内沟槽与车外沟槽方法类似。车削内沟槽时，刀杆直径受孔径和槽深的限制，比车孔时的直径还要小，特别是车孔径小、沟槽深的内沟槽时，情况更为突出；另一方面是排屑困难，所以车内沟槽比车内孔还要困难。

对宽度较小和精度要求不高的沟槽，可用主切削刃宽度等于槽宽的内沟槽车刀采用直进一次车出，见图3-32a。对精度要求较高或较宽的内沟槽，可采用直进法分几次车出，粗车时，槽壁和槽底留精车余量，然后根据槽宽、槽深进行精车，见图3-32b。车梯形密封槽时，先用内沟槽车刀车出直槽，然后用成形刀车削成形，见图3-32c。

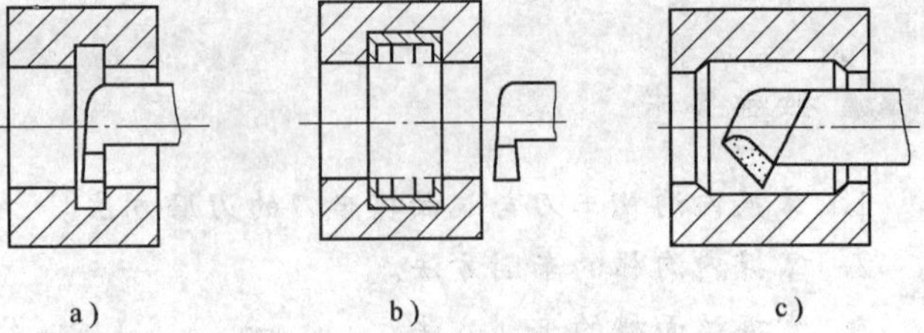

图3-32　车内沟槽的方法
a）直进法　b）分次车削
c）先车直槽后用成形车刀车削

车内沟槽时的尺寸控制方法：宽度较小的槽可直接用准确的主切削刃宽度来保证；宽槽可用床鞍刻度盘来控制尺寸。沟槽的深度可用中滑板刻度盘控制。轴向位置用床鞍、小滑板刻度盘或挡铁来控制。在开始对刀时，须注意加上主切削刃宽度。轴向尺寸精度要求高的内沟槽可用百分表和量块控制。

4. 内沟槽的测量

内沟槽的直径一般用弹簧内卡钳测量，见图3-33a。测量时，先将弹簧内卡钳收缩，放入内沟槽，然后调整卡钳螺母，使卡脚与槽底表面接触，测出内沟槽直径，然后将内卡钳收缩取出，恢复到原来尺寸，再用游标卡尺或

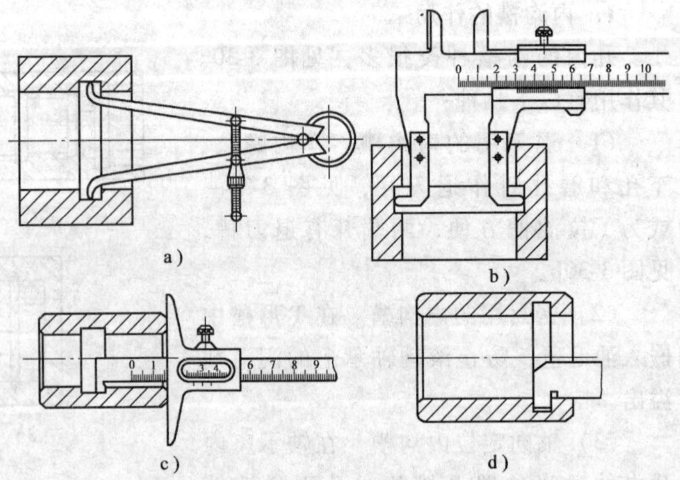

图3-33　内沟槽的测量
a）内卡钳的应用　b）弯脚游标卡尺的应用
c）内沟槽轴向位置的测量　d）内沟槽宽度的测量

外径千分尺测出卡钳的张开距离，这个尺寸，就是内沟槽的直径。当内沟槽直径较大时，可用弯脚游标卡尺测量，见图 3-33b。内沟槽的直径应等于游标卡尺的指示值与卡脚尺寸之和。

内沟槽的轴向尺寸可用钩形游标深度卡尺测量，见图 3-33c。内台阶的深度可用金属直尺或游标卡尺测量；当精度要求高时，可用深度千分尺测量，测量时，只能用手轻轻转动微分筒，如果用力过猛，会把深度千分尺顶起，使测量值不正确。

内沟槽的宽度可用样板或游标卡尺（当孔径较大时）测量，见图 3-33d。

二、车端面槽

端面沟槽有密封用端面直槽、圆弧形槽、燕尾槽、T 形槽等，见图 3-34。

1. 车槽刀的刃磨和装夹

在端面上车直槽时，端面直槽车刀的几何形状是外圆车刀与内孔车刀的综合。车槽刀左侧一个刀尖相当于在车削内孔，另一个右侧刀尖相当于在车外圆。其中刀尖处的副后面的圆弧半径 R 必须小于端面直槽的大圆弧半径，以防左副后面与工件端面槽孔壁相碰，见图 3-35。

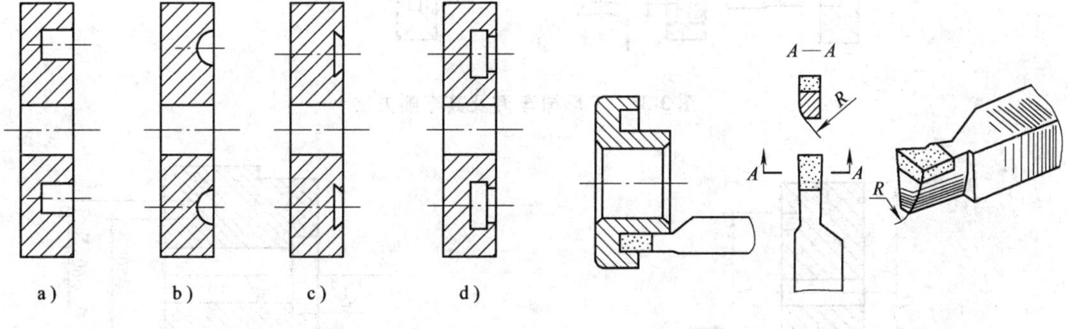

图 3-34　常见的端面槽

a）直槽　b）圆弧槽　c）燕尾槽　d）T 形槽

图 3-35　端面车槽刀的几何形状

安装端面直槽车刀时，切削刃与工件中心应等高，并且车槽刀的中心线必须与轴心线平行。

2. 端面槽的车削方法

在端面上车精度不高、宽度较小、较浅的沟槽时，常用等宽刀直进法一次车出；精度较高的沟槽，应先粗车并留有一定的精车余量，然后再精车；对于较宽的沟槽，应采用多次直进法车削。精车时，最好先精车槽宽，再精车槽深，这样容易清角。见图 3-36、图 3-37 和图 3-38。

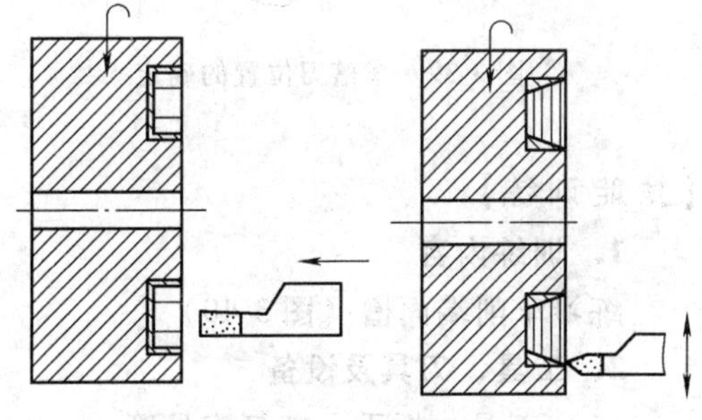

图 3-36　车平面槽的方法

控制车槽刀位置的方法：在端面上车槽前，通常应先测量工件外径，得出实际尺寸，然后减去沟槽外圆直径尺寸，再除以 2，就是车槽刀外侧与工件外径之间的距离，见图 3-39。

3. 端面槽的测量

端面沟槽可选用内、外卡钳，游标卡尺，游标深度卡尺，样板等量具检测。

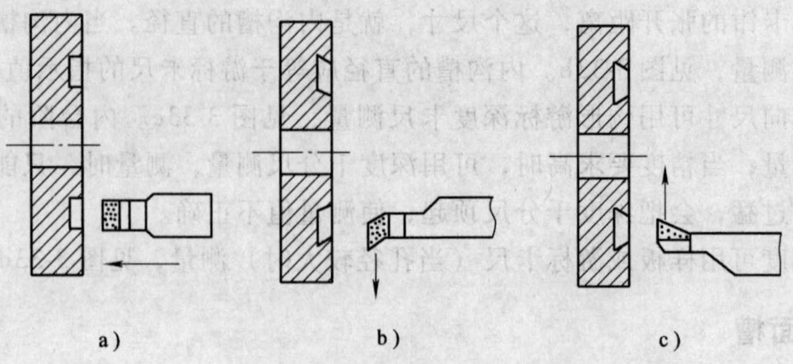

图 3-37 燕尾槽车刀及其车削方法

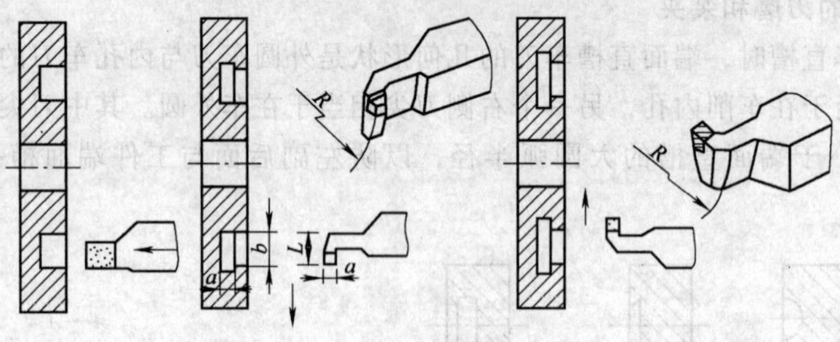

图 3-38 T 形槽车刀及其车削方法

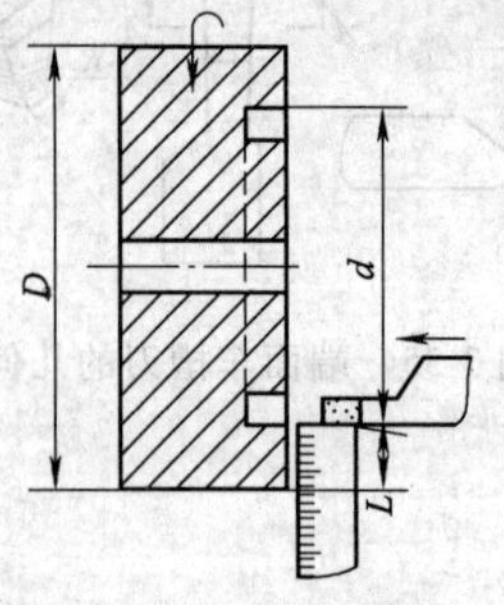

图 3-39 车槽刀位置的确定

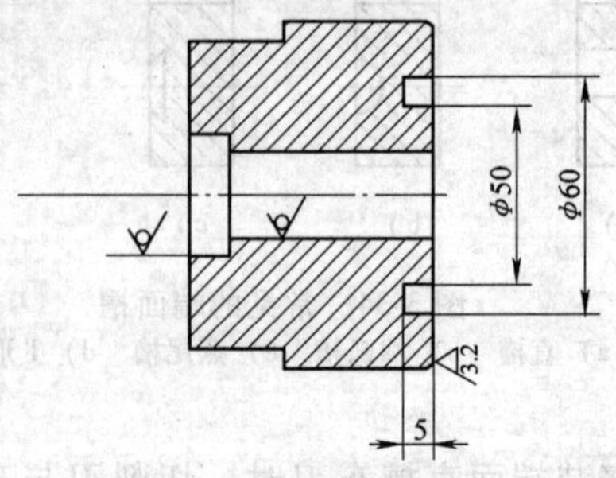

图 3-40 车削端面槽

【技能训练】

1. 训练内容

练习车削端面槽（图 3-40）。

2. 工具、刀具及设备

（1）工具 扳手、螺钉旋具等。

（2）刀具 端面槽车刀。

（3）设备 CA6140 型车床。

3. 训练步骤

1）在教师的指导下，分析理解内沟槽与端面槽的作用，认真听教师讲解内沟槽与端面槽的车削方法与测量方法。

2）学生观摩教师示范操作。示范操作时，重点讲解端面槽的车削步骤以及尺寸控制的方法。

3）学生应预先知道车削方法，了解如何进行尺寸控制及正确的测量步骤和方法。

4）练习端面槽的车削。

基本操作步骤描述：车削端面→粗车端面槽→精车端面槽

加工步骤如下：

① 夹住外圆，找正、夹紧。

② 车端面，车平即可。

③ 粗车端面槽，给精车留适当的余量。

④ 精车槽的宽度至尺寸要求。

⑤ 精车槽的深度至尺寸要求。

⑥ 倒角。

⑦ 检查后取下工件。

操作提示

◇ 端面槽车刀左侧副后面应磨成圆弧形，以防与工件槽壁产生摩擦。

◇ 槽侧、槽底要求平直、清角。

◇ 刃磨车槽刀时，应注意切削刃平直，几何角度应正确。

◇ 应利用中、小滑板刻度盘的读数，控制沟槽的深度和退刀的距离。

第四章　车内外圆锥面

学习目标

在机床与工具中，圆锥面结合应用得很广泛。主要有以下原因：当圆锥面的锥角较小（3°以下）时，可传递很大的转矩；装拆方便，虽经多次装拆，仍能保证精确的定心作用；配合精确的圆锥面，同轴度较高。

加工圆锥面时，除了对尺寸精度、形位精度和表面粗糙度有要求外，还有角度或锥度的精度要求。要求高的圆锥面，其精度是以接触面的大小来评定。

本章的学习目标：

1. 掌握转动小滑板车圆锥的方法。
2. 掌握工件的锥度，会计算小滑板的旋转角度。
3. 掌握锥度检查的方法。
4. 合理选择切削用量。

课题一　车外圆锥体

教学要求

1. 掌握转动小滑板车圆锥体的方法。
2. 掌握锥度的检查方法。

一、圆锥的基本参数

圆锥的基本参数见图 4-1。

（1）最大圆锥直径 D　简称大端直径。

（2）最小圆锥直径 d　简称小端直径。

（3）圆锥长度 L　最大圆锥直径处与最小圆锥直径处的轴向距离。

（4）锥度 C　圆锥大、小直径之差与长度之比，即：

$$C=\frac{D-d}{L}$$

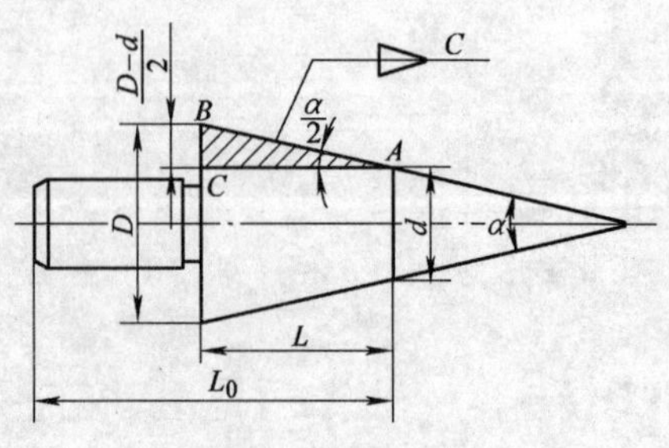

图 4-1　圆锥的基本参数

(5) 圆锥半角$\frac{\alpha}{2}$　圆锥角α是在通过圆锥轴线的截面内两条素线的夹角。在车削时经常用到圆锥角的一半——圆锥半角。

二、标准圆锥

为了制造和使用方便，降低生产成本，常用工具、刀具上的圆锥都已标准化。即圆锥的各部分尺寸，都符合几个号码的规定。使用时，只要号码相同，就能互换。标准圆锥已在国际上通用，即不论哪一个国家生产的机床或工具，只要符合标准圆锥都能达到互换性要求。常用的标准圆锥有以下两种：

(1) 莫氏圆锥　莫氏圆锥是机器制造业中应用得最广泛的一种，如车床主轴孔、顶尖、麻花钻柄等都是莫氏圆锥。莫氏圆锥分成七个号，即 0、1、2、3、4、5、6，最小的是 0 号，最大的是 6 号。莫氏圆锥是从英制换算过来的。当号数不同时，圆锥斜角和尺寸都不同。

(2) 米制圆锥　米制圆锥有 8 个号码，即 4、6、80、100、120、140、160 和 200 号。它的号码是指大端的直径，锥度固定不变，均为 1:20。米制圆锥各部分尺寸可查《金属切削手册》。

三、圆锥的车削方法

车较短圆锥体时，可以用转动小滑板的方法。小滑板的转动角度也就是小滑板导轨与车床主轴轴线相交的一个角度，它的大小应等于所加工零件的圆锥半角值，见图 4-2。小滑板往什么方向转动，决定于工件在车床上的加工位置。

1. 转动小滑板车圆锥体的特点

1) 能车出圆锥角较大的工件。

2) 能车出圆锥体和圆锥孔，操作简单。

3) 只能手动进给，劳动强度大，工件表面粗糙度较难控制。

4) 因受小滑板行程的限制，只能加工锥面不长的工件。

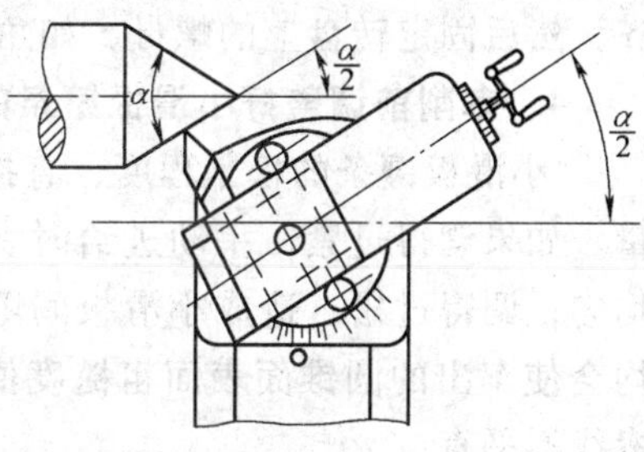

图 4-2　转动小滑板车圆锥体

2. 小滑板转动角度的计算

根据被加工零件的已知条件，可用下面公式计算圆锥半角。

$$\tan\frac{\alpha}{2} = C/2 = \frac{D-d}{2L}$$

式中　$\frac{\alpha}{2}$——圆锥半角（°）；

C——锥度；

D——最大圆锥直径（mm）；

d——最小圆锥直径（mm）；

L——最大圆锥直径与最小圆锥直径之间的轴向距离（mm）。

用上面公式计算出$\frac{\alpha}{2}$，需查三角函数表，比较麻烦。如果$\frac{\alpha}{2}$较小，在1°～13°之间，可用以下近似公式来计算，即：

$$\frac{\alpha}{2}=28.7°\times\frac{D-d}{L}$$

车削常用锥度和标准锥度时小滑板转动角度见表4-1。

表4-1　车削常用锥度和标准锥度时小滑板转动角度

名称		锥度	小滑板转动角度	名称		锥度	小滑板转动角度
莫氏锥度	0	1:19.212	1°29′27″	标准锥度	0°17′11″	1:200	0°08′36″
	1	1:20.047	1°25′43″		0°34′23″	1:100	0°17′11″
	2	1:20.020	1°25′50″		1°8′45″	1:50	0°34′23″
	3	1:19.922	1°26′16″		1°54′35″	1:30	0°57′17″
	4	1:19.254	1°29′15″		2°51′51″	1:20	1°25′56″
	5	1:19.002	1°30′26″		3°49′6″	1:15	1°54′33″
	6	1:19.180	1°29′36″		4°46′19″	1:12	2°23′09″
标准锥度	30°	1:1.866	15°		5°43′29″	1:10	2°51′45″
	45°	1:1.207	22′30″		7°9′10″	1:8	3°34′35″
	60°	1:0.866	30°		8°10′16″	1:7	4°05′08″
	75°	1:0.652	37′30″		11°25′16″	1:5	5°42′38″
	90°	1:0.5	45°		18°55′29″	1:3	9°27′44″
	120°	1:0.289	60°		16°35′32″	7:24	8°17′46″

3. 转动小滑板的方法

将小滑板下面转盘上的螺母松开，把转盘转至所需的圆锥半角的刻度上，与基准零线对齐，然后固定转盘上的螺母，如角度不是整数，可先大致估计，试切后逐步找正。

4. 车削前调整好小滑板镶条的松紧

小滑板镶条的松紧程度，直接影响加工质量。如果调得过紧，手动进给时费力，移动不均匀；调得过松，造成小滑板间隙太大。两者均会使车出的圆锥面表面粗糙度值较大且工件素线不平直。

5. 锥度的检查方法

（1）用游标万能角度尺检查锥度

对于零件角度或精度要求不高的圆锥表面，可用游标万能角度尺检查。见图4-3，把角度尺调整到要测的角度，角度尺的角尺面与工件平面（通过中心）靠平，直尺与工件斜面接触，通过透光的大小来找正小滑板的角度，反复多次直至达到要求为止。

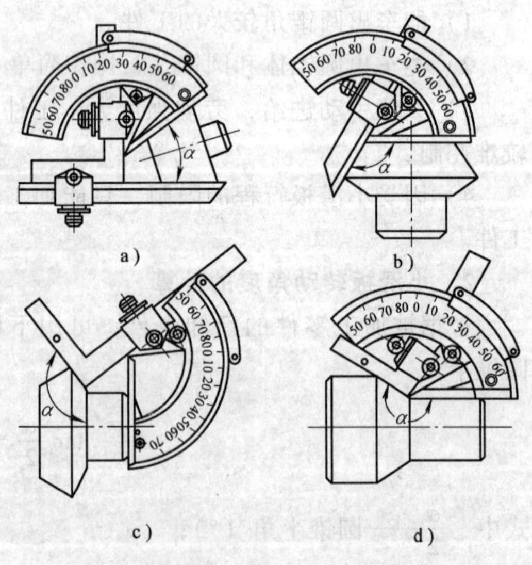

图4-3　用游标万能角度尺测量工件的方法
a）0°～50°的工件　b）50°～140°的工件
c）140°～230°的工件　d）230°～320°的工件

（2）用锥形套规检查锥度

1）可通过感觉来判断套规与工件大小端直径的配合间隙，调整小滑板转动角度。

2）在工件表面上顺着素线，间隔约120°薄而均匀地涂上三条显示剂，见图4-4。

3）把套规轻轻套在工件上转动半圈之内，见图4-5。

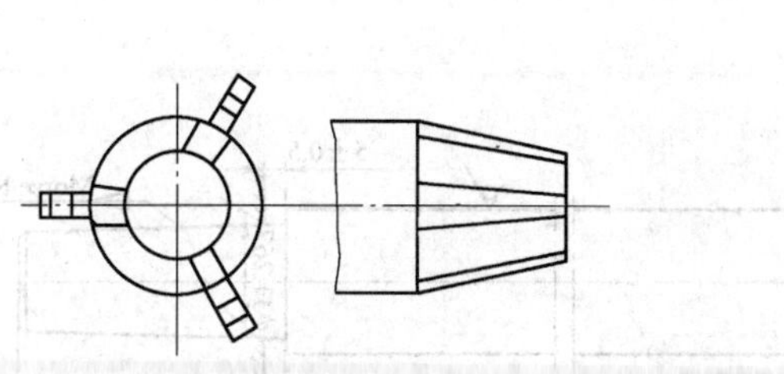

图4-4　涂色方法

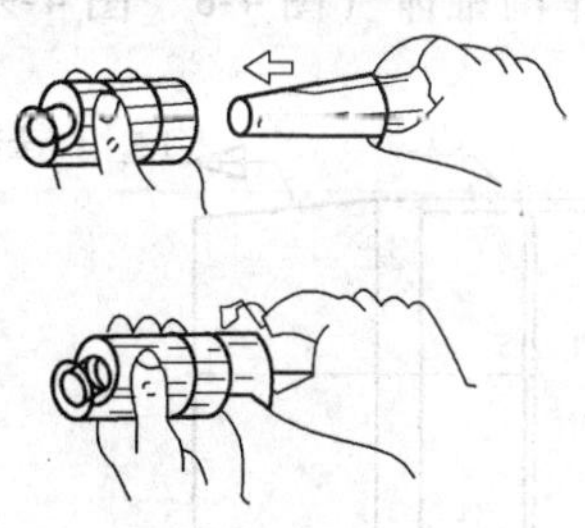

图4-5　用套规检测圆锥

4）取下套规观察工件锥面上显示剂被擦去情况，鉴别小滑板应转动方向以找正角度。锥形套规是检查锥体工件的综合测量工具，即可以检查工件锥度的准确性，又可以检查锥体工件的大小端直径及长度尺寸。如果要求套规与锥体接触面在50%以上，一般须经过试切和反复调整，所以锥体的检查在试切时就应进行。

6. 车锥体尺寸的控制方法

（1）用卡钳和千分尺测量　测量时必须注意卡钳脚（或千分尺测量杆）和工件的轴线垂直，测量位置必须在锥体的最大端或最小端直径处。

（2）用界限套规控制尺寸　见图4-6。

当锥度已找正，而大端（或小端）尺寸还未能达到要求时，须再车削。可用以下方法来解决其背吃刀量：

1）计算法。根据套规台阶中心到工件小端面的距离 a，用公式来计算背吃刀量 a_p

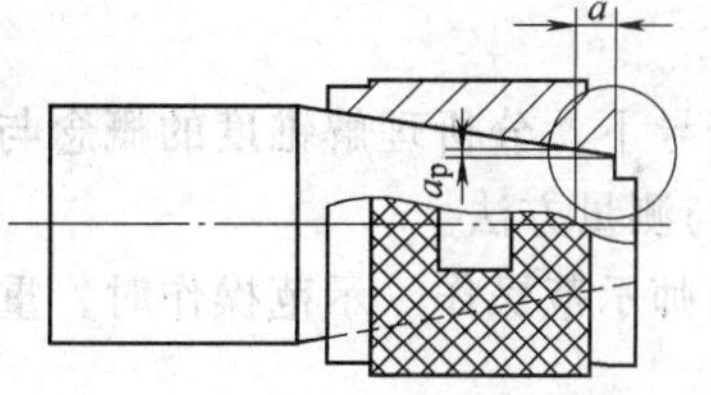

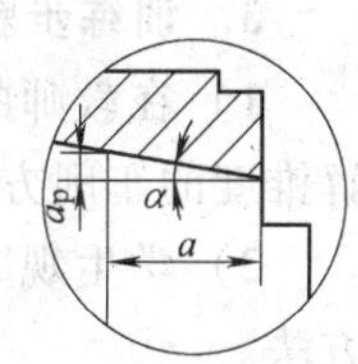

图4-6　用界限套规控制尺寸

$$a_p = a\tan\frac{\alpha}{2} \text{或} a_p = a\frac{C}{2}$$

式中　a_p——当界限套规刻线或台阶中心还离开工件平面 a 的长度时的背吃刀量（mm）；

$\frac{\alpha}{2}$——圆锥半角（°）；

C——锥度。

2）移动床鞍法。见图4-7，根据量出长度 a，使车刀轻轻接触工件小端表面，然后移动小滑板，使车刀离开工件平面一个 a 的距离，接着移动床鞍使车刀同工件平面接触，这时虽然没有移动中滑板，但车刀已切入一个需要的深度。

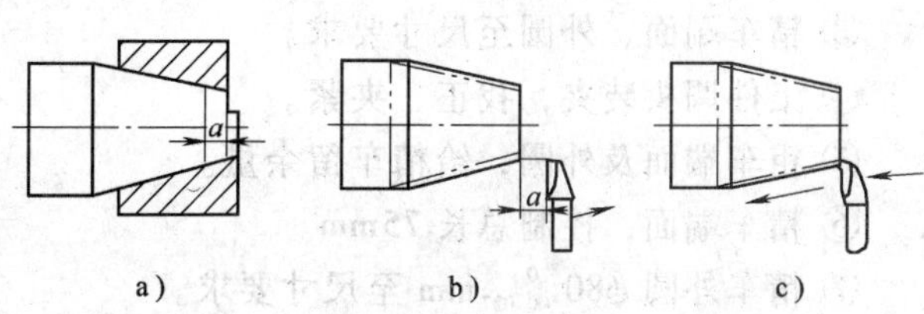

图4-7　移动床鞍法控制锥体尺寸

a）量出长度 a　b）退出加工距离　c）移动小滑板进行进给

【技能训练】

1. 训练内容

学习车削锥体（图 4-8、图 4-9）。

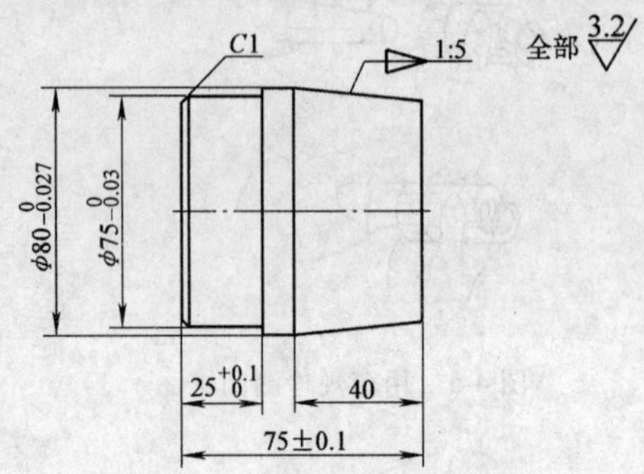

图 4-8　手动进给车锥体 1

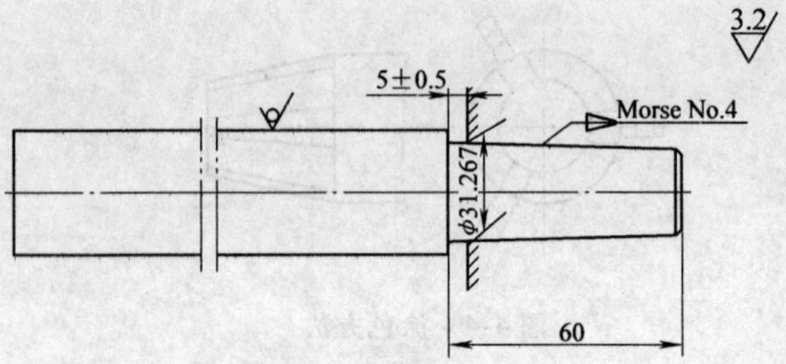

图 4-9　手动进给车锥体 2

2. 工具、量具、刀具及设备

（1）工具　扳手、螺钉旋具等。

（2）量具　游标万能角度尺、莫氏套规。

（3）刀具　90°外圆车刀。

（4）设备　CA6140 型车床。

3. 训练步骤

1）在教师的指导下，分析理解锥度的概念与计算方法，从一实例出发，认真听教师讲解锥度的车削方法与测量方法。

2）学生观摩教师示范操作。示范操作时，重点讲解锥度的测量与调整以及尺寸控制的方法。

3）学生应预先知道车削方法，如何进行锥度调整及正确的测量步骤和方法。

4）练习工件锥度的车削。

基本操作步骤描述： 车削外圆、端面→工件调头装夹，找正夹紧→车削外圆，端面→小滑板转过半角车锥度→用角度尺检查

手动进给车锥体 1 的步骤如下：

① 夹住外圆，找正、夹紧。

② 粗车端面、外圆 $\phi75.5$mm，长 24.5mm。

③ 精车端面、外圆至尺寸要求。

④ 工件调头装夹，找正、夹紧。

⑤ 粗车端面及外圆，给精车留余量。

⑥ 精车端面，控制总长 75mm。

⑦ 精车外圆 $\phi80_{-0.027}^{\ 0}$mm 至尺寸要求。

⑧ 小滑板转过半角$\dfrac{\alpha}{2}$车锥度 C。

⑨ 去毛刺。

⑩ 用游标万能角度尺检查锥度。

基本操作步骤描述： 车削外圆→车削端面→小滑板转过半角车锥度→用角度尺检查

手动进给车锥体 2 的步骤如下：

① 夹住外圆，伸出长度大于 60mm，找正夹紧。

② 车外圆 ϕ32mm，长 60mm。

③ 小滑板转过半角$\frac{\alpha}{2}$车锥度 C。

④ 去毛刺。

⑤ 用标准莫氏套规检查锥度。

 操作提示

◇ 车刀必须对准工件旋转中心，避免产生双曲线误差。

◇ 车刀切削刃要保持锋利，工件表面应一刀车出。

◇ 应两手握小滑板手柄，均匀转动小滑板。

◇ 粗车时，进给量不宜过大，应先找正锥度，以防工件车小而报废，一般留精车余量 0.5mm。

◇ 用游标万能角度尺检查锥度时，测量边应通过工件中心；用套规检查时，工件表面粗糙度值要小，涂色要薄而均匀，转动量一般在半圈之内。

◇ 转动小滑板时，应稍大于圆锥半角，然后逐步找正。

◇ 小滑板不宜过紧或过松。

◇ 当车刀在中途刃磨后装夹时，必须重新调整，使刀尖严格对准工件旋转中心。

课题二　偏移尾座车圆锥

教学要求

1. 掌握用偏移尾座的方法加工圆锥体。
2. 掌握尾座偏移量的计算方法。
3. 掌握锥度的检查方法。

偏移尾座法适用于加工锥度小、锥形部分较长的工件。

采用偏移尾座法车外圆锥面，须将工件在两顶尖间装夹。由于床鞍进给是沿平行于主轴轴线移动的，把尾座上滑板向里或者向外横向移动距离 S 后，使工件回转轴线与车床主轴轴线相交一个角度，并使其大小等于圆锥半角$\frac{\alpha}{2}$，当尾座横向移动距离 L 后，工件就车成了一个圆锥体，见图 4-10。

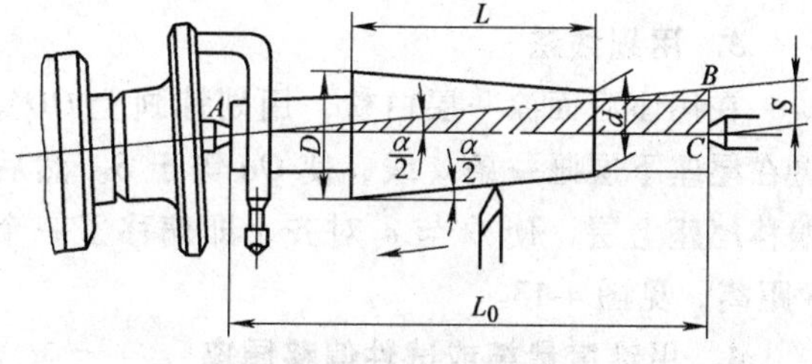

图 4-10　偏移尾座车圆锥

一、偏移尾座法车外圆锥面的特点

1）适宜于加工锥度小、精度不高、

锥体较长的工件，不能加工锥度大的工件。

2）可以采用纵向自动进给，使表面粗糙度值 R_a 减小，工件表面质量较好。

3）不能加工整锥体。

二、尾座偏移量的计算

用偏移尾座法车削圆锥时，尾座的偏移量不仅与圆锥长度有关，而且还与两个顶尖之间的距离有关，这段距离一般可近似看作工件全长 L_0。尾座偏移量 S 可以根据下列近似公式计算

$$S = L_0 \frac{(D-d)}{2L} = \frac{C}{2} L_0$$

式中 S——尾座偏移量（mm）；

D——大端直径（mm）；

d——小端直径（mm）；

L——圆锥长度（mm）；

L_0——工件全长（mm）；

C——锥度。

三、偏移尾座的方法

尾座偏移量 S 计算出来后，常采用以下几种方法偏移尾座：

1. 用尾座的刻度盘偏移尾座

偏移时先松开尾座紧固螺母，然后用六角扳手转动尾座上层两侧螺钉，按尾座偏移刻度把尾座上层移动一个距离。最后拧紧尾座紧固螺母，见图 4-11。

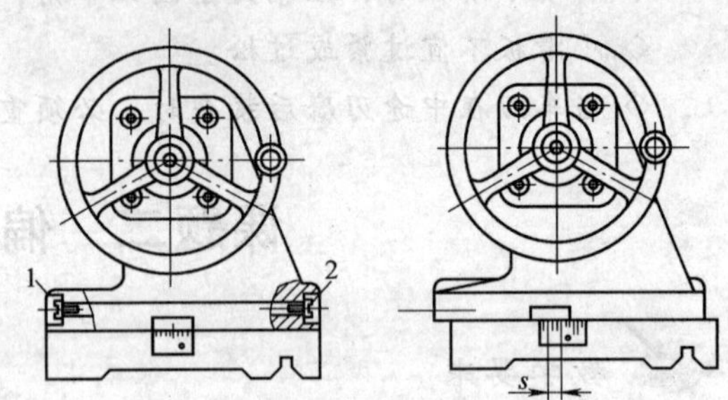

图 4-11 用尾座刻度盘偏移尾座
1、2—螺钉

2. 用百分表偏移尾座

使用这种方法时，先将百分表固定在刀架上，使百分表的测头与尾座套筒接触（百分表应位于通过尾座套筒轴心线的水平面内，且百分表测量杆垂直于套筒表面），然后偏移尾座。当百分表指针转动至一个 S 值时，把尾座固定，见图 4-12。利用百分表偏移尾座比较准确。

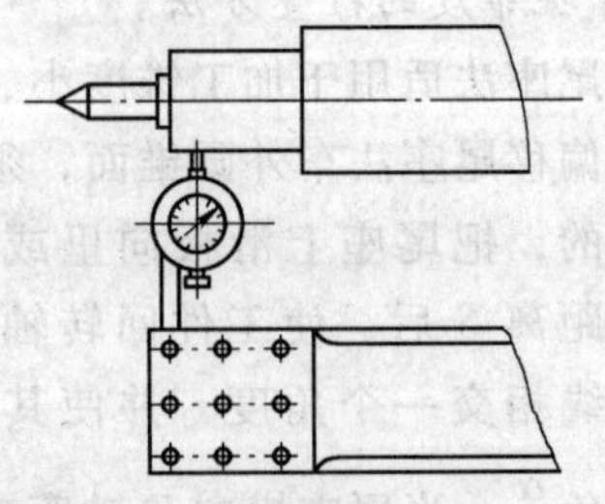
图 4-12 用百分表偏移尾座

3. 用划线法

在尾座后面涂一层白粉，用划针画上 OO'，再在尾座下层画一条 a 线，使 Oa 等于 S。然后偏移尾座上层，使 O 与 a 对齐，即偏移了一个 S 距离，见图 4-13。

4. 用锥度量棒或试件偏移尾座

先把锥度量棒或试件装夹在两顶尖之间，在刀架上装一百分表，使百分表测头与量棒或

试件表面接触。百分表的测量杆要垂直量棒或试件表面，且测头位于通过量棒或试件轴线的水平面内。然后偏移尾座，纵向移动床鞍，使百分表在两端的读数一致后，固定尾座即可，见图4-14。使用这种方法偏移尾座，须选用的锥度量棒或试件总长应与所加工工件的总长相等，否则，加工出的锥度是不正确的。

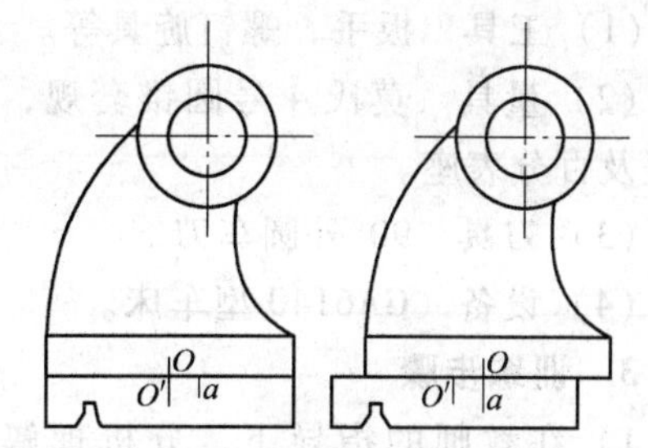

图 4-13　用划线法偏移尾座

5．用中滑板刻度盘偏移尾座

在刀架上夹持一根铜棒，摇动中滑板手柄使铜棒端面和尾座套筒接触，记下中滑板刻度对齐格数，这时根据偏移量算出中滑板刻度应转过几格，接着按刻度格数使铜棒退出，然后偏移尾座上层，使套筒接触铜棒为止，见图4-15。

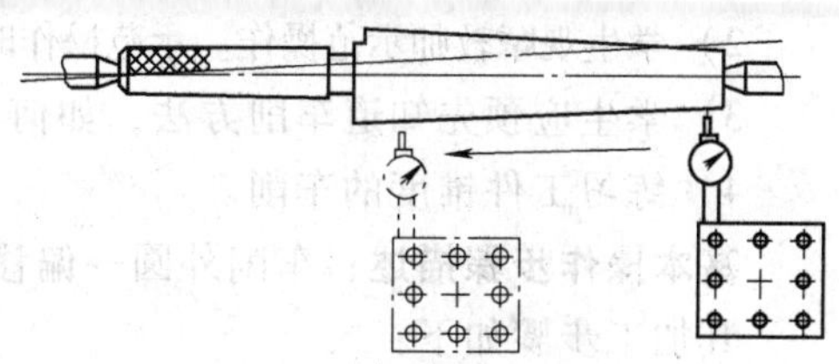

图 4-14　用锥度量棒偏移尾座

无论采用哪一种方法偏移尾座，都有一定的误差，必须通过试切，逐步修正才能比较精确，从而满足工件的要求。

四、装夹工件

用两顶尖装夹工件时，须将两顶尖距离调整至工件总长 L_0（尾座套筒在尾座内伸出长度应小于套筒总长的1/2）。工件在两顶尖间的松紧程度，以手不用力能拨动工件，而工件无轴向窜动为宜。若后顶尖为固定顶尖，中心孔内必须加黄油，且低速切削。

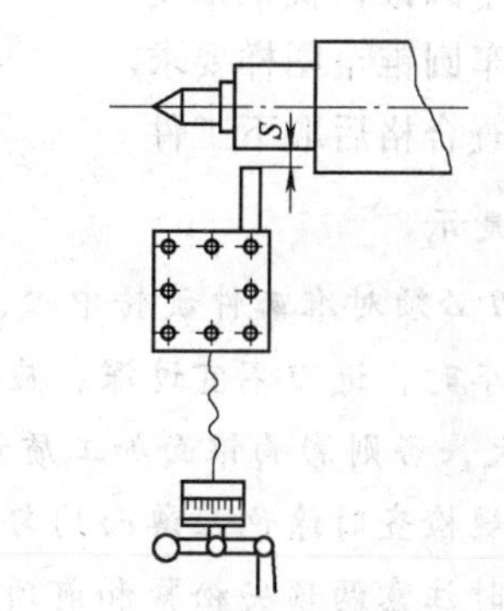

图 4-15　用中滑板刻度盘偏移尾座

五、车削步骤

1）粗车圆锥体，并校准锥度。

2）半精车圆锥体，并再次用百分表校对锥度。试车削直至锥度正确。

3）精车外圆锥面，利用计算法或移动床鞍法确定背吃刀量 a_p，自动进给精车外圆锥面至尺寸。

六、锥度的检查

1．在工件上涂色应薄而均匀，套规转动在半圈之内，根据与工件的摩擦痕迹仔细分析、思考尾座的偏移方向与偏移量，要求套规和工件接触面在60%以上。

2．根据套规的公差界限中心与被测量工件端面距离公式来计算背吃刀量。要特别注意精车的最后一刀，往往由于背吃刀量没有掌握好，将锥体外径车小。

【技能训练】

1．训练内容

练习手动进给车锥体（图4-16）。

2．工具、量具、刀具及设备

（1）工具　扳手、螺钉旋具等。

（2）量具　莫氏4号圆锥套规，百分表及百分表座。

（3）刀具　90°外圆车刀。

（4）设备　CA6140型车床。

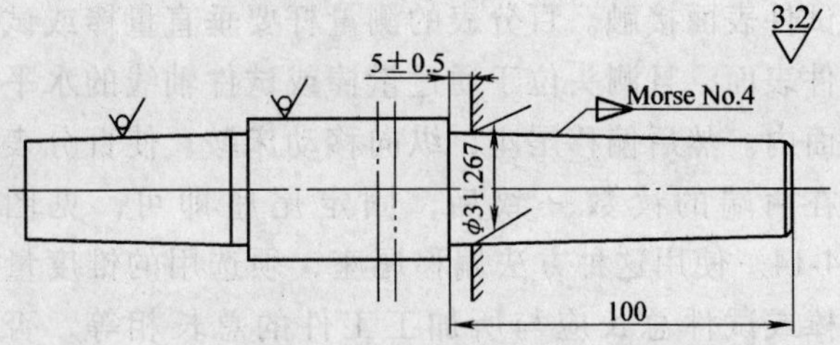

图4-16　手动进给车锥体

3. 训练步骤

1）在教师的指导下，分析理解尾座偏移量的计算方法，认真听教师讲解锥度的车削方法与测量方法。

2）学生观摩教师示范操作。示范操作时，重点讲解锥度的测量与调整以及尺寸控制的方法。

3）学生应预先知道车削方法，如何进行锥度调整及正确的测量步骤和方法。

4）练习工件锥度的车削。

基本操作步骤描述：车削外圆→偏移尾座车削锥度→工件调头装夹车另一端→检查

其加工步骤如下：

① 在两顶尖间装夹工件。

② 车外圆 ϕ32mm×100mm，倒角。

③ 粗车圆锥，找正锥度。

④ 精车圆锥至图样要求。

⑤ 检查合格后取下工件。

操作提示

◇车刀必须对准工件旋转中心，避免产生双曲线误差。

◇粗车时，进刀不宜过深，应首先找正锥度，以防止工件报废，精车圆锥面时，a_p 和 f 都不能太大，否则影响锥面加工质量。

◇套规检查时涂色应薄而均匀，转动量一般在半圈之内，多则容易造成误判。

◇随时注意两顶尖松紧和前顶尖的磨损情况，以防止工件飞出伤人。

◇偏移尾座时，应仔细、耐心调整，熟练掌握偏移方向。

◇若工件数量较多，其长度和中心孔的深浅、大小须一致，否则都将引起工件总长的变化，从而使加工出的工件锥度不一致。

课题三　车内圆锥体

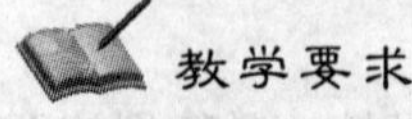

教学要求

1. 掌握转动小滑板车内圆锥体的方法。

2. 掌握内圆锥度的检查方法。

车削内圆锥孔时，为了便于加工和测量，应使锥孔大端直径的位置在外面。其车削方法常用的有：转动小滑板法、靠模法、铰圆锥孔法等，这里主要给大家介绍转动小滑板法。

一、车刀的选择和装夹

采用圆锥形刀杆，并控制刀杆的长度。以刀尖为始点，其长度应超出被加工锥孔 10mm 左右。刀杆的直径以车削时不碰刀杆为宜。车刀的副偏角要磨得小些，必要时，精车刀可磨出修光刃。装刀方法与车不通孔相同。

二、切削用量的选择

1）切削速度比车外圆锥时低 10% ~20%。

2）手动进给量要始终保持均匀，不能有停顿与忽快忽慢现象。最后一刀的背吃刀量一般以 0.1 ~0.2mm 为宜。

3）精车钢件时可加切削液，以减小表面粗糙度值。

三、转动小滑板车内圆锥体的方法

1）先用直径小于锥孔小端直径 1 ~2mm 的麻花钻钻孔（或车孔）。

2）调整小滑板镶条的松紧程度及行程距离。

3）确定小滑板转动方向。车内锥孔时，小滑板转动的方向与车外圆锥时相反，应顺时针方向转过$\frac{\alpha}{2}$角度进行车削。

4）当锥形塞规能塞进孔约 1/2 时要开始进行检查，找正锥度。

5）根据测量情况，逐步找正小滑板角度。

四、精车内圆锥孔控制锥孔尺寸的方法

1）测量出塞规的界线面与工件端面之间的距离 a。

2）使车刀轻轻接触锥孔的端面（最大直径处），移动小滑板，使车刀离开工件端面 a 的距离。

3）移动床鞍，使车刀同工件接触，这时车刀已切入一个需要的背吃刀量，见图 4-17。

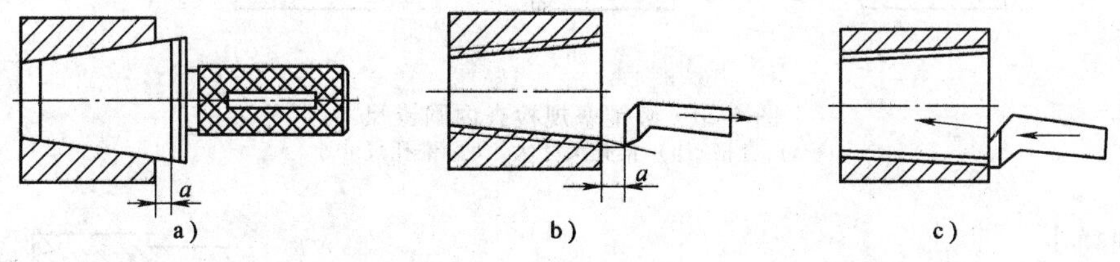

图 4-17　移动床鞍控制锥孔尺寸

a）测出距离 a　b）车刀与工件端面保证距离 a　c）车内锥体

五、内外锥体配套车削的方法

先把外圆锥体车正确，不变动小滑板角度，只需把内孔刀反装，使切削刃向下，此时主轴仍正转，然后车削圆锥孔。见图 4-18。

六、内圆锥面的检测

与外圆锥面的检测一样，内圆锥面的检测主要是指圆锥角度与尺寸精度检测。

1. 圆锥角或锥度的检测

检测内圆锥面的角度或锥度主要是使用圆锥塞规。图 4-19 所示为莫氏 3 号塞规，圆锥塞规检测内圆锥时，也采用涂色法，其具体要求与检测外圆锥相同，也是将显示剂涂在塞规表面，但判断圆锥角大小的方法正好相反，即若小端擦着，大端未擦着，说明圆锥角大了；反之情况相反。

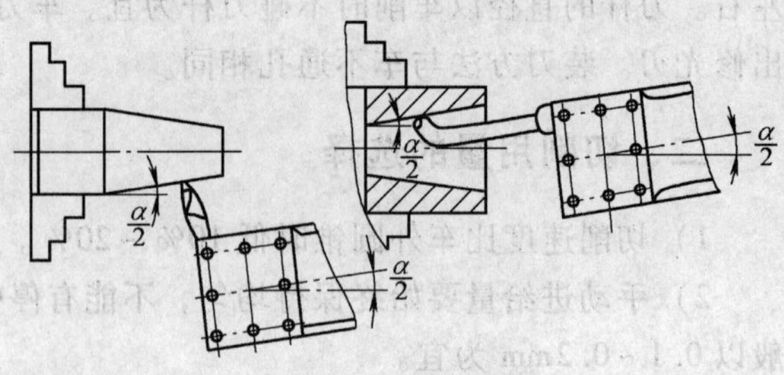

图 4-18 车削配套锥面

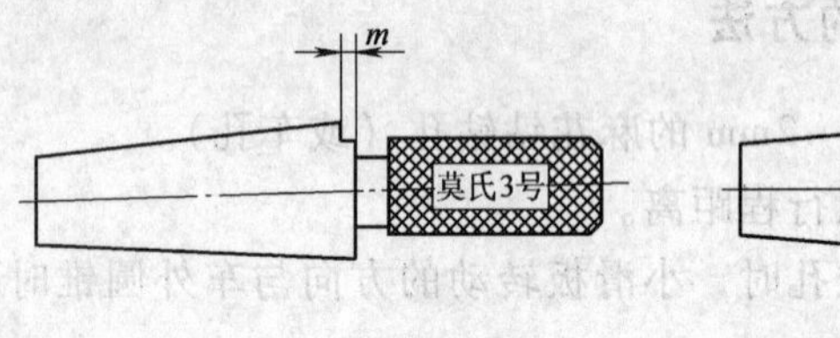

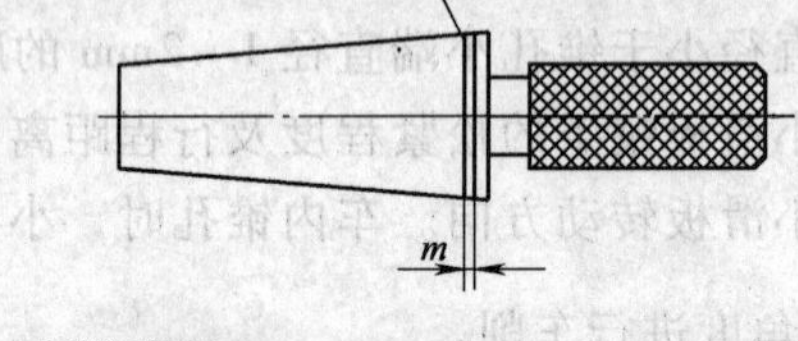

图 4-19 圆锥塞规

2. 圆锥尺寸的检测

圆锥尺寸的检测主要也是使用塞规。根据工件的直径尺寸及公差在圆锥塞规大端开有一个轴向距离为 m 的台阶（刻线），分别表示过端和止端。测量锥孔时，若锥孔的大端平面在台阶两刻线之间，说明锥孔尺寸合格；若锥孔的大端平面超过了止端刻线，说明锥孔尺寸太大了；若两刻线都没有进入锥孔，说明锥孔尺寸太小了，见图 4-20。

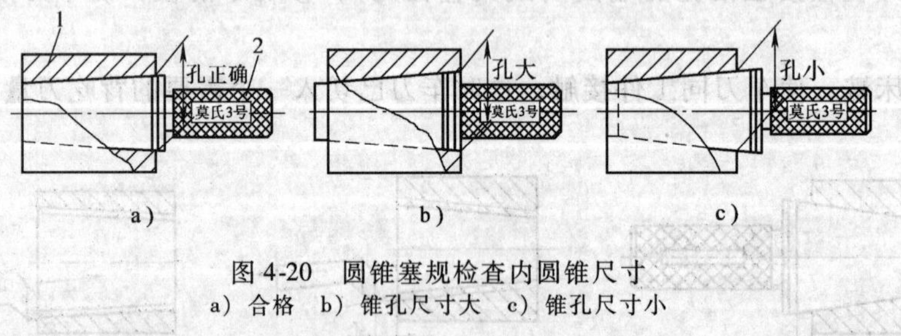

图 4-20 圆锥塞规检查内圆锥尺寸

a）合格 b）锥孔尺寸大 c）锥孔尺寸小

【技能训练】

1. 训练内容

练习手动进给车内锥体（图 4-21）。

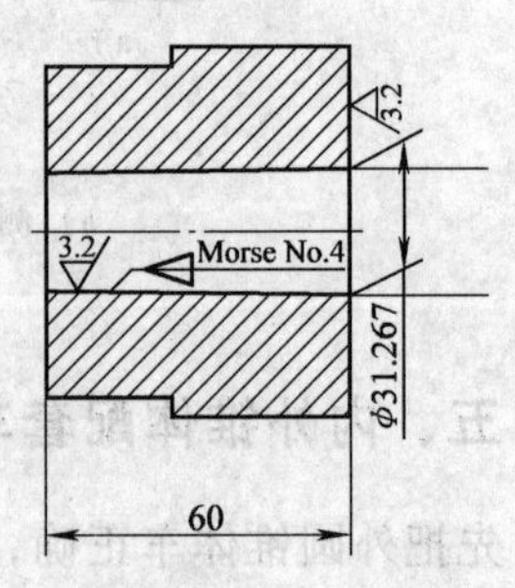

图 4-21 手动进给车内锥体

2. 工具、量具、刀具及设备

（1）工具 扳手、螺钉旋具等。

（2）量具 游标卡尺、莫氏圆锥塞规等。

（3）刀具 90°外圆车刀、车孔刀。

（4）设备 CA6140 型车床。

3. 训练步骤

1）在教师的指导下，分析理解锥度的概念与计算方法，以一实例出发，认真听教师讲解内锥体的车削方法与测量方法。

2）学生观摩教师示范操作。示范操作时，重点讲解锥度的测量与调整以及尺寸控制的方法。

3）学生应预先知道车削方法，了解如何进行锥度调整及正确的测量步骤和方法。

4）练习车削内锥体。

基本操作步骤描述：车削端面→钻孔、车孔→小滑板转过半角车锥度→用塞规检查

其如工步骤如下：

① 夹住工件外圆，找正、夹紧。

② 车平面控制总长至尺寸要求。

③ 钻孔、车孔至 ϕ28mm。

④ 小滑板转过半角$\frac{\alpha}{2}$。

⑤ 粗车圆锥孔，用塞规涂色检查。

⑥ 精车圆锥孔至图样要求。

⑦ 锐角倒钝。

⑧ 检查合格后取下工件。

操作提示

◇ 车圆锥面时，一定要把车刀刀尖严格对准工件中心，当车刀在中途刃磨后再装刀时，必须重新调整垫片的厚度，使车刀刀尖严格对准工件中心。

◇ 调整镶条间隙，使小滑板移动均匀。

◇车刀切削刃要保持锋利，工件表面应一刀车出。

◇ 应两手握小滑板手柄，均匀移动小滑板。

◇ 粗车时，进给量不宜过大，应先找正锥度，以防工件车小而报废，一般留精车余量0.5mm。

◇ 用圆锥塞规涂色检查时，必须注意孔内清洁，显示剂必须涂在外圆锥表面，转动量在半圈之内且只可沿一个方向转动。

◇ 取出圆锥塞规时注意安全，不能敲击，以防工件移位。

◇ 精车锥孔时要以圆锥塞规上的刻线来控制锥孔尺寸。

◇ 及时测量，用计算法或移动床鞍法控制背吃刀量 a_p。

第五章　滚花、成形面车削和表面修饰

学习目标

某些工具和机床零部件的捏手部分，为了增加其摩擦力和使零件表面美观，常在零件上滚出各种不同的花纹。例如车床的刻度盘等。有些零件表面的素线是一种曲线，例如机床摇手柄、圆球面等，应根据零件的特点、精度要求及批量大小等不同情况，采用不同的方法加工。

本章的学习目标：

1. 掌握滚花的种类及作用。
2. 掌握滚花前的车削尺寸。
3. 掌握滚花的方法。
4. 掌握车圆球的方法。
5. 掌握简单的表面修光方法。

课题一　滚　花

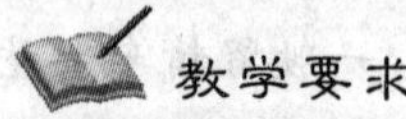

教学要求

1. 掌握滚花前的车削尺寸。
2. 掌握滚花的方法。
3. 能分析滚花时乱纹的原因及其防止方法。

有些工具和零件的捏手部分，为增加其摩擦力以便于使用或使之外表美观，通常对其表面在车床上滚压出不同的花纹，称之为滚花。

一、花纹的种类和选择

滚花的花纹有直纹、斜纹和网纹三种，并有粗细之分。常见的滚花刀见图 5-1。

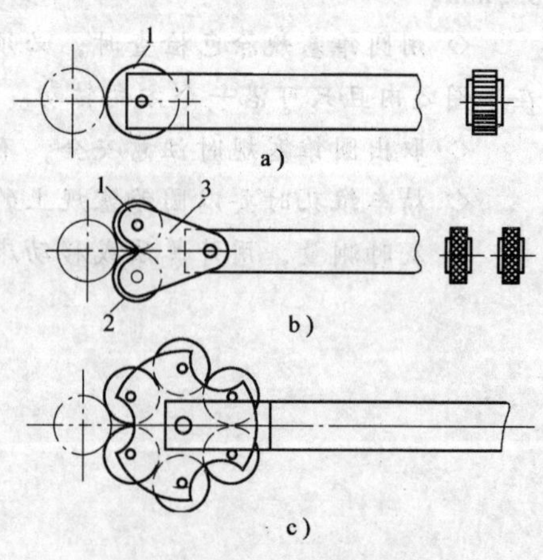

图 5-1　滚花刀的种类
a) 直纹滚花刀　b) 网纹滚花刀　c) 六轮滚花刀
1—滚轮　2—滚轮　3—浮动联接头

滚花的花纹粗细根据工件直径和宽度大小来选择。工件直径和宽度大，选择的花纹要粗，反之，要选择较细的花纹。节距 1.2mm 和 1.6mm 是粗纹，

0.8mm 是中纹，0.6mm 是细纹。

二、滚花刀的种类

滚花刀可做成单轮、双轮和六轮三种。

单轮滚花刀是用来滚直纹和斜花纹的。双轮滚花刀是用来滚网纹的，由两只不同旋向的滚花刀组成一组。六轮滚花刀由三对网纹节距不同的滚轮组成，可以分别滚出粗细不同的三种网纹。滚花刀的直径一般为 20～25mm。

三、滚花方法

1. 滚花前的车削尺寸

由于滚花过程是用滚轮来滚压工件表面的金属层，使其产生一定的塑性变形而形成花纹的，所以，滚花时产生的径向压力很大。

滚花前，应根据工件材料的性质和滚花节距 p 的大小，将工件滚花表面车小（0.2～0.5）p（p 为节距）或（0.8～1.7）m（m 为模数）。

2. 滚花步骤

1）用三爪自定心卡盘装夹工件，在不影响滚花的情况下，工件伸出尽可能短些。

2）车滚花外圆至下限尺寸。

3）安装滚花刀。滚花刀装夹在车床的刀架上，并使滚花刀的装刀中心与工件回转中心等高。滚压有色金属或滚花表面要求较高的工件时，滚花刀的滚轮表面与工件表面平行安装，见图 5-2a。滚压碳钢或滚花表面要求一般的工件，滚花刀的尾部装得略向左偏一些，使滚花刀与工件表面产生一个很小的夹角，见图 5-2b，这样便于切入且不易产生乱纹。

4）开动机床，将滚花刀宽度的二分之一或三分之一对准工件外圆，摇动中滑板横向进给，以较大的压力使轮齿切入工件，挂上自动进给，浇注切削液进行滚花。

5）滚花后，倒去工件两端尖角、毛刺。

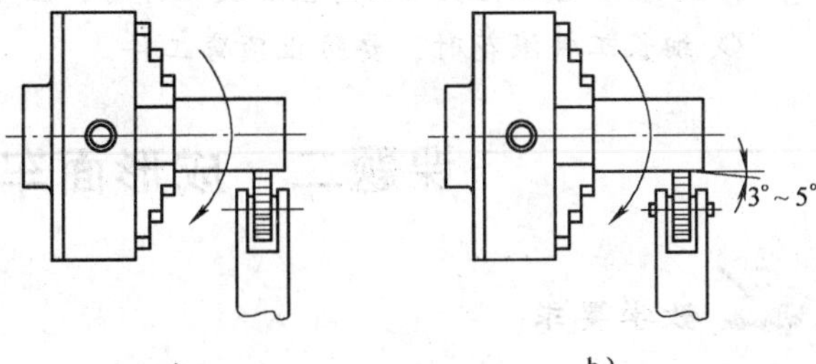

图 5-2　滚花刀的安装
a）平行安装　b）倾斜安装

【技能训练】

1. 训练内容

练习滚花（图 5-3）。

2. 工具、刀具及设备

（1）工具　扳手、螺钉旋具等。

（2）刀具　90°外圆车刀、滚花刀。

（3）设备　CA6140 型车床。

3. 训练步骤

1）在教师的指导下，理解滚花前车削尺寸的计算方法，认真听教师讲解滚花的方法。

2）学生观摩教师示范操作。示范操作时，重点讲解滚花刀的安装以及滚花应注意的问题。

3）学生应预先知道车削方法，了解滚花刀

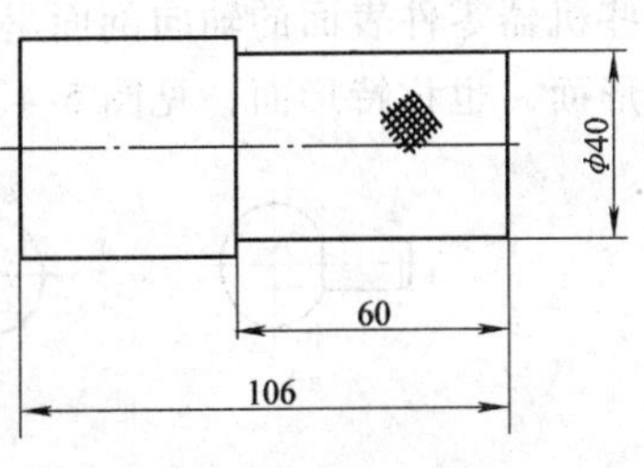

图 5-3　滚花

的安装及正确的滚花步骤和方法。

4）练习滚花。

基本操作步骤描述：车削外圆、端面→滚直纹→滚斜纹→滚网纹

其加工步骤如下：

① 夹住外圆，找正、夹紧。

② 车端面，车平即可。

③ 车外圆 ϕ43mm，长 60mm 至尺寸要求。

④ 滚直纹。

⑤ 车外圆 ϕ41mm，长 60mm 至尺寸要求。

⑥ 滚斜纹。

⑦ 车外圆 ϕ40mm，长 60mm 至尺寸要求。

⑧ 滚网纹。

操作提示

◇ 开始滚压时，必须使用较大的压力进刀，使工件刻出较深的花纹，否则易产生乱纹。

◇ 滚花时，切削速度应选低一些，纵向进给量选大一些。

◇ 滚花时，滚花刀和工件均受很大的径向压力，因此，滚花刀和工件必须装夹牢固。

◇ 滚花时，不能用手或棉纱接触滚压表面，以防绞手伤人。清除切屑时应避免毛刷接触工件与滚轮的咬合处，以防毛刷卷入伤人。

◇ 滚直花纹时，滚花刀的齿纹必须与工件轴线平行，否则滚压出的花纹不平直。

◇ 车削带有滚花表面的工件时，通常在粗车后随即进行滚花，然后校正工件再精车其他部位。

◇ 车削带有滚花表面的薄壁套类工件时，应先滚花，再钻孔和车孔，以减少工件的变形。

◇ 细长工件滚花时，要防止顶弯工件。

课题二　成形面车削和表面修饰

教学要求

1. 掌握车圆球的方法。
2. 掌握正确的检查方法。
3. 掌握正确的表面修光方法。

有些机器零件表面的轴向剖面呈曲线形，如摇手柄、圆球手柄等。具有这些特征的表面叫做成形面，也称特形面，见图 5-4。在车床上加工成形面时，应根据这些工件的表面特

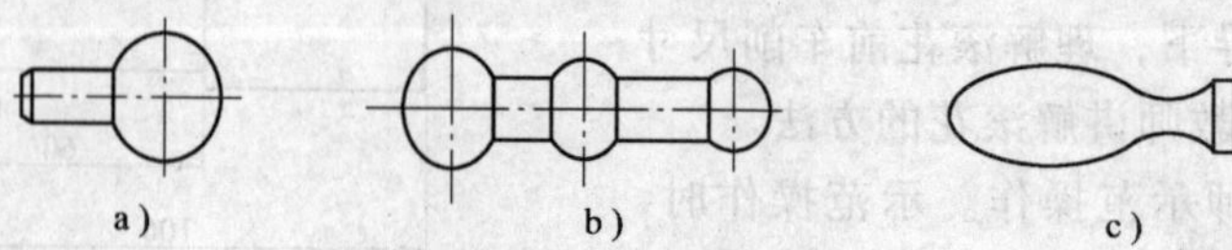

图 5-4　成形面零件
a)、b) 圆球手柄　c) 摇手柄

征、精度要求和批量大小等不同情况，分别采用双手控制法、成形刀、靠模、专用工具等加工方法。

一、双手控制法车成形面

数量较少或单件成形面零件，可采用双手控制法进行车削，就是用双手控制中、小滑板或者是控制中滑板与床鞍的合成运动，车出所要求的成形面。双手控制法车成形面的特点是：灵活、方便，不需要其他辅助工具，但需较高的技术水平。在实际生产中由于用双手控制中、小滑板合成运动的劳动强度大，故不经常采用。

1. 车刀轨迹分析

双手控制法车成形面的车刀刀尖轨迹控制分析见图5-5。

车刀刀尖在各位置上的横向、纵向进给速度是不相同的，见图5-5a。

车削 a 点时，中滑板横向速度 v_{ay} 要比床鞍纵向进给速度 v_{ax} 慢；车削 b 点时，中滑板与床鞍的进给速度 v_{by} 与右进速度 v_{bx} 相等；车削 c 点时，中滑板进给速度 v_{cy} 要比床鞍右进速度 v_{cx} 快。

车削时的关键是双手配合要协调、熟练。此外，为使每次接刀过渡圆滑，应采用圆弧形主切削刃，圆头车刀见图5-5b。

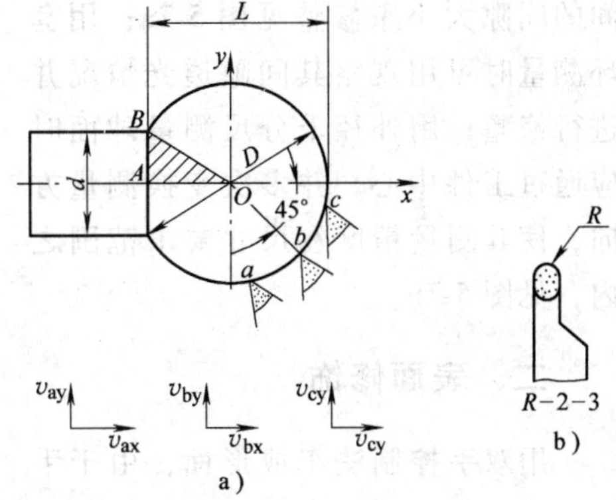

图5-5　车刀刀尖轨迹分析

a）刀尖轨迹分析　b）圆头车刀

2. 车单球手柄的方法

1）计算球状部分长度 L。L 可依下列公式计算

在直角三角形 AOB（图5-5a）中

$$L=\frac{D}{2}+AO=\frac{D}{2}+\frac{1}{2}\sqrt{D^2-d^2}=\frac{1}{2}(D+\sqrt{D^2-d^2})$$

式中　L——球状部分长度（mm）；

D——圆球直径（mm）；

d——柄部直径（mm）。

2）以三爪自定心卡盘装夹毛坯一端（夹长20mm），车端面及外圆 d 到 $d^{+0.5}_{0}$，长24mm，见图5-6a。

3）调头夹 d 外圆，车毛坯另一头端面及外圆 D（留精车余量0.2~0.3mm），并车准球状部分长度 L，见图5-6a。

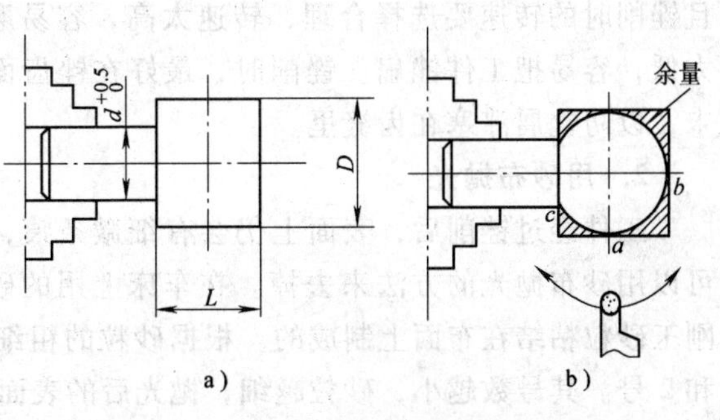

图5-6　车单球手柄步骤

a）步骤2、3　b）步骤5

4）车球面时纵、横向进给的移动速度应为：纵向进给的速度是快→中→慢，横向进给的速度是慢→中→快。即纵向进

给是减速度，横向进给是加速度。

5）用 $R3$mm 的圆头车刀从 a 点左右方向（$a \to c$ 点及 $a \to b$ 点）逐步把余量车去而形成球头，并在 c 处用切断刀修清角，见图 5-6b。

6）修整。由于是手动进给车削，工件表面往往留下高低不平的刀痕，因此必须用锉刀、砂布进行表面修光。

3. 球面的测量

成形面零件在车削过程中和车好以后，一般都是用样板、套环、外径千分尺等来测量。用样板测量时应对准工件中心，通过观察样板与工件之间的间隙大小来修整见图 5-7a；用套环测量时可用观察其间隙透光情况并进行修整；用外径千分尺测量球面时应通过工件中心，并多次变换测量方向，使其测量精度在尺寸要求范围之内，见图 5-7b。

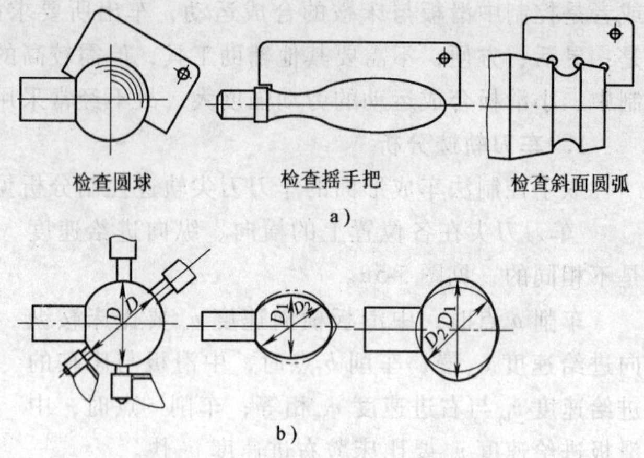

图 5-7 检测成形面的方法

a）用样板检测成形面 b）用外径千分尺检验成形面

二、表面修饰

用双手控制法车成形面，由于手动进给不均匀，工件表面粗糙度值往往很大，达不到图样要求，工件车好以后，还要用锉刀、砂布等进行修整抛光。

1. 用锉刀修光

锉刀一般用碳素工具钢 T12 制成，并经过热处理淬硬至 61～64HRC。锉刀用负前角切削，因此切削量较小。常用锉刀，按断面形状可分为平锉、半圆锉、圆锉、方锉和三角锉等；按齿纹可分为粗锉、细锉和特细锉。修整成形面时，一般用平锉和半圆锉。其锉削余量一般在 0.03mm 以内，这样不易将工件锉扁。在锉削时，为了保证安全，最好用左手握柄，右手扶住锉刀前端锉削（图 5-8），以避免勾衣伤人。

在车床上锉削时，推锉速度要慢，一般每分钟 40 次左右，压力要均匀，缓慢移动前进，否则会把工件锉扁或呈节状。并且锉削时的转速要选择合理，转速太高，容易磨钝锉刀；转速太低，容易把工件锉扁。锉削时，最好在锉齿面上涂一层粉笔末，以防锉屑滞塞在齿缝里。

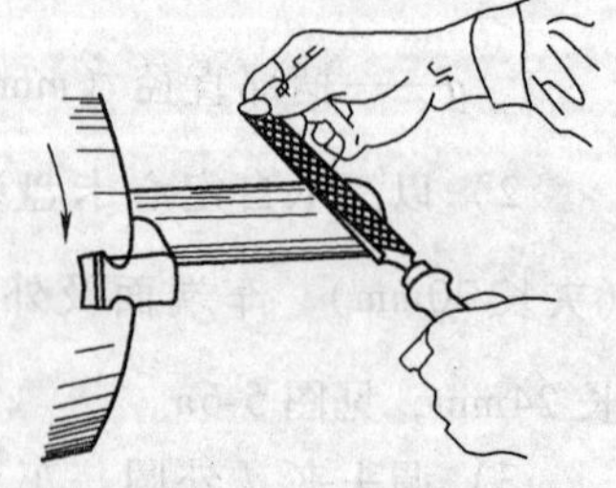

图 5-8 在车床上锉削

2. 用砂布抛光

工件经过锉削后，表面上仍会有细微条痕，这些细微条痕可以用砂布抛光的方法来去掉。在车床上用的砂布，一般是将刚玉砂粒粘结在布面上制成的。根据砂粒的粗细，常用的砂布有 00 号，0 号，1 号，1.5 号和 2 号。其号数越小，砂粒越细，抛光后的表面粗糙度值越小。用砂布抛光时，工件转速应选得较高，并使砂布在工件表面上慢慢来回移动。或把砂布垫在锉刀下面，用类似锉削的方法抛光。最后，在砂布上加少量的全损耗系统用油，以减小工件表面粗糙度值，见图 5-9a。

还应利用外径千分尺对工件进行多方位地测量，使其尺寸公差满足工件精度要求。

【技能训练】

1. 训练内容

练习车单球手柄（图 5-10）和车摇手柄（图 5-11）。

2. 工具、刀具及设备

（1）工具　扳手、螺钉旋具等。

（2）刀具　90°外圆车刀、车槽刀、圆弧车刀、锉刀、砂布。

（3）设备　CA6140 型车床。

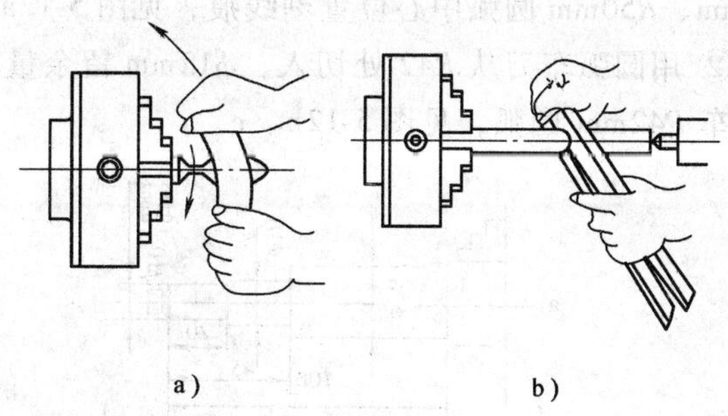

图 5-9　用砂布抛光工件
a）手捏砂布抛光　b）用抛光夹抛光

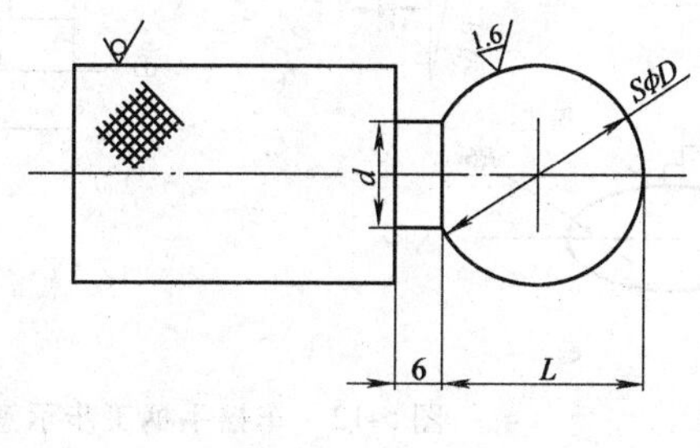

次数	D	d	L
1	φ44±0.4	φ25	40.4
2	φ42±0.2	φ22	38.9
3	φ40±0.1	φ20	37.3

图 5-10　车单球手柄

3. 训练步骤

1）在教师的指导下，分析理解圆球长度的计算方法，从一实例出发，认真听教师讲解圆球的车削方法与测量方法。

2）学生观摩教师示范操作。示范操作时，重点讲解车圆球时进给速度的变化与车削方法。

3）学生应预先知道车削方法，了解圆球长度的计算及正确的测量步骤和方法。

4）练习单球手柄和摇手柄的车削。

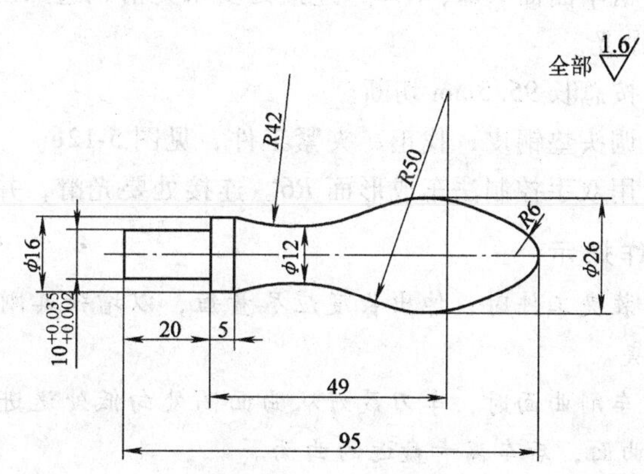

图 5-11　车摇手柄

基本操作步骤描述：车削外圆→车削端面→车槽→车圆球

单球手柄的加工步骤：

① 夹住滚花外圆，找正、夹紧。

② 车端面及外圆至 ϕ45mm，长 47mm。

③ 车槽 ϕ25mm，长 6mm，并保持球的长度大于 40.4mm。

④ 用圆头车刀粗、精车球面至尺寸要求。

⑤ 以后各次加工方法同上。

基本操作步骤描述：车削外圆→车圆弧面→切断

车摇手柄的加工步骤：

① 车手柄外圆和长度尺寸 $\phi26\text{mm}\times55\text{mm}$、$\phi16\text{mm}\times25\text{mm}$、$\phi10^{+0.035}_{+0.002}\text{mm}\times20\text{mm}$，并在 $R42\text{mm}$、$R50\text{mm}$ 圆弧中心位置刻线痕，见图 5-12a。

② 用圆弧车刀从 $R42$ 处切入，$\phi12\text{mm}$ 留余量 0.5mm，然后从 $R42$ 圆弧两边由高处向低处粗车 $R42\text{mm}$ 圆弧，见图 5-12b、c。

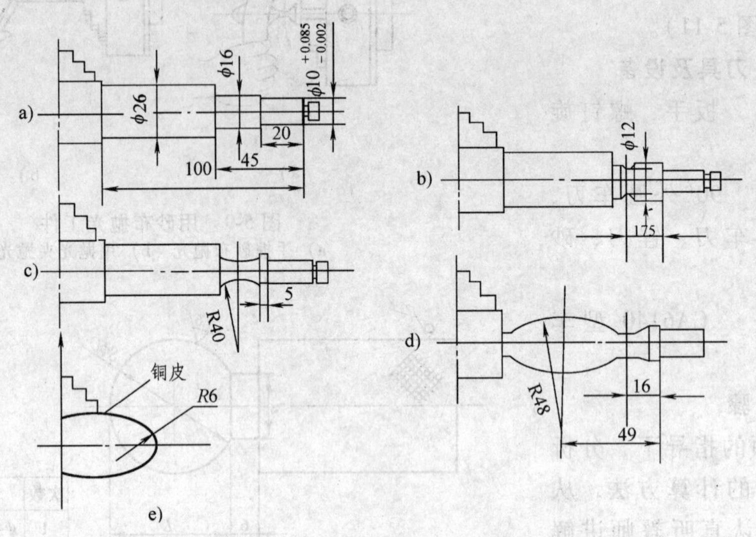

图 5-12 车摇手柄工步示意图

a) 车各部外圆 b) 车 $\phi12$ 圆弧槽 c) 车 $R42$ 型面 d) 车 $R50$ 型面 e) 车 $R6$ 曲面

③ 粗车 $R50\text{mm}$ 圆弧，手柄根部不要留得太小，以防尚未车完就折断，见图 5-12d。

④ 精车曲面 $R42$、$R50$，连接处要求光滑，边加工边用样板检查修整，最后用锉刀、砂布修饰抛光。

⑤ 按总长 95.5mm 切断。

⑥ 调头垫铜皮，找正、夹紧工件，见图 5-12e。

⑦ 用双手控制法车成形面 $R6$。连接处要光滑，并进行修整抛光，总长符合要求。

操作提示

◇ 装夹工件时，伸出长度应尽量短，以增强其刚性。若工件较长，可采用一夹一顶的方法装夹。

◇ 车削曲面时，车刀最好从曲面高处向低处送进。为了增加工件刚性，先车离卡盘远的一段曲面，后车离卡盘近的曲面。

◇ 锉削时，为了防止锉屑散落床面，影响床身导轨精度，应垫护床板。

◇ 对于既有直线又有圆弧的形面曲线，应先车直线部分，后车圆弧部分。

◇ 锉削时，车工宜用左手握锉刀柄进行锉削，这样比较安全。

◇ 锉削修整时，用力不能过猛，不准用无柄锉刀且应注意操作安全。

◇ 双手控制法车成形面操作关键是双手配合要协调、熟练。要求准确控制车刀切入深度，防止将工件局部车小。

第六章　车削内、外三角形螺纹

学习目标

在各种机械产品中，带有螺纹的零件应用很广泛。它主要用作联接零件、传动零件、紧固零件和测量用的零件等。三角形螺纹的特点：螺距小，一般螺纹长度较短。

本章的学习目标：

1. 掌握三角形螺纹车刀的刃磨方法和刃磨要求。
2. 掌握车削三角螺纹的基本操作和方法。
3. 掌握用直进法车削三角形螺纹的方法，要求收尾长不超过 2/3。
4. 掌握中途对刀的方法。
5. 掌握用螺纹环规检查三角形螺纹的方法。
6. 掌握内三角螺纹的车削方法。
7. 掌握合理选用切削液的方法。

课题一　内、外三角形螺纹车刀的刃磨

1. 掌握三角形螺纹车刀的几何形状和角度要求。
2. 掌握三角形螺纹车刀的刃磨方法和刃磨要求。
3. 掌握用样板检查、修正刀尖角的方法。

一、三角形螺纹概述

1. 三角形螺纹的种类

三角形螺纹按其规格及用途不同，可分为普通螺纹、英制螺纹和管螺纹三种；按线数分为单线螺纹和多线螺纹；按旋向可分为左旋螺纹和右旋螺纹等。

2. 普通螺纹要素及各部分名称

螺纹要素由牙型、公称直径、螺距（或导程）、线数、旋向和精度等组成。螺纹的形成、尺寸和配合性能取决于螺纹要素，只有当内、外螺纹的各要素相同时，才能相互配合。

三角形螺纹的各部分名称见图 6-1。

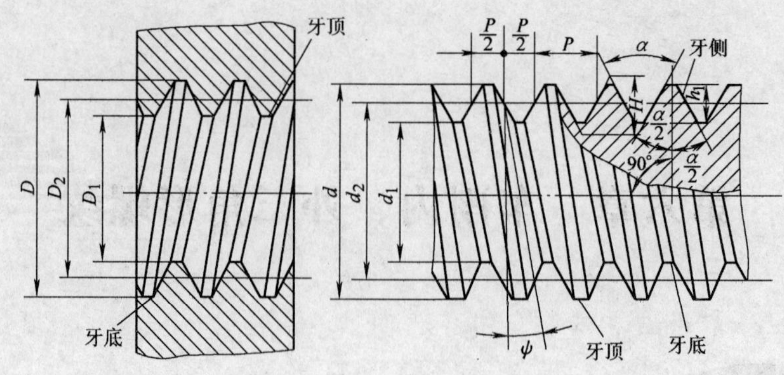

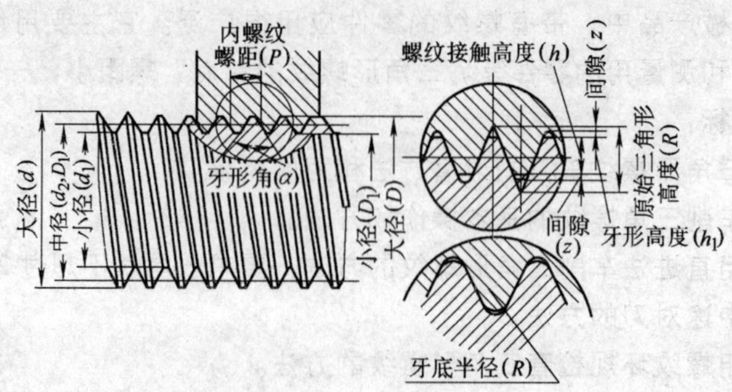

图 6-1　三角形螺纹各部分名称

（1）牙型角（α）　它是在通过螺纹轴线的剖面上，两相邻牙侧间的夹角，三角形螺纹牙型角有 60°和 55°两种。

（2）螺距（P）　是相邻两牙在中径线上对应两点间的轴向距离。

（3）导程（P_h）　是在同一条螺旋线上相邻两牙在中径线上对应两点间的轴向距离。当螺纹为单线螺纹时，导程与螺距相等（$P_h = P$）；当螺纹为多线时，导程等于螺旋线数（n）与螺距（P）的乘积，即 $P_h = nP$。

（4）螺纹大径（d，D）　是指与外螺纹牙顶或内螺纹牙底相切的假想圆柱或圆锥的直径。外螺纹大径用 d 表示，内螺纹大径用 D 表示，国家标准规定，螺纹大径的基本尺寸称为螺纹的公称直径，它代表螺纹直径尺寸。

（5）螺纹小径（d_1，D_1）　它是与外螺纹牙底或内螺纹牙顶相切的假想圆柱或圆锥的直径，外螺纹的小径用 d_1 表示，内螺纹的小径用 D_1 表示。

（6）中径（d_2，D_2）　中径是一个假想圆柱或圆锥的直径，该圆柱或圆锥的素线通过牙型上沟槽和凸起宽度相等的地方，该假想圆柱或圆锥称为中径圆柱或中径圆锥。外螺纹中径用 d_2 表示，内螺纹中径用 D_2 表示。外螺纹的中径和内螺纹的中径相等，即 $d_2 = D_2$。

（7）原始三角形高度（H）　指由原始三角形顶点沿垂直于螺纹轴线方向到其底边的距离。

（8）螺纹升角（φ）　在中径圆柱或中径圆锥上螺旋线的切线与垂直于螺纹轴线的平面

夹角。

螺纹升角可按下式计算：

$$\tan\varphi = \frac{P_h}{\pi d_2} = \frac{nP}{\pi d_2}$$

式中 n——螺旋线数；

P——螺距（mm）；

d_2——中径（mm）；

P_h——导程（mm）。

3. 三角形螺纹的尺寸计算

三角形螺纹的尺寸计算见表6-1。

表6-1 普通三角形螺纹的尺寸计算 mm

名称		代号	计算公式
外螺纹	牙型角	α	60°
	原始三角形高度	H	$H=0.866P$
	牙型高度	h	$h=\frac{5}{8}H=\frac{5}{8}\times 0.866P=0.5413P$
	中径	d_2	$d_2=d-2\times\frac{3}{8}H=d-0.6495P$
	小径	d_1	$d_1=d-2h=d-1.0825P$
内螺纹	中径	D_2	$D_2=d_2$
	小径	D_1	$D_1=d_1$
	大径	D	$D=d=$公称直径
螺纹升角		φ	$\tan\varphi=\frac{nP}{\pi d_2}$

二、三角形螺纹车刀及刃磨

1. 螺纹车刀材料的选择

按车刀切削部分的材料分，常用的有高速钢螺纹车刀和硬质合金螺纹车刀两种。

(1) 高速钢螺纹车刀 高速钢螺纹车刀刃磨方便，切削刃锋利，韧性好，刀尖不易崩裂，车出螺纹的表面粗糙度值小，但它的热稳定性差，所以常用在低速切削或作为螺纹精车刀。

(2) 硬质合金螺纹车刀 硬质合金螺纹车刀的硬度高，耐磨性好，但韧度较差，因此，常在高速切削时使用。

2. 螺纹升角 φ 对车刀角度的影响

螺纹升角越大，对工作时的车刀前角和后角的影响越明显，三角形螺纹的螺纹升角一般比较小，影响也较小，但在车削矩形、梯形螺纹和螺距较大的螺纹时，影响就比较大。螺纹升角会使车刀沿进给方向一侧的工作后角变小，使另一侧工作后角增大，见图6-2。为了避免车刀后面与螺纹牙侧发生干涉，保证切削顺利进行，应将车刀进给方向一侧的后角 α_{oL} 磨成工作后角加上螺纹升角，即 $\alpha_{oL}=(3°\sim5°)+\varphi$；为了保证车刀强度，应将车刀背着进给方向一侧的后角 α_{oR} 磨成工作后角减去螺纹升角，即 $\alpha_{oR}=(3°\sim5°)-\varphi$。车削左旋螺纹时，情况正好相反。

由于螺纹升角的影响，使基面位置发生了变化，从而使车刀两侧的工作前角也与静止前角的数值不相同，见图6-3。虽然螺纹升角对三角形螺纹车刀两侧前角的影响在刃磨螺纹车刀时不作修正，但在车刀装夹时，必须给与充分的注意。

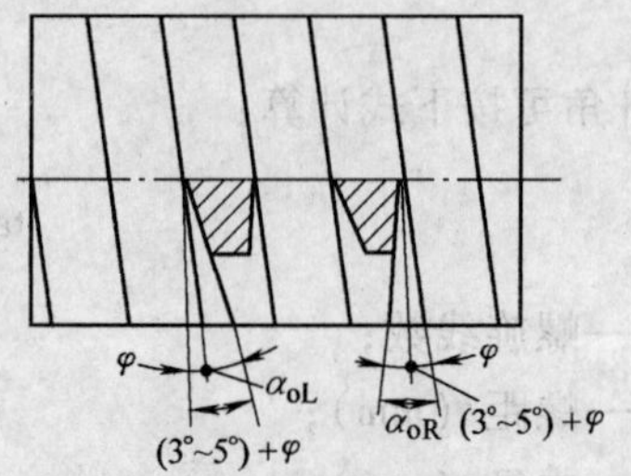

图6-2 螺纹升角对后角的影响

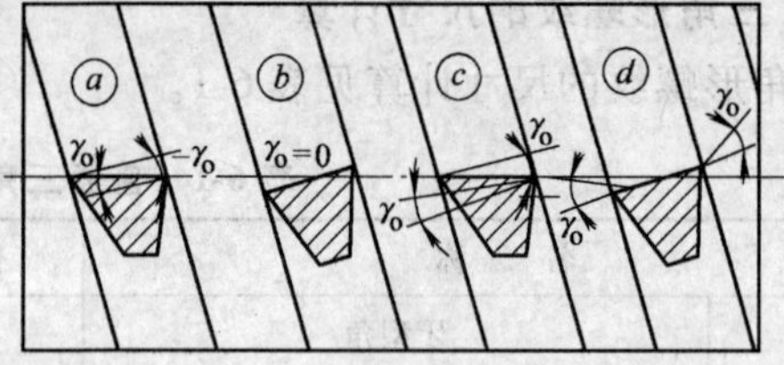

图6-3 螺纹升角对车刀两侧前角的影响

如果车刀两侧刃磨前角均为0°，车削右旋螺纹时，左切削刃在工作时是正前角，切削比较顺利，而右切削刃在工作时是负前角，切削不顺利，排屑也困难，见图6-3。为了改善上述状况，可用图6-4所示的方法，将车刀两侧切削刃组成的平面垂直于螺旋线装夹，这时当径向前角 $\gamma_p=0°$时，螺纹的刀尖角应等于螺纹的牙型角 α。车削螺纹时，由于车刀排屑不畅，致使螺纹表面粗糙度值较大，影响加工精度。

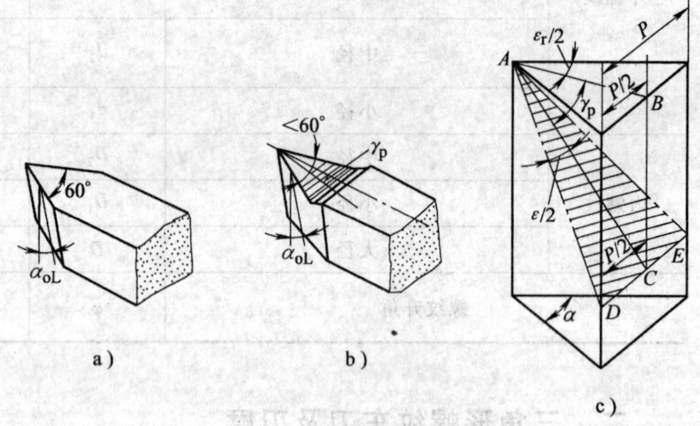

图6-4 螺纹车刀的径向前角及其影响

a) $\gamma_p=0°$ b) $\gamma_p>0°$ c) $\varepsilon'_r/2<\varepsilon_r/2$

若径向前角 $\gamma_p>0°$，虽然排屑比较顺利，且可减少积屑现象，但由于螺纹车刀两侧切削刃不与工件轴向重合，使得车出工件的螺纹牙型角 α 大于车刀的刀尖角。径向前角 γ_p 越大，牙型角的误差就越大。同时，还会使车削出的螺纹牙型在轴向剖面内不是直线，而是曲线，会影响螺纹副的配合质量。

所以车削精度要求较高的螺纹时，其精车刀刀尖角应等于螺纹的牙型角，两侧切削刃必须是直线，且径向前角应取得较小（$\gamma_p=0°\sim5°$），才能车出较正确的牙型。

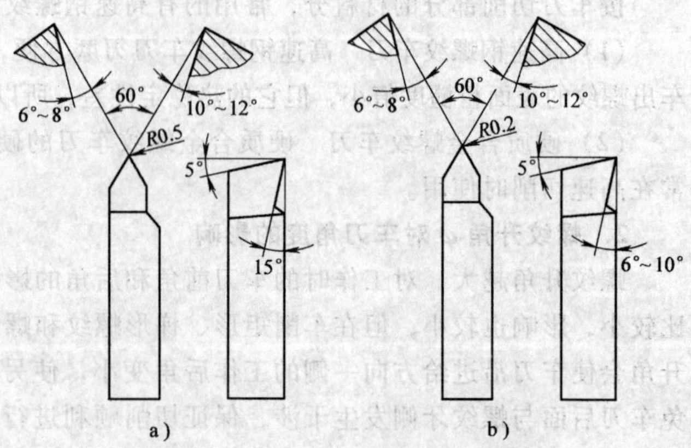

图6-5 高速钢三角形外螺纹车刀

a) 粗车刀 b) 精车刀

3. 常用的三角形螺纹车刀

常用各种形式的三角形螺纹车刀见图6-5、图6-6和图6-7。

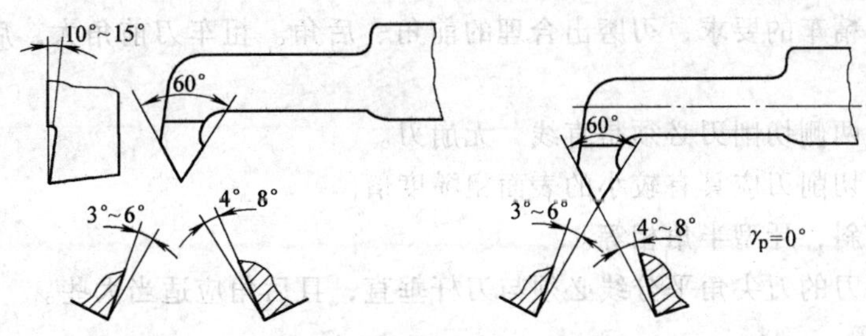

图 6-6　高速钢内螺纹车刀

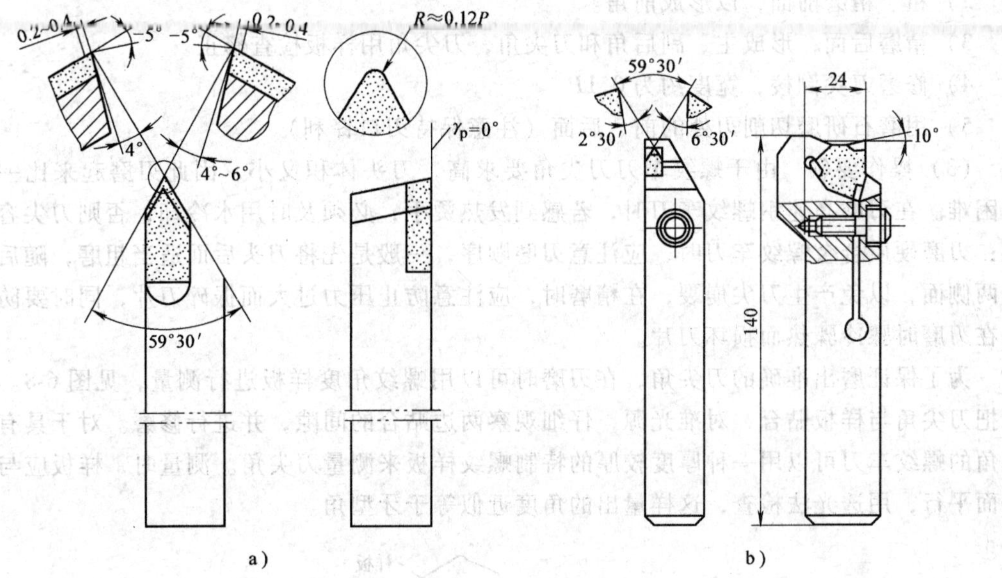

图 6-7　硬质合金螺纹车刀

a）焊接式　b）机械夹固式

（1）外螺纹车刀　高速钢外螺纹车刀，刃磨比较方便，切削刃容易磨得锋利，而且韧性较好，刀尖不易崩裂，常用于车削塑性材料、大螺距和精密丝杠等工件的螺纹。

（2）内螺纹车刀　根据所加工内孔的结构特点来选择合适的内螺纹车刀。由于内螺纹车刀的大小受螺纹孔径的限制，所以内螺纹车刀刀体的径向尺寸应比螺纹孔径小 3 ~5mm 以上，否则退刀时易碰伤牙顶，甚至无法车削。

此外，在车内圆柱面时，曾重点提到有关提高内孔车刀的刚性和解决排屑问题的有效措施，在选择内螺纹车刀的结构和几何形状时也应给予充分的注意。

4．三角形螺纹车刀的几何角度

（1）刀尖角应等于牙型角　车削普通螺纹时为 60°，英制螺纹时为 55°。

（2）前角一般为 0° ~15°　精车时或精度要求高的螺纹，径向前角取得小些，约 0° ~5°。

（3）后角一般为 5° ~10°　因受螺纹升角的影响，进给方向的后角应磨得大些。

5．三角形螺纹车刀的刃磨

（1）刃磨要求

1）根据粗、精车的要求，刃磨出合理的前角、后角。粗车刀前角大，后角小，精车刀相反。

2）螺纹车刀两侧切削刃必须是直线，无崩刃。

3）螺纹车刀切削刃应具有较小的表面粗糙度值。

4）刀头不歪斜，牙型半角相等。

5）内螺纹车刀的刀尖角平分线必须与刀杆垂直，且后角应适当大些。

（2）刃磨步骤

1）粗磨主、副后面，初步形成刀尖角。

2）粗、精磨前面，以形成前角。

3）精磨后面，形成主、副后角和刀尖角，刀尖角用样板检查修正。

4）修磨刀尖倒棱，宽度约为0.1P。

5）用磨石研磨切削刃处的前、后面（注意保持刃口锋利）。

（3）操作要领　由于螺纹车刀刀尖角要求高，刀头体积又小，因此刃磨起来比一般车刀困难。在刃磨高速钢螺纹车刀时，若感到发热烫手，必须及时用水冷却，否则刀尖容易退火；刃磨硬质合金螺纹车刀时，应注意刃磨顺序，一般是先将刀头后面适当粗磨，随后再刃磨两侧面，以免产生刀尖崩裂；在精磨时，应注意防止压力过大而振碎刀片，同时要防止刀具在刃磨时骤冷骤热而损坏刀片。

为了保证磨出准确的刀尖角，在刃磨时可以用螺纹角度样板进行测量，见图6-8。测量时把刀尖角与样板贴合，对准光源，仔细观察两边贴合的间隙，并进行修磨。对于具有纵向前角的螺纹车刀可以用一种厚度较厚的特制螺纹样板来测量刀尖角。测量时，样板应与车刀底面平行，用透光法检查，这样量出的角度近似等于牙型角。

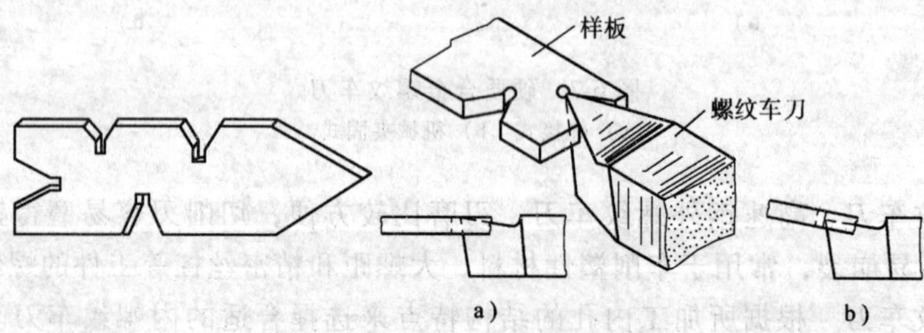

图6-8　三角形螺纹样板及测量方法
a）正确测量　b）错误测量

【技能训练】

1．训练内容

刃磨三角形螺纹车刀（图6-5、图6-6）。

2．工具、刀具及设备

（1）工具　扳手、螺钉旋具、60°对刀样板等。

（2）刀具　螺纹车刀。

（3）设备　砂轮机。

3．训练步骤

1）在教师的指导下，分析理解三角形螺纹车刀的几何角度，认真听教师讲解三角形螺纹车刀的刃磨方法。

2）学生观摩教师示范操作。示范操作时，重点讲解角度的测量与刃磨步骤。

3）学生应预先知道如何进行角度检查及正确的刃磨步骤和方法。

4）练习三角形螺纹车刀的刃磨。

基本操作步骤描述：粗磨主、副后面→粗精磨前面→精磨主、副后面→刃磨刀尖倒棱

刃磨步骤如下：

① 粗磨主、副后面，刀尖角初步形成。

② 粗磨前面。

③ 精磨前面，磨出合理的前角。

④ 精磨主、副后面，刃磨时要稍带移动，这样容易使切削刃平直。

⑤ 刃磨刀尖倒棱，倒棱宽度一般为0.1mm×螺距。

⑥ 用磨石研磨。

操作提示

◇ 刃磨时，人的站立姿势要正确。在刃磨整体式内螺纹车刀内侧时，易将刀尖磨得靠近前切削刃。

◇ 刃磨时，两手握着车刀，与砂轮接触的径向压力应小于一般车刀。

◇ 刃磨高速钢车刀要及时冷却，以免过热而使切削刃硬度降低。

◇ 磨外螺纹车刀时，刀尖角平分线应平行于刀体中线，磨内螺纹车刀时，刀尖角平分线应垂直于刀体中线

◇ 粗磨时也要用车刀样板检查。对径向前角大于0°的螺纹车刀，粗磨时两切削刃夹角应略大于牙型角，待磨好前角后，再修磨刀尖角。

◇ 刃磨车刀时，一定要注意安全。

课题二　车三角形外螺纹

教学要求

1. 掌握正确的装刀方法。
2. 掌握车削三角形螺纹的基本操作和方法。
3. 掌握中途对刀的方法。
4. 掌握螺纹的测量方法。
5. 正确使用切削液，合理选择切削用量。

三角形螺纹的车削方法有低速车削和高速车削两种，低速车削使用高速钢螺纹车刀，高速车削使用硬质合金螺纹车刀。低速车削精度高，表面粗糙度值小，但效率低。高速车削效率可达低速车削的几倍，只要方法得当，也可获得较小的表面粗糙度值。

三角形螺纹的特点：螺距小，一般螺纹长度较短。其基本要求是，螺纹轴向剖面牙型角必须正确，两侧表面粗糙度值要小，中径尺寸符合精度要求，螺纹与工件轴线保持同轴。

一、螺纹车刀的装夹

1）装夹三角形螺纹车刀时，刀尖位置一般应与工件轴线等高。

2）车刀刀尖角的对称中心线必须与工件轴线垂直，装刀时要用样板来对刀，如果车刀装歪斜，就会产生牙型歪斜。

3）刀头伸出长度不能太长，一般约为刀柄厚度的1.5倍。

二、车床的调整

1. 调整车床手柄的位置

车削标准螺距或导程的螺纹时，可根据所车螺距或导程在进给箱的铭牌上找到相应的手柄位置参数，并把手柄拨到所需的位置。

CA6140型车床上车削标准螺距的螺纹时，可按照CA6140型车床进给箱上铭牌所示的螺距范围，交换手柄的位置。

2. 调整滑板间隙

车削螺纹时，床鞍和中、小滑板镶条的配合间隙既不能太松，又不能太紧。太紧时，摇动滑板费力；太松时，容易产生“扎刀”现象。

3. 调整交换齿轮

某些车床须按铭牌表所具备的齿轮，重新调整交换齿轮。方法如下：

1）正确识别有关齿数及上、中、下轴。

2）先松开交换齿轮中间齿轮压紧螺母，然后松开上轴主动轮压紧螺母，再松开从动齿轮的压紧螺母，依次取下螺母、垫片、齿轮并按顺序放好。

3）掌握单式、复式交换齿轮的搭配方法，并符合搭配原则。

4）分别清洗、擦净所需要安装的齿轮及齿轮轴、套、垫、压紧螺母等零件。

5）将所需的交换齿轮按要求组装。轴与套、齿轮内孔与轴配合表面应加润滑液或润滑脂。中间小轴的长度要大于套的长度。

6）组装时，变动齿轮在交换齿轮上的位置，使各交换齿轮的啮合间隙保持在0.1～0.15mm左右（可用塞尺检查）。

7）依次检查各压紧螺母的紧固程度，必要时可挂挡用手拉V带检查交换齿轮的传动是否正常，最好装上防护罩。

三、车削三角形外螺纹的方法

除了上述准备工作外，由于三角形螺纹车刀刀尖强度较差，工作条件恶劣，加之两侧切削刃同时参加切削，会产生较大切削抗力，将引起工件振动，影响加工精度和表面粗糙度。所以在进刀方法上应根据不同的加工要求、零件的材质和螺纹的螺距大小来选择合适的进刀方法。

1. 车无退刀槽的铸铁螺纹

（1）车削前的准备工作　按螺纹规格车螺纹外圆（螺纹大径的尺寸应比基本尺寸小0.2～0.4mm），按所需长度刻出螺纹的长度终止线，并倒角（应略小于螺纹小径），见图6-9。

（2）车削方法　车铸铁螺纹时，一般采用直进法。车削时，将床鞍摇至离工件8～10

牙处，横向进给0.05mm左右。开机，合上开合螺母，在工件表面车出一条螺旋线，至螺纹终止线处退刀（注意收尾在2/3圈内），提起开合螺母，用金属直尺或螺距规检查螺距是否正确，见图6-10。

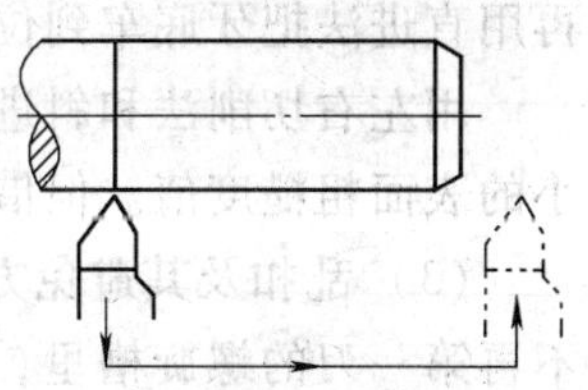
图6-9　螺纹终止退刀标记

（3）控制背吃刀量的方法　车螺纹时，其总背吃刀量 a_p 与螺距的关系是：$a_p=0.65P$，中滑板转过的格数 n 可用下式表示：$n=\dfrac{0.65P}{中滑板每格的毫米数}$。

（4）中途对刀的方法　中途换刀或磨刀后须重新对刀。即车刀不切入工件而按下开合螺母，待车刀移到工件表面处，立即停机。摇动中、小滑板，使车刀刀尖对准螺旋槽，然后再开机，观察车刀刀尖是否在槽内，直至对准再开始车削。

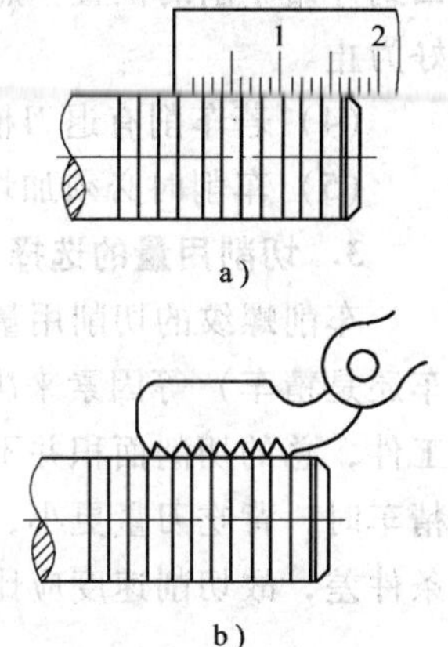

图6-10　检查螺距
a）用金属直尺检查
b）用螺距规检查

2. 车钢件螺纹

（1）车削钢件螺纹的车刀　一般选用高速钢螺纹车刀。为了排屑顺利，应磨出纵向前角。

（2）车削方法

1）直进法。车削时只用中滑板横向进给，见图6-11a。在几次行程后，把螺纹车到所需求的尺寸和表面粗糙度，这种方法叫直进法，适于 $P<3$mm 的三角形螺纹的粗、精车。

2）左右切削法。车螺纹时，除中滑板作横向进给外，同时用小滑板将车刀向左或向右作微量移动（俗称借刀或赶刀），经几次行程后把螺纹牙型车好，这种方法叫左右进刀法，见图6-11b。

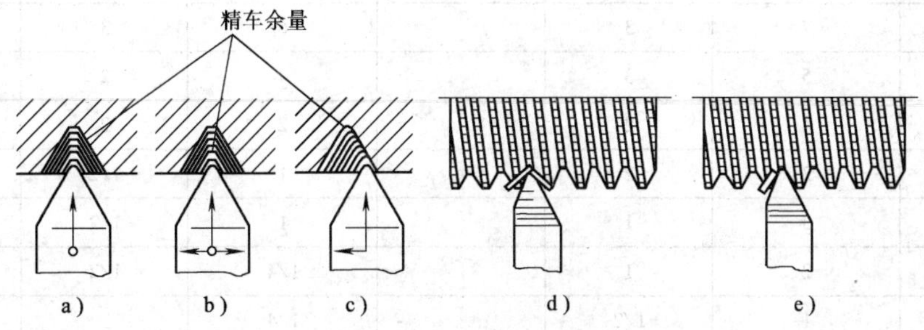

图6-11　低速车削三角形螺纹的进刀方法
a）直进法　b）左右切削法　c）斜进法　d）双面切削　e）单面切削

采用左右车削法车螺纹时，车刀只有一个切削刃进行切削，这样刀尖受力小，受热情况均有改善，不易引起“扎刀”，可相对提高切削用量，但操作较复杂，牙型两侧的切削余量须合理分配。车外螺纹时，大部分余量应在尾座一侧切去。在精车时，车刀左右进给量一定要小，否则造成牙底宽或不平。此方法适于除车削梯形螺纹以外的各类螺纹的粗、精车。

3）斜进法。当螺距较大，螺纹槽较深，切削余量较大时，粗车为了操作方便，除中滑板直进外，小滑板只向一个方向移动，这种方法叫斜进法，见图6-11c。此法一般只用于粗车，且每边牙侧留约0.2mm的精车余量，精车时，则应采用左右切削法车削。具体方法是将一侧车到位后，再移动车刀精车另一侧，当两侧面均车到位后，再将车刀移至中间位置，再用直进法把牙底车到位，以保证牙底清晰。

用左右切削法和斜进法车螺纹时，因车刀是单刃切削，不易产生“扎刀”，还可获得较小的表面粗糙度值。但借刀量不能太大，否则会将螺纹车乱或牙顶车尖。

(3) 乱扣及其避免方法　在第一次进刀以后，第二刀再按下开合螺母时，车刀刀尖已不再第一刀的螺旋槽里，而是偏左或偏右，结果把螺纹车乱而报废，这就叫乱扣。如果乱扣，应采用倒顺车法，既每车一刀后，立即将车刀退出，不提起开合螺母，开倒车使车刀退回到开始车削的位置，然后中滑板进给，再开顺车走第二刀，这样反复来回，一直把螺纹车好为止。

(4) 若车削有退刀槽的螺纹　退刀槽直径应小于螺纹小径，槽宽约等于 2 ~ 3 个螺距。

(5) 车削时必须加切削液。

3. 切削用量的选择

车削螺纹的切削用量应根据工件材质、螺纹牙型和螺距的大小，所处的加工阶段（粗车还是精车）等因素来决定。低速车削时可参考表 6-2。粗车第一、二刀时，因车刀刚切入工件，总的切削面积并不大，所以背吃刀量可以大些，以后每次进给背吃刀量应逐步减小；精车时，背吃刀量更小，排出的切屑很薄（像锡箔一样）。切削速度因车刀刀尖角小，散热条件差，故切削速度应比车外圆时低。粗车时 $v_c = 10 \sim 15\text{m/min}$；精车时 $v_c = 6\text{m/min}$。

表 6-2　低速车削三角螺纹进刀次数

进刀数	M24　$P=3$			M16　$P=2$		
	中滑板进刀格数	小滑板进刀格数		中滑板进刀格数	小滑板进刀格数	
		左	右		左	右
1	11	0		10	0	
2	7	3		6	3	
3	5	3		4	2	
4	4	2		2	2	
5	3	2		1	1/2	
6	3	1		1	1/2	
7	2	1		1/4	1/2	
8	1	1/2		1/4		5/2
9	1/2	1		1/2		1/2
10	1/2	0		1/2		1/2
11	1/4	1/2		1/4		1/2
12	1/4	1/2		1/4		0
13	1/2		3	螺纹深度 1.3mm，$n=26$ 格		
14	1/2		0			
15	1/4		1/2	说明：1. 小滑板每格 0.04mm 2. 中滑板每格 0.05mm		
16	1/4		0			
	螺纹深度 1.95mm，$n=39$ 格					

四、螺纹的测量

根据不同的质量要求和生产批量的大小，相应地选择不同的测量方法，常见的测量方法有单项测量法和综合测量法两种。

1. 单项测量法

单项测量是选择合适的量具来测量螺纹的某一项参数的精度。常见的有测量螺纹的大径、螺距、中径。

（1）大径测量　由于螺纹的大径公差较大，一般只需用游标卡尺测量即可。

（2）螺距测量　螺距测量可用螺距规或金属直尺测量，用金属直尺测量时，可多测几个螺距长度，然后取其平均值，见图6-12a。用螺距规测量时，应将螺距规沿着通过工件轴线的平面方向嵌入牙槽中，如完全吻合，则说明被测螺距是正确的。也可用游标卡尺测量，见图6-12b。

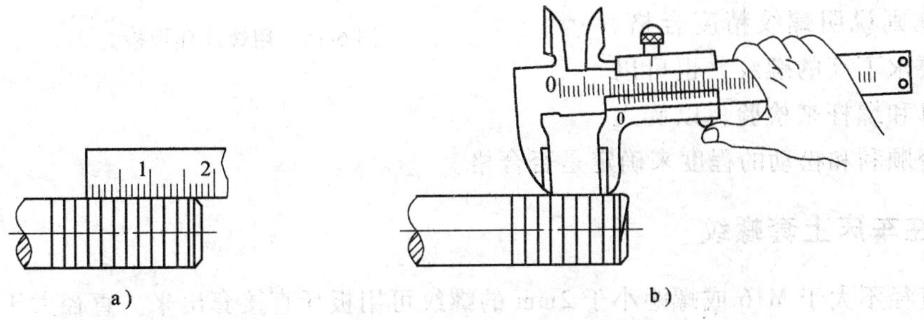

图6-12　螺距测量

a）用金属直尺测量螺距　b）用游标卡尺测量螺距

（3）中径测量　三角形螺纹的中径可用螺纹千分尺测量，见图6-13。螺纹千分尺的结构和使用方法与一般外径千分尺相似，其读数原理与一般外径千分尺相同，只是它有两个可以调整的牙侧，所得到的螺纹千分尺读数就是螺纹中径的实际尺寸。

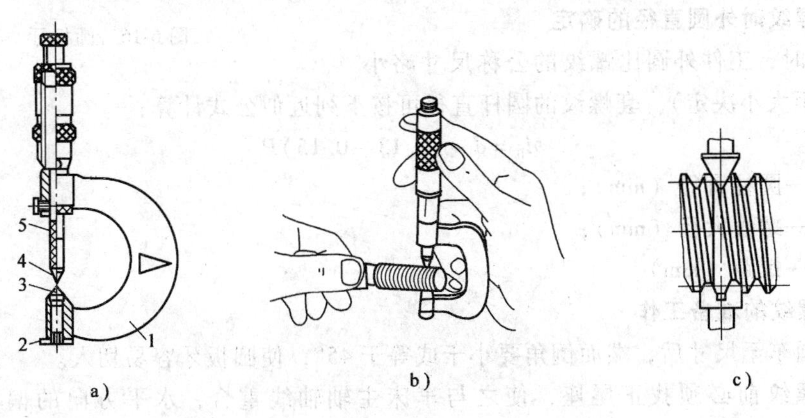

图6-13　三角形螺纹中径的测量

a）螺纹千分尺　b）测量方法　c）测量原理

1—尺架　2—跕座　3—下测量头　4—上测量头　5—测量螺杆

2. 综合测量

综合测量是采用螺纹量规测量，见图6-14，是对螺纹各部分主要尺寸同时进行综合检验的一种测量方法。这种方法效率高，使用方便，能较好保证互换性，广泛应用于对标准螺纹或大批量生产的螺纹工件的测量，见图6-15。

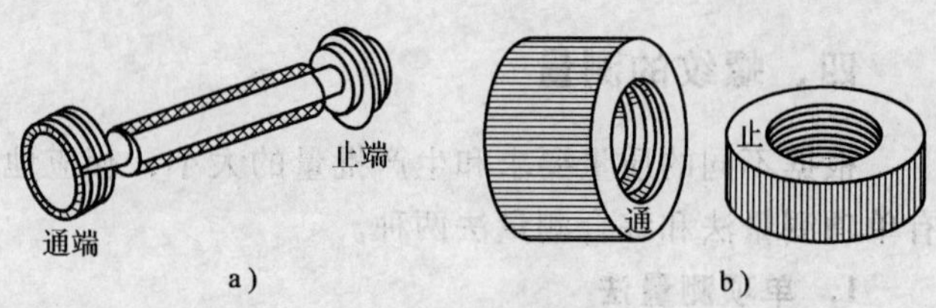

图6-14 螺纹量规

a) 螺纹塞规 b) 螺纹环规

螺纹量规包括螺纹环规和螺纹塞规两种，而每一种又有通规和止规之分，螺纹环规用来测量外螺纹，螺纹塞规用来测量内螺纹。测量时，如果通规刚好旋入，而止规不能旋入，则说明螺纹精度合格。对于精度要求不高的螺纹，也可以用标准螺母和螺杆来检验，以旋入工件时是否顺利和松动的程度来确定是否合格。

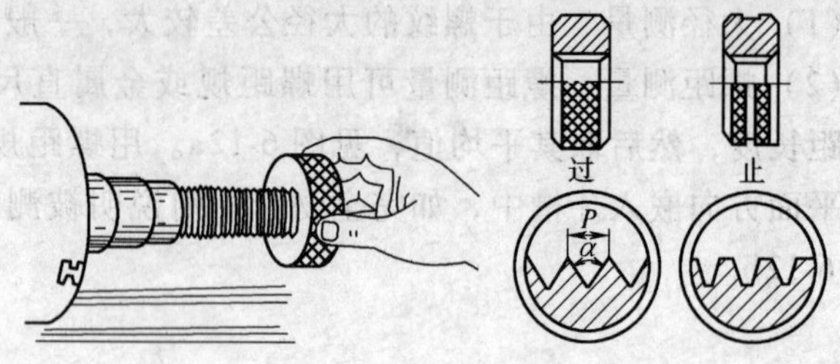

图6-15 用螺纹环规检查

五、在车床上套螺纹

一般直径不大于M16或螺距小于2mm的螺纹可用板牙直接套出来。直径大于M16的螺纹可用粗车螺纹后再套螺纹。板牙是一种成形、多刃的刀具，操作简单，生产率高。

1. 板牙的结构

板牙大多用高速钢制成。其结构形状见图6-16，它像一个圆螺母，其两侧的锥角是切削部分，因此正反都可使用，中间有完整的齿深为校正部分。

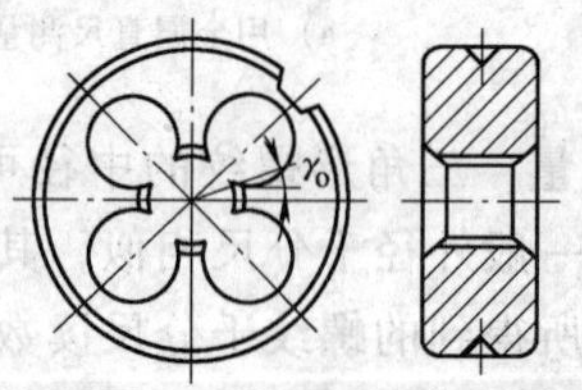

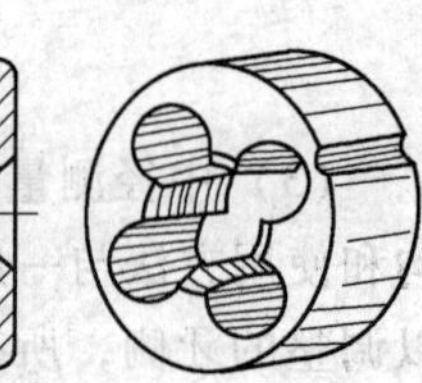

图6-16 圆板牙

2. 套螺纹时外圆直径的确定

套螺纹时，工件外圆比螺纹的公称尺寸略小（按工件螺距大小决定）。套螺纹的圆杆直径可按下列近似公式计算：

$$d_0 = d - (0.13 - 0.15)P$$

式中 d_0——圆柱直径（mm）；

d——螺纹大径（mm）；

P——螺距（mm）。

3. 套螺纹的准备工作

1）外圆车至尺寸后，端面倒角要小于或等于45°，使圆板牙容易切入。

2）套螺纹前必须找正尾座，使之与车床主轴轴线重合，水平方向的偏移量不得大于0.05mm。

3）板牙装入套螺纹工具时，必须使板牙平面与主轴轴线垂直。

4）主轴转速一般选用15～60r/min。

4. 套螺纹的方法

在车床上用圆板牙套螺纹见图 6-17。

1）先将套螺纹工具的锥柄装在尾座套筒锥孔内，板牙装入滑动套筒内，待螺钉对准板牙上的锥坑后拧紧。

2）将尾座移到接近工件一定距离（约 20mm）后固定。

3）开动车床和冷却泵加注切削液。

4）转动尾座手轮，使板牙切入工件，进行自动套螺纹。

5）当板牙进到所需长度时，及时反转退出板牙。

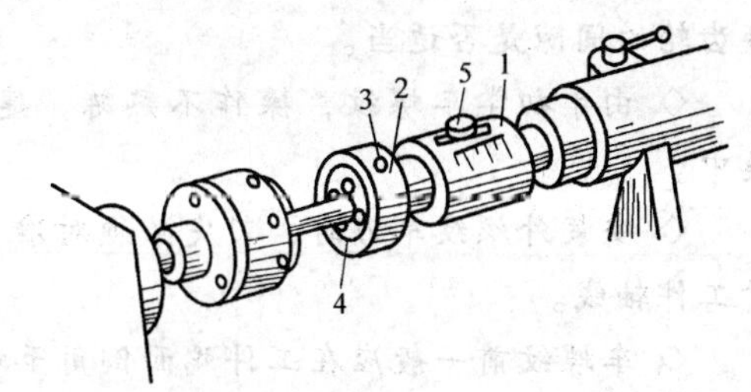

图 6-17　在车床上套螺纹

1—工具体　2—滑动套筒

3—螺钉　4—板牙　5—销钉

【技能训练】

1. 训练内容

练习车削三角形外螺纹（图 6-18）。

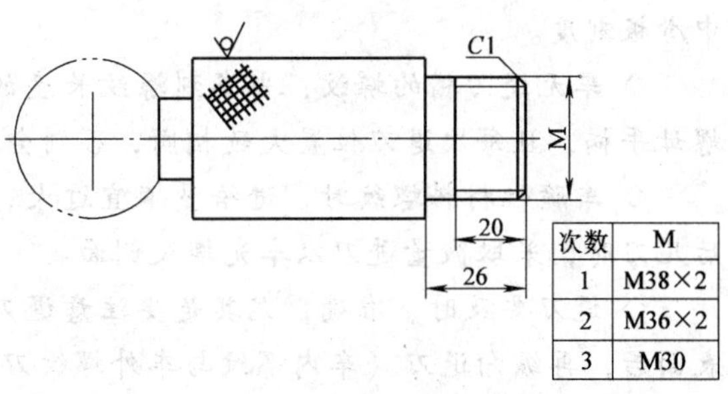

次数	M
1	M38×2
2	M36×2
3	M30

图 6-18　车三角形外螺纹

2. 工具、量具、刀具及设备

（1）工具　扳手、螺钉旋具等。

（2）刀具　90°外圆车刀，三角形外螺纹车刀。

（3）量具　游标卡尺、外径千分尺、螺纹环规等。

（4）设备　CA6140 型车床。

3. 训练步骤

1）在教师的指导下，分析理解螺纹大径的计算方法，认真听教师讲解三角形外螺纹的车削方法与测量方法。

2）学生观摩教师示范操作。示范操作时，重点讲解车削时进刀的方法和螺纹的测量方法。

3）学生应预先知道车削三角形外螺纹的方法，会运用正确的测量步骤和方法。

4）练习三角形外螺纹的车削。

基本操作步骤描述：车内孔→粗、精车螺纹→用螺纹塞规检验→合格后取下工件

其步骤如下：

① 工件伸出 40mm 左右，找正、夹紧。

② 粗、精车外圆，长度至尺寸要求。

③ 倒角 C1。

④ 粗、精车螺纹。

⑤ 用螺纹环规检查。

⑥ 以后各次练习方法同上。

操作提示

◇ 检查或调整交换齿轮时，必须切断电源，停机后再进行调整，事后要装好防护罩。

◇ 车削螺纹前，首先调整好床鞍和中、小滑板的松紧程度是否合适，还要检查组装交换齿轮的间隙是否适当。

◇ 由于初学车螺纹，操作不熟练，建议采用较低的切削速度，在操作过程中思想要集中。

◇ 安装外螺纹车刀时，刀尖必须对准工件旋转中心，两主切削刃夹角的平分线要垂直于工件轴线。

◇ 车螺纹前一般应在工件端面倒角至螺纹底径或大于底径。

◇ 倒、顺车换向不能过快，否则机床受瞬时冲击，容易损坏机件。在卡盘与主轴联接处必须安装保险装置，以防卡盘反转时从主轴上脱落。

◇ 车螺纹时，应始终保持切削刃锋利，中途换刀或磨刀后，必须对刀，并重新调整好中滑板刻度。

◇ 车无退刀槽的螺纹，当车到螺纹长度的1/3圈时，必须先退刀，然后随即上提开合螺母手柄，且每次退刀位置大致相同，否则会撞掉牙尖。

◇ 车脆性材料螺纹时，进给量不宜过大，否则会使螺纹牙尖爆裂，造成废品，在车最后几刀时，采取微量进刀以车光螺纹侧面。

◇ 退刀要及时、准确，尤其是要注意退刀方向，先让中滑板向后退，使刀尖退出工件表面后，再纵向退刀（车内螺纹与车外螺纹刀尖退出方向相反）。

◇ 对于让刀而产生的锥度误差（用螺纹套规检查时，只能在进口处拧几牙），不能盲目地加大切深，应让车刀在原来的进刀位置反复车削，直到逐步消除锥度误差为止。

◇ 车螺纹时，必须注意中滑板手柄不能多摇一圈，否则会造成刀尖崩刃或损坏工件和机床。

◇ 使用环规检查时，不能用力过大或用扳手强拧，以免环规严重磨损或使工件发生移位。

◇ 当工件旋转时，不准用手摸或用棉纱去擦螺纹，以免伤手。

◇ 装夹板牙不能歪斜。

◇ 塑性材料套螺纹时，应充分加注切削液。

课题三 车削三角形内螺纹

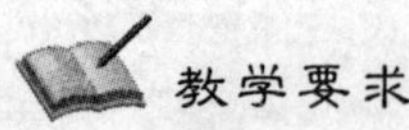
教学要求

1. 掌握内三角形螺纹孔径的计算方法。
2. 掌握用直进法车削三角形内螺纹的方法。
3. 掌握用螺纹塞规检查内螺纹的方法。
4. 掌握三角形内螺纹车刀的刃磨方法。

车削三角形内螺纹时，由于车刀刀柄细长，刚性差，切屑不易排出，切削液不易注入，且不便于观察等原因，比车削外螺纹要困难得多。三角形内螺纹工件形状常见的有三种：通孔、不通孔和台阶孔，见图6-19。由于工件形状不同，因此车削方法及所用的螺纹车刀也不同，这里主要介绍通孔螺纹的车削方法。

一、车刀的选择

根据所加工内螺纹面的三种形状来选择内螺纹车刀。它的尺寸大小受到螺纹孔径尺寸的限制。车削通孔内螺纹时选图 6-20a、b 所示形状的车刀，车削不通孔或台阶孔内螺纹时可选图 6-20c、d 所示形状的车刀。

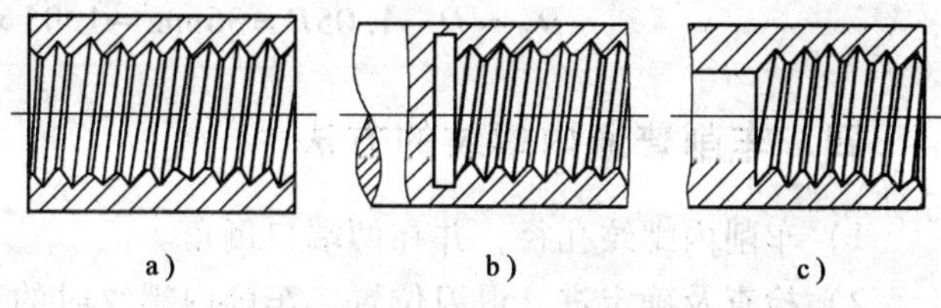

图 6-19 内螺纹工件形状

a）通孔内螺纹 b）不通孔内螺纹 c）台阶内螺纹

二、车刀的安装

安装内螺纹车刀时，应使刀尖对准工件回转轴心，同时使两切削刃夹角中线垂直于工件轴线，可采用图 6-21 所示的样板对刀的方法。装好刀后，还应摇动床鞍，使车刀在孔中试车一遍，检查刀柄是否与孔口相碰。

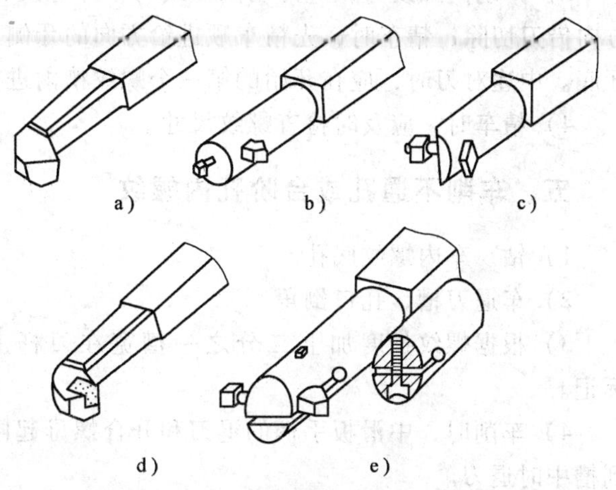

图 6-20 各种内螺纹车刀

a）、b）、e）通孔内螺纹车刀

c）、d）直孔、台阶孔内螺纹车刀

三、三角形内螺纹孔径的计算

在车内螺纹时，一般先钻孔或扩孔。通常可按下式计算孔径 $D_{孔}$：

车削塑性金属时：$D_{孔} = D - P$

车削脆性金属时：$D_{孔} \approx D - 1.05P$

式中 D——内螺纹大径（mm）；

P——螺距（mm）。

其尺寸公差可查普通螺纹有关公差表。

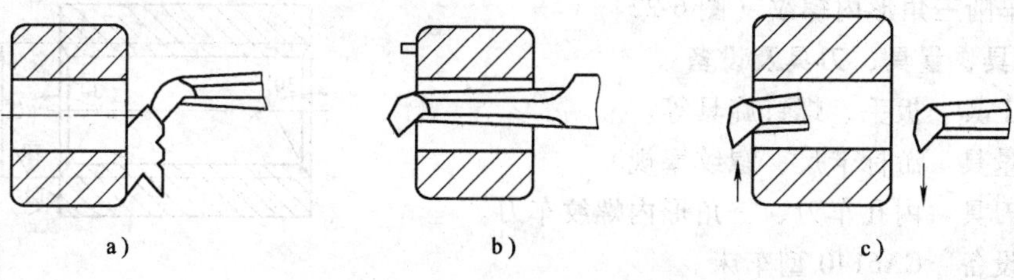

图 6-21 装夹内螺纹车刀及进退刀方向

a）样板校正刀尖 b）检查车刀与孔壁是否相碰 c）车刀进退刀方向

例：需在铸铁工件上车削 M36 ×1.5 的内螺纹，试求车削螺纹之前孔径应车成多少？

解：铸铁为脆性材料，根据公式

$$D_{孔} \approx D - 1.05P = 36\text{mm} - 1.05 \times 1.5\text{mm} = 34.4\text{mm}$$

四、车削普通内螺纹的方法

1）车削内螺纹孔径，并在两端口倒角。

2）检查及确定进、退刀位置，车削内螺纹时的进、退刀方向与车削外螺纹时相反，应先开空车练习进刀、退刀动作。练习时，需在中滑板刻度盘上做好退刀和进刀记号。

3）车削内螺纹时，进刀切削方式与车外螺纹相同，操作要领是：大部分余量应在尾座方向借刀切除；精车时，先精车顺进给方向的牙侧，后精车靠尾座方向的牙侧面，最后车清牙底。中途对刀时，应在开始的第一个螺纹槽内进行。

4）精车时，应及时检查螺纹尺寸。

五、车削不通孔或台阶孔内螺纹

1）钻、车内螺纹底孔。

2）车退刀槽，孔口倒角。

3）根据螺纹长度加上二分之一槽宽在刀杆上做记号，作为退刀及开合螺母合闸的标记。

4）车削时，中滑板手柄的退刀和开合螺母起闸的动作要迅速、准确、协调，保证刀尖到槽中时退刀。

5）车削内螺纹的过程。进刀—车削—接近退刀槽时缓车—刀尖进入退刀槽后退刀—反车使刀尖退出螺纹孔—重复上述步骤，切削内螺纹至尺寸。

六、螺纹的测量

综合测量是用螺纹塞规来测量内螺纹。它的一端为通端，另一端为止端。在测量时，如果通端能刚好拧进去，而止端不能拧进，说明螺纹精度符合要求。在使用时，如果发现通端难以拧进，应对螺纹的直径、牙型和螺距等进行检查。

【技能训练】

1. 训练内容

练习车削三角形内螺纹（图 6-22）。

2. 工具、量具、刀具及设备

（1）工具　扳手、螺钉旋具等。

（2）量具　游标卡尺、螺纹塞规

（3）刀具　内孔车刀、三角形内螺纹车刀。

（4）设备　CA6140 型车床。

3. 训练步骤

1）在教师的指导下，分析理解三角形内螺纹孔的计算方法，认真听教师讲解三角形内螺纹的车削方法与测量方法。

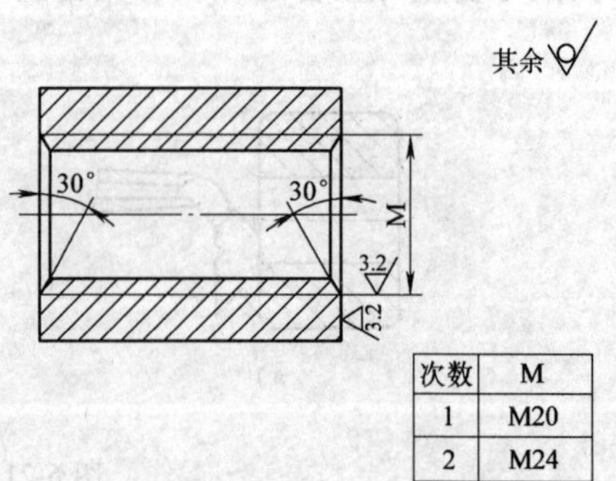

次数	M
1	M20
2	M24

图 6-22　车削三角形内螺纹

2）学生观摩教师示范操作。示范操作时，重点讲解三角形内螺纹的车削方法和测量方法。

3）学生应预先知道车削方法及正确的测量步骤和方法。

4）练习三角形内螺纹的车削。

基本操作步骤描述：车内孔→粗、精车螺纹→用螺纹塞规检验→合格后取下工件

其加工步骤如下：

① 夹住外圆，找正、夹紧。

② 粗、精车内孔至尺寸要求。

③ 倒角 $C1$。

④ 粗、精车内螺纹 M20，长 20m，达到图样要求。

⑤ 检查。

⑥ 以后各练习方法同上。

操作提示

◇ 车削螺纹前，首先调整好床鞍和中、小滑板的松紧程度是否合适。

◇ 车螺纹前检查主轴箱和进给箱各手柄是否拨到所车螺纹规格应有的位置。

◇ 小滑板宜调得紧些，以防车削时车刀移位产生乱牙。

◇ 车刀的刀尖圆弧不能太小，否则螺纹已车到规定深度，而中径尚未达到要求。

◇ 安装内螺纹车刀时，刀尖必须对准工件旋转中心，两切削刃夹角的平分线要垂直工件轴线。

◇ 内螺纹车刀的刀柄不能选择得太细，否则由于切削力的作用，会引起振动和变形，出现“扎刀”、“让刀”和发出不正常声音及振纹等现象。

◇ 车螺纹前一般应在工件端面倒角至螺纹底径或大于底径。

◇ 车螺纹时，应始终保持切削刃锋利，中途换刀或磨刀后，必须对刀，并重新调整好中滑板刻度。

◇ 车内螺纹的有效长度，可在刀柄上划线或用反映床鞍移动的刻度盘控制。

◇ 倒、顺车换向不能过快，否则机床受瞬时冲击，容易损坏机件。在卡盘与主轴联接处必须安装保险装置，以防卡盘反转时从主轴上脱落。

◇ 车不通孔螺纹时，一定要小心，退刀时一定要迅速，否则车刀刀体会与孔底相撞。

◇ 赶刀量不能太大，以防精车时没有余量。

◇ 检查不通孔螺纹，螺纹塞规通端拧进的长度应达到图样要求的长度。

◇ 车削内螺纹过程中，当工件在旋转时，不可用手摸，更不可用棉纱去擦工件，以免造成事故。

第七章　车削梯形螺纹、蜗杆和多线螺纹

学习目标

方牙、梯形、锯齿形、蜗杆和多头螺纹等传动零件，一般精度要求都比较高，由于它们的螺距和螺纹升角比较大，所以加工比较困难。

本章的学习目标：

1. 掌握梯形螺纹、蜗杆、多线螺纹车刀的刃磨方法。
2. 掌握梯形螺纹的车削方法和测量方法。
3. 掌握蜗杆的车削方法和测量方法。
4. 掌握多线螺纹的车削方法和测量方法。
5. 合理使用切削液。

课题一　梯形螺纹车刀的刃磨

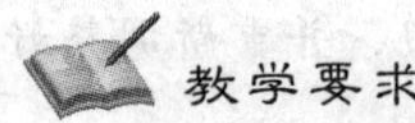

教学要求

1. 掌握梯形螺纹车刀的几何角度。
2. 掌握梯形螺纹车刀的刃磨方法和刃磨要求。

梯形螺纹是应用很广泛的传动螺纹，例如车床上的长丝杠和中、小滑板的丝杠等都是梯形螺纹，它们的工作长度较长，使用精度要求较高，因此车削时比普通三角形螺纹困难。

梯形螺纹分米制和英制两种。我国常采用米制梯形螺纹（牙型角为30°）。

一、梯形螺纹的尺寸计算

梯形螺纹各部分名称、代号及计算公式见表7-1。梯形螺纹的牙型见表7-2。

表7-1　梯形螺纹各部分名称、代号及计算公式

名　称	代　号	计算公式		
牙型角	α	$\alpha=30°$		
螺距	P/mm	1.5～5	6～12	14～44
牙顶间隙	a_c/mm	0.25	0.5	1

（续）

名　称	代　号		计算公式
外螺纹	大径	d	公称直径
	中径	d_2	$d_2 = d - 0.5P$
	小径	d_3	$d_3 = d - 2h_3$
	牙高	h_3	$h_3 = 0.5P + a_c$
内螺纹	大径	D_4	$D_4 = d + 2a_c$
	中径	D_2	$D_2 = d_2$
	小径	D_1	$D_1 = d - P$
	牙高	H_4	$H_4 = h_3$
牙顶宽	f、f'		$f = f' = 0.366P$
牙槽底宽	w、w'		$w = w' = 0.366P - 0.536a_c$

注：螺距和牙顶间隙由螺纹标准规定。

30°米制梯形螺纹的设计牙型见图 7-1。

例： 车削一对 Tr36×10 的丝杠和螺母，试求内、外螺纹的大径、牙型高度、小径、牙顶宽、牙槽底宽和中径尺寸。

解： 依题意已知 $d = 36\text{mm}$，$P = 10\text{mm}$，$a_c = 0.5\text{mm}$，根据表中的公式有：

$$d_2 = d - 0.5P = 36\text{mm} - 0.5 \times 10\text{mm} = 31\text{mm}$$

$$h_3 = 0.5P + a_c = 0.5 \times 10\text{mm} + 0.5\text{mm} = 5.5\text{mm}$$

$$d_3 = d - 2h_3 = 36\text{mm} - 2 \times 5.5\text{mm} = 25\text{mm}$$

$$D_4 = d + 2a_c = 36\text{mm} + 2 \times 0.5\text{mm} = 37\text{mm}$$

$$D_2 = d_2 = 31\text{mm}$$

$$D_1 = d - P = 36\text{mm} - 10\text{mm} = 26\text{mm}$$

$$H_4 = h_3 = 5.5\text{mm}$$

牙顶宽 $f = f' = 0.366P = 3.66\text{mm}$

牙槽底宽 $w = w' = 0.366P - 0.536a_c$

$= 3.66\text{mm} - 0.268\text{mm} = 3.392\text{mm}$

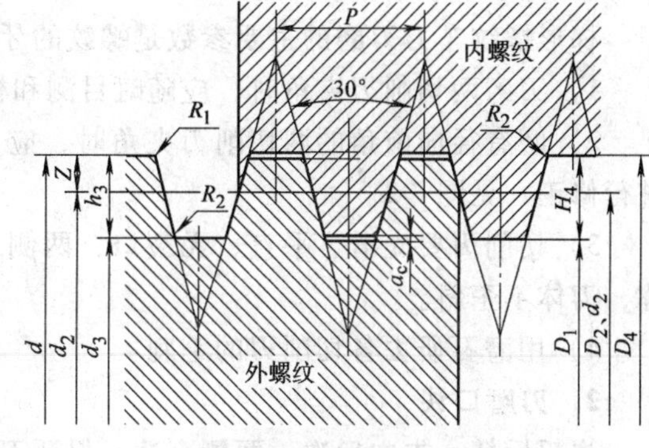

图 7-1　梯形螺纹的设计牙型

为了使用方便，将常用的 30°米制梯形螺纹的牙型尺寸列于表 7-2 中。

表 7-2　30°米制梯形螺纹的牙型

螺距 P	牙型高度 h_3	间隙 a_c	牙顶宽 f	牙槽底宽 w	圆角半径 r（最大）
4	2.25	0.25	1.46	1.33	0.2
5	2.75	0.25	1.83	1.69	0.3
6	3.5	0.5	2.2	1.93	0.3
8	4.5	0.5	2.43	2.66	0.3
10	5.5	0.5	3.66	3.39	0.3
12	6.5	0.5	4.39	4.12	0.3

二、梯形螺纹车刀的种类与几何角度

1. 梯形外螺纹车刀的种类

为了保证加工质量，螺纹车刀也分为粗车刀和精车刀两种；按材料也可分为高速钢车刀和硬质合金车刀。

2. 梯形螺纹车刀的几何角度

1）两切削刃夹角：粗车刀应小于螺纹牙型角，精车刀应等于螺纹牙型角。

2）刀头宽度：粗车刀的刀头宽度应为三分之一螺距宽，精车刀的刀头宽度应等于牙底宽减 0.05mm。

3）纵向前角：粗车刀一般约为 15°，精车刀为了保证牙型角正确，前角应等于 0°，但是实际取 5°~10°。

4）纵向后角：一般为 6°~8°。

5）内螺纹车刀比外螺纹车刀刚性差，所以刀柄的截面应尽量大些，刀柄的截面尺寸与长度应根据工件的孔径与孔深来选取。

6）两侧刃后角：$\alpha_{oL}=(3°\sim5°)+\varphi$；$\alpha_{oR}=(3°\sim5°)-\varphi$。

三、梯形螺纹车刀的刃磨要求和刃磨方法

1. 梯形螺纹车刀的刃磨要求

梯形螺纹车刀刃磨的主要参数是螺纹的牙型角和牙底槽宽度。

1）刃磨两切削刃夹角时，应随时目测和样板校对。

2）磨有径向前角的两切削刃夹角时，应用特制厚样板进行修正，见图 7-2。

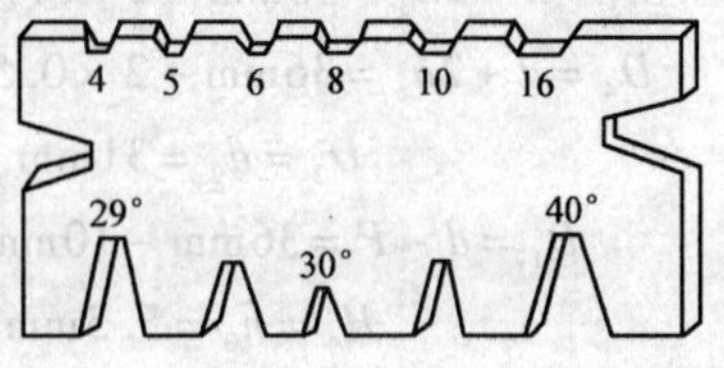

图 7-2 梯形螺纹车刀样板

3）切削刃要光滑、平直、无裂口，两侧切削刃必须对称，刀体不歪斜。

4）用磨石研去各切削刃的毛刺。

2. 刃磨口诀

先粗后精；先主后次；两侧交替；保证刀尖角。

3. 梯形螺纹车刀刃磨步骤

1）粗磨切削刃两侧后面（刀尖角初步形成）。

2）粗、精磨前面或径向前角。

3）精磨主、副后面，刀尖角用样板或游标万能角度尺透光检查并修正，刀头不能歪斜。

4）用磨石研磨后面，使刃口平直无缺口。

【技能训练】

1. 训练内容

练习刃磨梯形螺纹车刀（图 7-3）。

2. 工具、量具、刀具及设备

（1）工具　扳手、螺钉旋具等。

（2）量具　游标卡尺、样板等。

（3）刀具　梯形螺纹车刀。

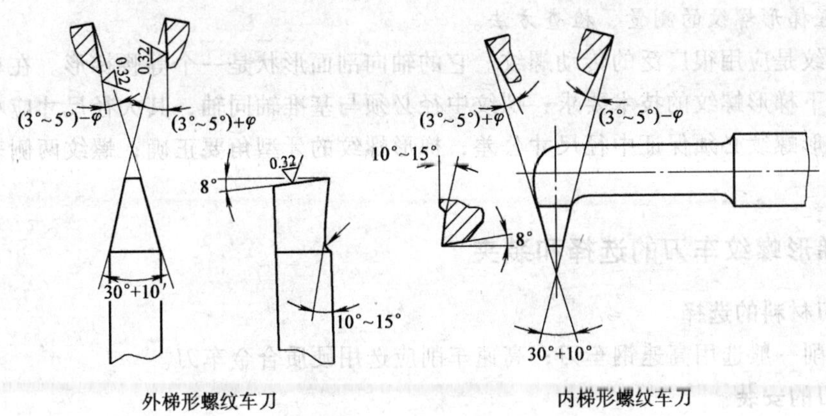

图 7-3　刃磨梯形螺纹车刀

（4）设备　砂轮机。

3. 训练步骤

1）在教师的指导下，分析理解梯形螺纹车刀的刃磨要求，认真听教师讲解梯形螺纹车刀的刃磨方法与测量方法。

2）学生观摩教师示范操作。示范操作时，重点讲解梯形螺纹车刀的刃磨步骤以及尺寸控制的方法。

3）学生应预先知道刃磨方法及正确的刃磨步骤。

4）练习梯形螺纹车刀的刃磨。

基本操作步骤描述：粗磨主、副后面→粗、精磨前面→精磨主、副后面

其步骤如下：

① 粗磨主后面、副后面，刀尖角初步形成。

② 粗、精磨前面或前角。

③ 精磨主后面、副后面，刀尖角用样板检查修正。

④ 刀头宽度用外径千分尺或游标卡尺测量。

操作提示

◇ 刃磨两侧后角时要注意螺纹的左右旋向，然后根据螺纹升角的大小来决定两侧后角的数值。

◇ 刃磨高速钢车刀时，应随时放入水中冷却，以防退火。

◇ 对于初学者来说，可不用磨石研磨刀面，以免磨出负后角。

◇ 内梯形螺纹车刀的刀尖角的角平分线应和刀柄垂直。

课题二　车削梯形外螺纹

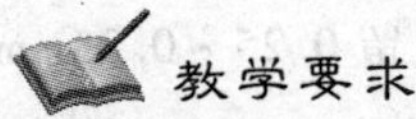

教学要求

1. 掌握梯形螺纹的车削方法。

2. 掌握梯形螺纹的测量、检查方法。

梯形螺纹是应用很广泛的传动螺纹。它的轴向剖面形状是一个等腰梯形。在车削以前我们先来看一下梯形螺纹的技术要求：螺纹中径必须与基准轴同轴，其大径尺寸应小于基本尺寸；车削梯形螺纹必须保证中径尺寸公差；梯形螺纹的牙型角要正确；螺纹两侧表面粗糙度值必须小。

一、梯形螺纹车刀的选择和装夹

1. 车刀材料的选择

低速车削一般选用高速钢车刀；高速车削应选用硬质合金车刀。

2. 车刀的安装

1）车刀主切削刃必须与工件旋转中心等高，同时应和轴线平行。

2）刀头的角平分线要垂直于工件的轴线，用对刀样板或游标万能角度尺校正，如图 7-4。

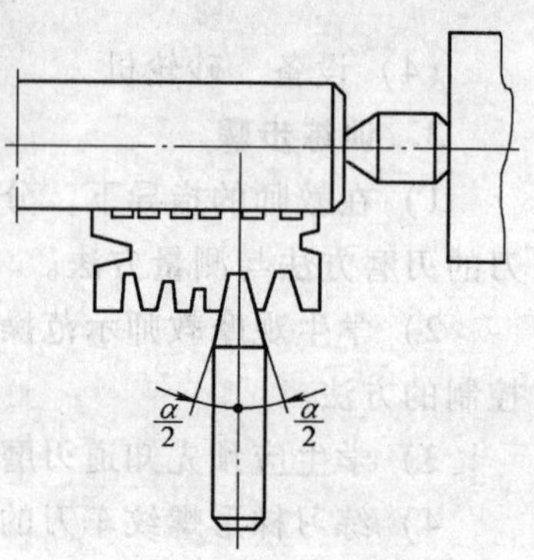

图 7-4 梯形螺纹车刀的装夹

二、工件的装夹

由于车削梯形螺纹时，切削力比较大，如果单独用三爪自定心卡盘装夹，在车削时工件容易产生移位，所以一般采用一夹一顶的装夹方式。若精度较高，可粗车时用一夹一顶装夹，精车时用两顶尖装夹。

三、车床的调整

1. 各手柄位置的调整

根据工件材料、刀具材料、图样尺寸选择合理的切削用量及螺距，进而调整各手柄的位置。

2. 间隙的调整

主要调整中滑板、小滑板的间隙，其中小滑板的间隙应调得紧些，防止在车削过程中因车刀移位而乱牙。

3. 主轴的调整

1）主轴上左右摩擦片的松紧应调整合适，以减少切削时因车床因素产生的加工误差。

2）特别注意控制主轴的轴向窜动、径向圆跳动及丝杠的窜动。

四、梯形螺纹的车削方法

通常对于精度要求较高的梯形螺纹采用低速车削的方法。

1）螺距小于 4mm 或精度要求不高的工件，可用一把梯形螺纹车刀，进行粗车和精车。

2）螺距大于 4mm 或精度要求较高的梯形螺纹，一般采用分刀车削法，其具体方法：

① 粗车及半精车螺纹大径至尺寸，并倒角与端面成 15°。

② 选用刀头宽度稍小于槽底宽的切槽刀，采用直进法粗车螺纹，每边留 0.25 ~ 0.35mm 左右的余量，见图 7-5a。小径车至尺寸。

③ 用粗车刀采用斜进法或左右进刀法车削螺纹，每边留 0.1 ~ 0.2mm 的精车余量，见

图 7-5b、c。

④ 选用两侧切削刃磨有卷屑槽的精车刀，采用左右进刀法，精车螺纹两侧面至图样要求，见图 7-5d。

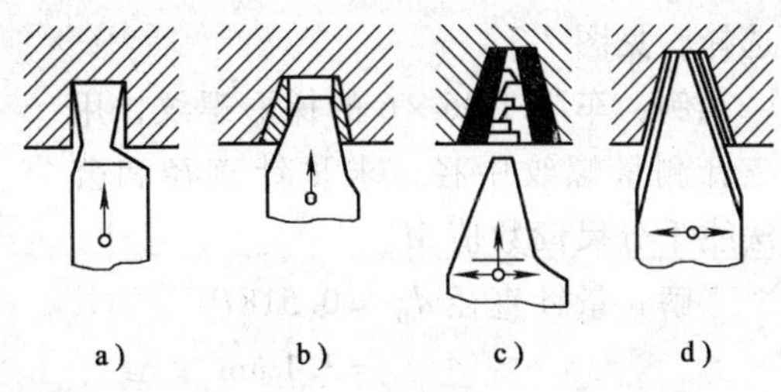

图 7-5　梯形螺纹车削的方法

a) 直进法　b) 斜进法　c) 左右进刀法　d) 精车螺纹

五、梯形外螺纹的测量

1. 大径测量

测量螺纹大径时，一般可用游标卡尺、外径千分尺等量具。

2. 底径尺寸的控制

一般由中滑板刻度盘控制牙型高度，而间接保证底径尺寸。

3. 中径尺寸的控制

（1）三针测量法　它是一种比较精密的测量方法，适用于测量精度要求较高、螺纹升角小于4°的三角形螺纹、梯形螺纹和蜗杆的中径尺寸。测量时，把三根直径相等并在一定尺寸范围内的量针放在螺纹相对两面的螺旋槽中，再用公法线千分尺量出两面量针顶点之间的距离 M，见图 7-6。然后根据 M 值换算出螺纹中径的实际尺寸。公法线千分尺的读数值 M 及量针直径 d_D 的简化公式见表 7-3。

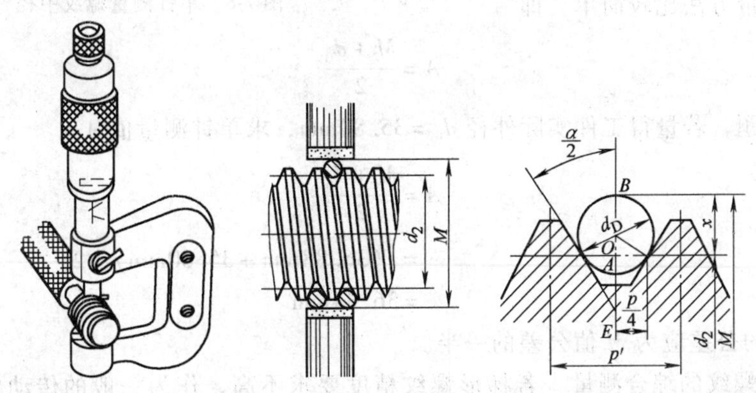

图 7-6　三针测量螺纹中径

表 7-3　M 值及量针直径的简化计算公式

螺纹牙型角	M 计算公式	量针直径 d_D		
		最大值	最佳值	最小值
30°（梯形螺纹）	$M = d_2 + 4.864d_D - 1.866P$	$0.656P$	$0.518P$	$0.486P$
40°（蜗杆）	$M = d_1 + 3.924d_D - 4.316m_x$	$2.446m_x$	$1.675m_x$	$1.61m_x$
60°（普通螺纹）	$M = d_2 + 3d_D - 0.866P$	$1.01P$	$0.577P$	$0.505P$

三针测量法采用的量针一般是专门制造的。在实际应用中，有时也用优质钢丝或新麻花钻的柄部代替，要求所代用的钢丝或钻头直径尺寸，最大不能放入螺旋槽时被顶在牙尖上，

最小不能在放入螺旋槽时和牙底相碰，也就是直径尺寸应在表中所给的最大值与最小值之间选择，见图 7-7。

例：车削 Tr36×6 的梯形螺纹，用三针测量螺纹中径，求量针直径和公法线千分尺读数值 M。

解：量针直径 $d_D = 0.518P$

$= 3.1\text{mm}$

$M = d_2 + 4.864d_D - 1.866P$

$= 30\text{mm} + 15.08\text{mm} - 11.20\text{mm}$

$= 36.88\text{mm}$

M 公差应为图样上所标注的螺纹中径公差。

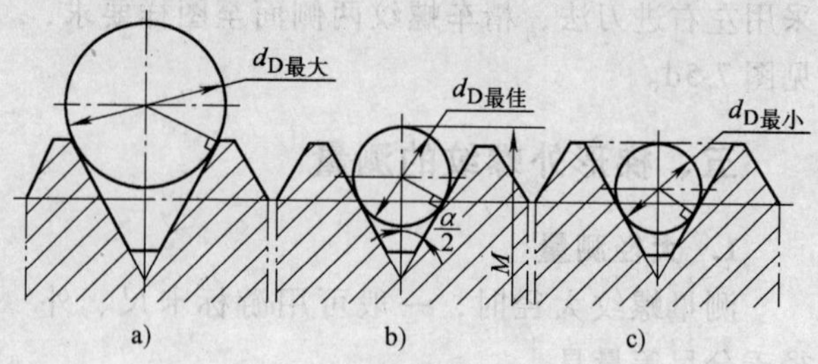

图 7-7 量针直径的选择

a）最大量针直径 b）最佳量针直径 c）最小量针直径

（2）单针测量法 这种方法只需要使用一根符合要求的量针，将其放置在螺旋槽中，见图 7-8，用外径千分尺量出以外螺纹顶径为基准到量针顶点之间的距离 A，在测量前应先量出螺纹顶径的实际尺寸 d_0，其原理与三针测量相同，测量方法比较简单。即

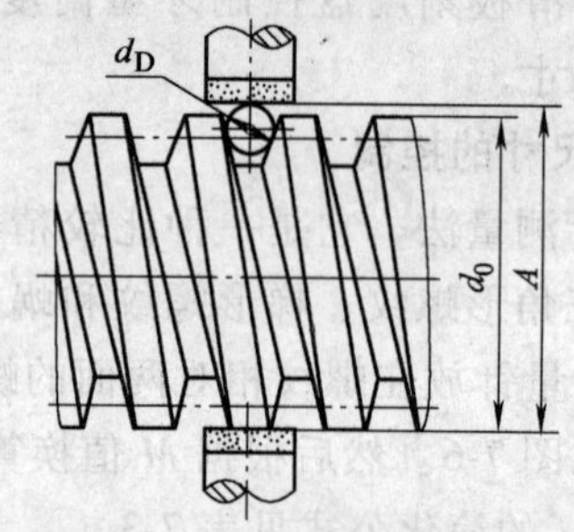

图 7-8 单针测量螺纹中径

$$A = \frac{M + d_0}{2}$$

例：如上题，若量得工件实际外径 $d_0 = 35.80\text{mm}$，求单针测量值 A。

解：

$$A = \frac{M + d_0}{2}$$

$$= (36.88\text{mm} + 35.80\text{mm})/2$$

$$= 36.34\text{mm}$$

注：A 值的公差应为 M 值公差的一半。

（3）梯形螺纹的综合测量 若梯形螺纹精度要求不高，作为一般的传动副，可以采用标准梯形螺纹量规，对所加工的内、外梯形螺纹进行综合检查。

【技能训练】

1. 训练内容

练习车削梯形螺纹（图 7-9）。

2. 工具、量具、刀具及设备

（1）工具 扳手、螺钉旋具等。

（2）量具 游标卡尺、外径千分尺、公法线千分尺、量针等。

（3）刀具 90°外圆车刀、梯形螺纹车刀。

（4）设备 CA6140 型车床。

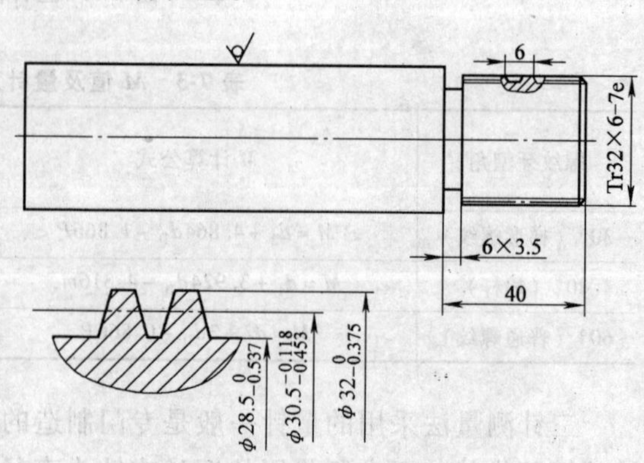

图 7-9 车削梯形螺纹

3. 训练步骤

1）在教师的指导下，分析理解三针测量与单针测量的计算方法，认真听教师讲解梯形螺纹的车削方法与测量方法。

2）学生观摩教师示范操作。示范操作时，重点讲解梯形螺纹的进刀方式及尺寸控制的方法。

3）学生应预先知道车削方法及正确的测量步骤和方法。

4）练习梯形螺纹的车削。

基本操作步骤描述：车削外圆→车槽→车梯形螺纹→用三针或单针测量

其加工步骤如下：

① 一夹一顶装夹工件，找正、夹紧。

② 粗、精车外圆至尺寸要求。

③ 车槽 6mm×3.5mm。

④ 两端用梯形螺纹车刀倒角。

⑤ 粗车梯形螺纹，给精车留适当的余量。

⑥ 精车梯形螺纹至尺寸要求。

⑦ 检查合格后取下工件。

操作提示

◇ 梯形螺纹车刀两侧切削刃对称、平直，否则牙型不正确。

◇ 小滑板应调得稍紧些，以防车削时车刀移位。

◇ 车螺纹时，选择较小的切削用量，以减少工件变形，同时充分使用切削液。

◇ 鸡心夹头或对分夹头应夹紧工件，否则车削时工件容易产生移位。

◇ 车梯形螺纹中途重装工件时，应注意保持拨杆原位，以防乱牙。

◇ 车螺纹时，为了防止因溜板箱手轮回转时不平衡而使车床床鞍产生窜动，可在手轮上装平衡块，最好采用手轮脱离装置。

◇ 一夹一顶装夹工件时，尾座套筒不能伸出太短，以防止车刀返回时床鞍与尾座相碰。

◇ 随时观察后顶尖的转动情况，以及刀具是否磨损、是否有积屑瘤。

◇ 车螺纹横向进刀时，为防止进给量过大，每次进给后可用粉笔在刻度盘上做标记。

◇ 不准在开机时用棉纱揩擦工件，以免发生安全事故。

◇ 小滑板不宜过紧或过松。

◇ 当车刀在中途刃磨后装夹时，必须重新调整，使刀尖严格对准工件旋转中心。

课题三　车削梯形内螺纹

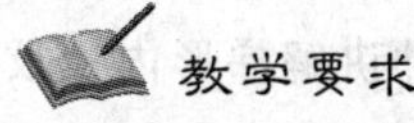

教学要求

1. 掌握孔径和刀头宽度的计算方法。
2. 掌握内梯形螺纹车刀的装夹要求。

3. 掌握内梯形螺纹的车削方法和检查方法。

一、梯形内螺纹孔径的计算

车梯形内螺纹，要先钻孔或扩孔，孔径尺寸一般采用下面的计算公式：

加工钢件或塑性材料　$D_{孔}=D-P$

加工铸铁及脆性材料　$D_{孔}=D-1.05P$

式中　$D_{孔}$——车内梯形螺纹前的孔径（mm）；

D——内梯形螺纹大径（mm）；

P——螺距（mm）。

二、梯形内螺纹车刀刀头宽度的计算

刀头宽度比外梯形螺纹牙顶宽度 f 要稍大一些，为 $0.366P^{+(0.03\sim0.05)}_{0}$。

三、车刀和刀柄的选择及装夹

1. 刀柄尺寸根据工件内孔尺寸选择，孔径较小采用整体式内螺纹车刀；其几何角度、刀具材料与梯形外螺纹车刀相同。梯形内螺纹车刀一般磨有前角，车铸铁梯形内螺纹车刀除外，可通过计算来修正刀尖角。

2. 梯形内螺纹车刀的装夹基本上跟车三角形内螺纹时相同。车制配对的螺母时，为保证车出的螺母与螺杆牙型角一致，可采用专用样板。

四、梯形内螺纹的车削方法

梯形内螺纹的车削方法与车削三角形内螺纹相同。车削梯形内螺纹时，进刀深度不易掌握，防止多进一圈。若螺距较小，可采用直进法；螺距大时，可微量赶刀。最后精车时，要不进刀车削 2~3 次，以消除刀杆的弹性变形，保证螺母的精度要求。

【技能训练】

1. 训练内容

练习车削梯形内螺纹（图 7-10）。

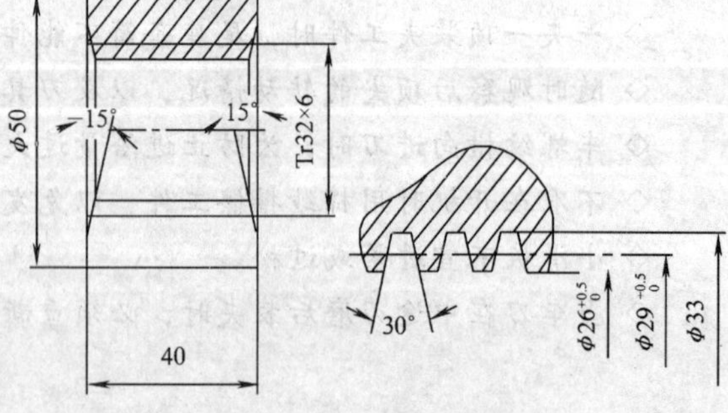

图 7-10　车削梯形内螺纹

2. 工具、量具、刀具及设备

（1）工具　扳手、螺钉旋具等。

（2）量具　游标卡尺、样板、螺纹塞规等。

（3）刀具　内孔车刀、梯形内螺纹车刀等。

（4）设备　CA6140 车床。

3. 训练步骤

1）在教师的指导下，分析理解梯形螺纹车刀的装夹要求，认真听教师讲解梯形内螺纹的车削方法与测量方法。

2）学生观摩教师示范操作。示范操作时，重点讲解梯形内螺纹进刀方法与尺寸控制的方法。

3）学生预先应知道车削方法，会运用正确的车削步骤。

4）学生练习梯形内螺纹的车削。

基本操作步骤描述：车内孔→倒角→粗、精车梯形内螺纹

本次训练的加工步骤：

1）夹住工件，车 ϕ50mm 长 42mm。

2）切断工件。

3）夹住所切断工件，找正夹紧。

4）粗、精车内孔 ϕ26mm 至图样要求。

5）孔口两端按要求倒角。

6）粗车梯形内螺纹。

7）精车梯形内螺纹至图样要求。

操作提示

◇ 刃磨时切削刃要直，装刀角度要正确。

◇ 车削铸铁梯形内螺纹时，容易产生螺纹侧面碎裂，用直进法车削时，背吃刀量不能太大。

◇ 尽可能利用刻度盘退刀，以防刀杆与孔壁相碰。

◇ 精车时，要勤测量。测量时，机床主轴要停稳。

◇ 测量时，不能用棉纱擦拭工件。

课题四　车　蜗　杆

教学要求

1. 掌握蜗杆车削的计算方法和齿厚的测量方法。

2. 掌握蜗杆车刀的装夹方法。

3. 掌握蜗杆的车削方法。

蜗杆、蜗轮组成的运动副常用于减速传动机构中。蜗杆的齿形与梯形螺纹很相似，其轴向剖面形状为梯形。常用的蜗杆有米制（齿形角为40°）和英制（齿形角为29°）两种，我国采用米制蜗杆。

一、蜗杆主要参数的名称、符号及计算

米制蜗杆的各部分名称、符号及尺寸计算见表 7-4。

从图中可以看出，蜗杆在传动时是否很好地与蜗杆相啮合，它的螺距 P（轴向齿距）必须等于蜗轮齿距 t。

二、蜗杆车刀

一般选用高速钢车刀，为了提高蜗杆的加工质量，车削时，应采用粗车和精车两阶段。

表 7-4 米制蜗杆的各部分名称、符号及尺寸计算

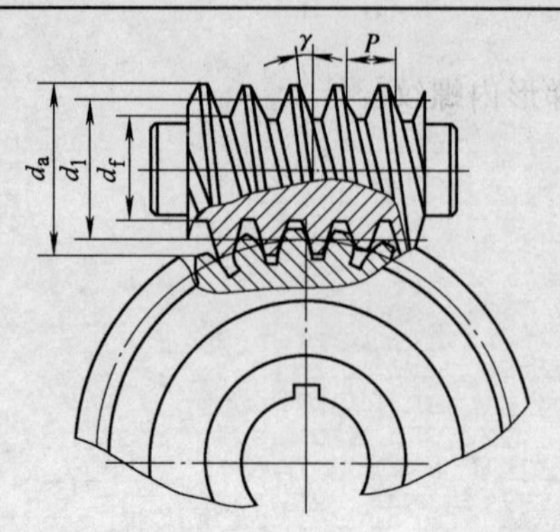

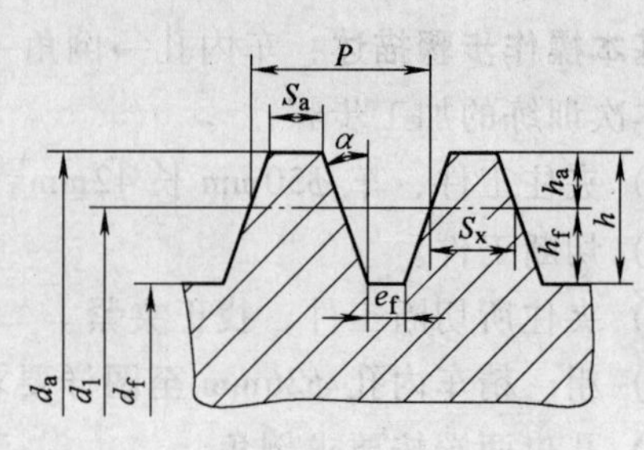

名　称	计算公式	名　称	计算公式
轴向模数（m_x）	（基本参数）	齿根圆直径（d_f）	$d_f = d_1 - 2.4m_x$
牙型角（α）	$\alpha = 40°$		或 $d_f = d_a - 4.4m_x$
齿距（P）	$P = \pi m_x$	齿顶宽（S_a）	$S_a = 0.843m_x$
导程（P_z）	$P_z = \pi m_x Z$	齿根槽宽（e_f）	$e_f = 0.697m_x$
全齿高（h）	$h = 2.2m_x$	轴向齿厚（S_x）	$S_x = P/2$
齿顶高（h_a）	$h_a = m_x$	导程角（γ）	$\tan\gamma = Pz/\pi d_1$
齿根高（h_f）	$h_f = 1.2m_x$	法向齿厚（S_n）	$S_n = P/2\cos\gamma$
分度圆直径（d_1）	$d_1 = d_a - 2m_x$		
齿顶圆直径（d_a）	$d_a = d_1 + 2m_x$		

1. 蜗杆粗车刀（图 7-11）

其刀具角度可按下列原则选择：

1）车刀的刀尖角要小于牙型角。

2）为了便于左右切削，并留有精加工余量，刀尖宽度应小于槽底宽，其值见表 7-5。

3）切削钢件时，应磨有 10°～15°的径向前角。

4）径向后角应为 6°～8°。

5）两侧刀刃后角

① 顺进给方向的后角 $\alpha_{顺} = (3°\sim5°) + \gamma$

② 背进给方向的后角 $\alpha_{背} = (3°\sim5°) - \gamma$。

γ——螺纹升角

6）两刀尖适当倒圆。

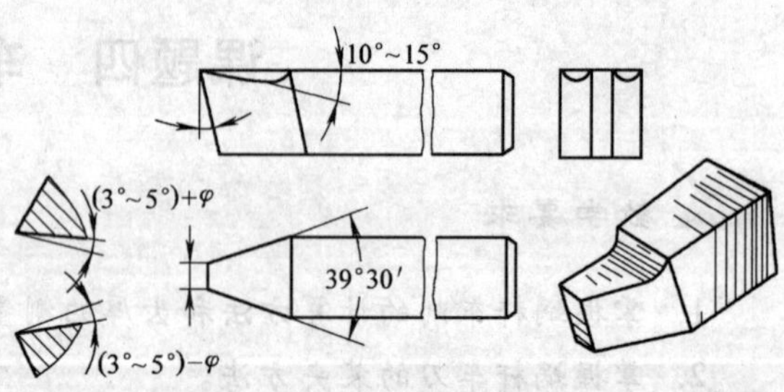

图 7-11 高速钢蜗杆粗车刀

2. 蜗杆精车刀

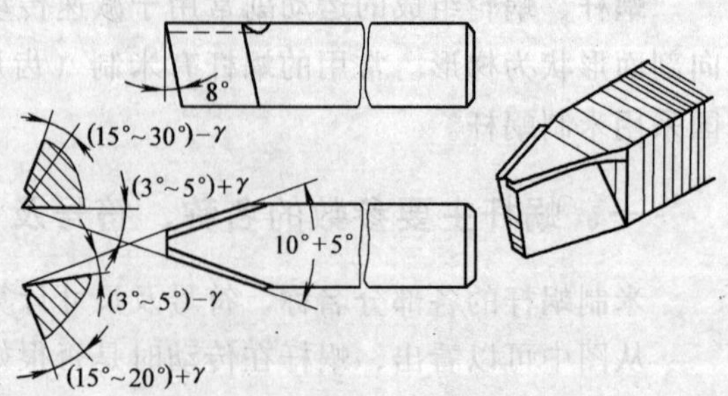

图 7-12 高速钢蜗杆精车刀

蜗杆精车刀见图 7-12。

蜗杆精车刀要求刀尖角等于牙型角，切削刃平直，对称，表面粗糙度值小。为了保证两侧切削刃切削顺利，都应磨有较大的前角（$\gamma_o = 15°\sim20°$）的卷屑槽。用这种车刀车削时，

排屑顺利，可获得很小的齿侧表面粗糙度值和很高的精度，但这种车刀只能精车齿侧，车刀的前端切削刃不能参加切削。如果蜗杆的导程角较大，可采用可调节的车刀杆，见图 7-13。

表 7-5　车模数蜗杆的刀尖宽度　（单位：mm）

模　数	刀尖宽度
2	1.394
2.5	1.743
3	2.091
4	2.788
5	3.485
6	4.182

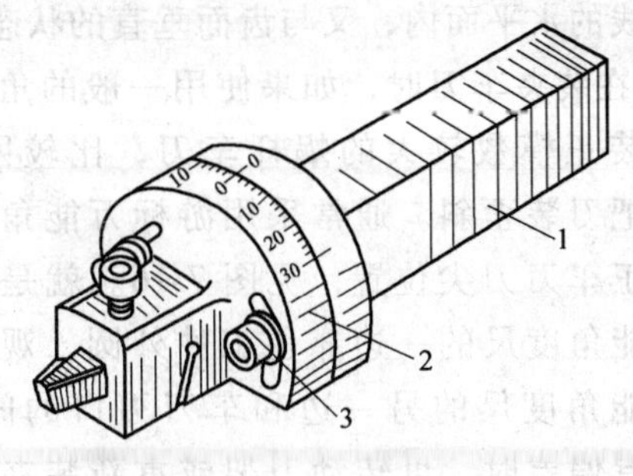

图 7-13　可调节螺纹升角的车刀
1—刀柄　2—刀体　3—螺钉

3. 蜗杆车刀的安装方法

米制蜗杆齿形可以分为轴向直廓蜗杆和法向直廓蜗杆两种，见图 7-14。

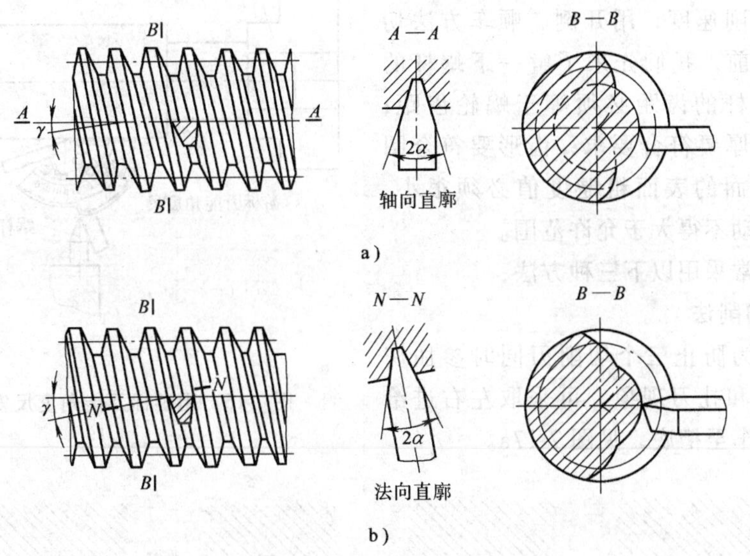

图 7-14　蜗杆齿形与装刀方法
a）轴向直廓蜗杆　b）法向直廓蜗杆

轴向直廓蜗杆又称为 ZA 蜗杆，这种蜗杆的轴向齿廓为直线，在法向剖面内为曲线，在端平面内为阿基米德螺旋线，因此又称阿基米德蜗杆，见图 7-14a。

法向直廓蜗杆又称为 ZN 蜗杆，这种蜗杆在垂直于齿面的法向剖面为直线，在蜗杆的轴向剖面内为曲线，在端平面内为延长渐开线，因此又称延长渐开线蜗杆，见图 7-14b。

工业上最常用的是阿基米德蜗杆（即轴向直廓蜗杆），因为这种蜗杆加工较为简单。若图样上没有特别标明是法向直廓蜗杆，则均为轴向直廓蜗杆。

装刀时，必须根据不同的齿形要求，采用不同的装刀方法。

（1）水平装刀法　车削轴向直廓蜗杆时，为了保证齿形正确，必须把车刀的两侧切削刃组成的平面装在水平位置上，并且与蜗杆轴线在同一平面内。

（2）垂直装刀法　车削法向直廓蜗杆时，应使车刀两侧切削刃组成的平面处于既过蜗杆轴线的水平面内，又与齿面垂直的状态，见图 7-15。

在装夹车刀时，如果使用一般的角度样板来装正模数较大的蜗杆车刀，比较困难，容易把刀装歪斜。通常采用游标万能角度尺来找正车刀刀尖位置，见图 7-16。就是把游标万能角度尺的一边靠住工件外圆，观察游标万能角度尺的另一边和车刀刃口的间隙，如果有偏差时，可转动刀架或重新装夹车刀来调整刀尖角的位置。

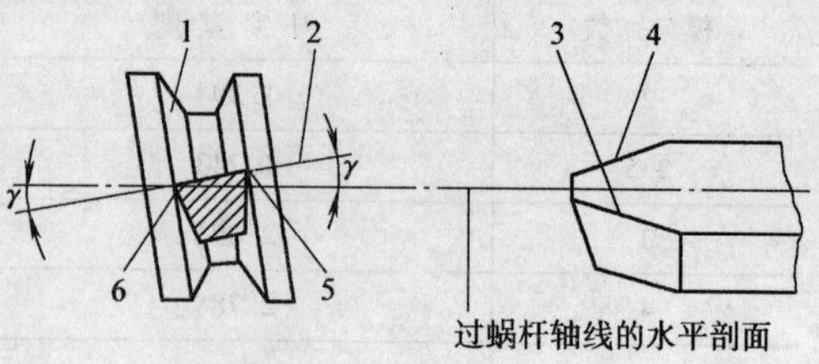

图 7-15　垂直装刀法

1—齿面　2—前面

3、6—左切削刃　4、5—右切削刃

三、蜗杆的车削方法

车削蜗杆与车削梯形螺纹方法相似，常选用较低的切削速度，用开倒、顺车方法切削。在车削以前，我们先来了解一下蜗杆的技术要求：蜗杆的齿距必须等于蜗轮齿距；法向或轴向齿厚要符合要求；齿形要符合图样要求，两侧面的表面粗糙度值必须很小；蜗杆径向圆跳动不得大于允许范围。

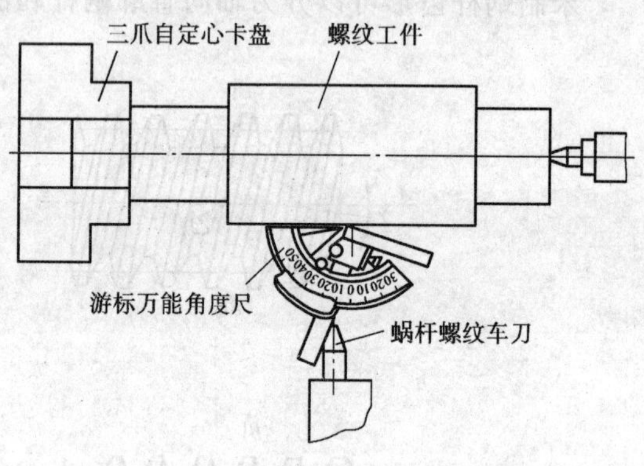

图 7-16　用游标万能角度尺安装车刀

加工时，常采用以下三种方法：

1. 左右切削法

粗车时，为防止三个切削刃同时参加切削而产生振动和扎刀现象，可采取左右进给的方式，逐渐车至槽底，见图 7-17a。

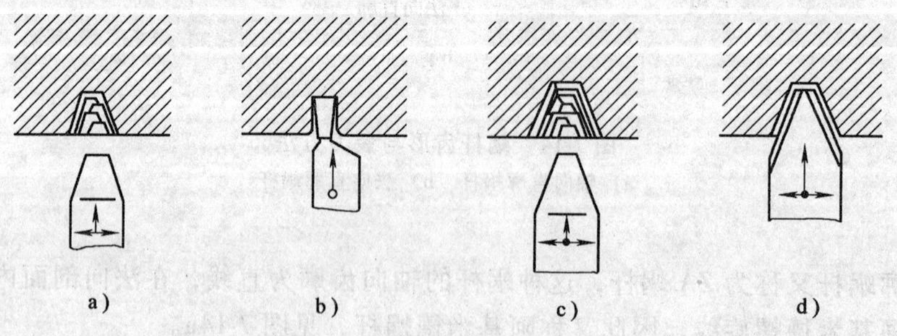

图 7-17　蜗杆的车削方法

a）左右切削法　b）车槽法　c）分层切削法　d）精车

2. 切槽法

当 $m_x > 3$mm 时，粗车时可先用车槽刀将蜗杆直槽车至齿根处，然后再用精车刀精车成形，见图 7-17b。

3. 分层切削法

当 $m_x > 5$mm 时，由于切削余量大，可先用粗车刀，按图 7-17c 所示方法，逐层地切入直至槽底（即进刀不赶刀，赶刀不进刀）。然后用精车刀精车齿侧面，见图 7-17d。

四、蜗杆的测量方法

1）齿顶圆直径（公差较大）可用外径千分尺、游标卡尺测量；齿根圆直径一般采用控制齿深的方法予以保证。

2）蜗杆的齿厚测量见图 7-18 所示，用齿厚游标卡尺进行测量，它是由相互垂直的齿高卡尺和齿厚卡尺组成（其刻线原理和读数方法与游标卡尺完全相同）。测量时，将齿高卡尺读数值调到等于齿顶高（蜗杆齿顶高等于模数 m_x），法向卡入齿廓，并作微量往复转动，直到卡脚测量面与蜗杆齿侧平行（此时，尺杆与蜗杆轴线间的夹角恰为导程角），此时的最小读数，即是蜗杆分度圆直径上的法向齿厚 s_n，但图样上一般注明的是轴向齿厚，所以必须进行换算。

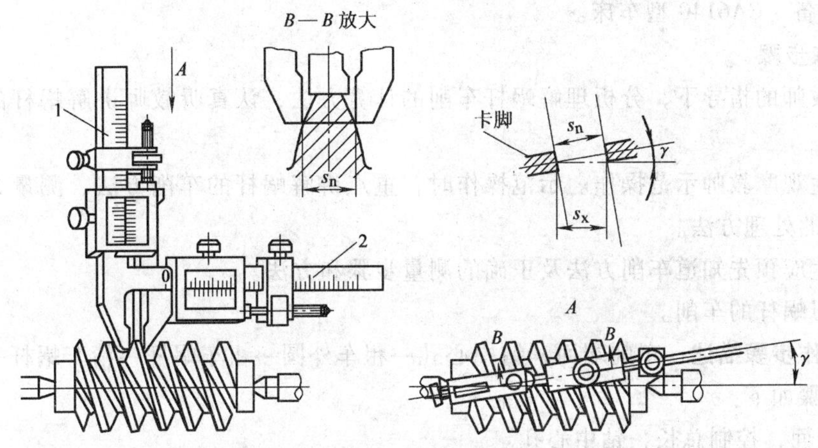

图 7-18　用齿厚游标卡尺测量法向齿厚
1—齿高卡尺　2—齿厚卡尺

3）分度圆直径可用三针或单针测量，方法与测量梯形螺纹相同。计算外径千分尺的读数值 M 及量针直径 d_D 的简化公式见表 7-3。

三针测量值 M 的偏差计算方法为：

$$\Delta M_{上} = 2.7475 \Delta S_{上}$$
$$\Delta M_{下} = 2.7475 \Delta S_{下}$$

式中　ΔS——齿厚偏差。

ΔM——三针测量值偏差。

【技能训练】

1. 训练内容

练习车蜗杆（图 7-19）。

2. 工具、量具、刀具及设备

（1）工具　扳手、螺钉旋具等。

（2）量具　游标卡尺、外径千分尺、公法线千分尺、齿厚游标卡尺。

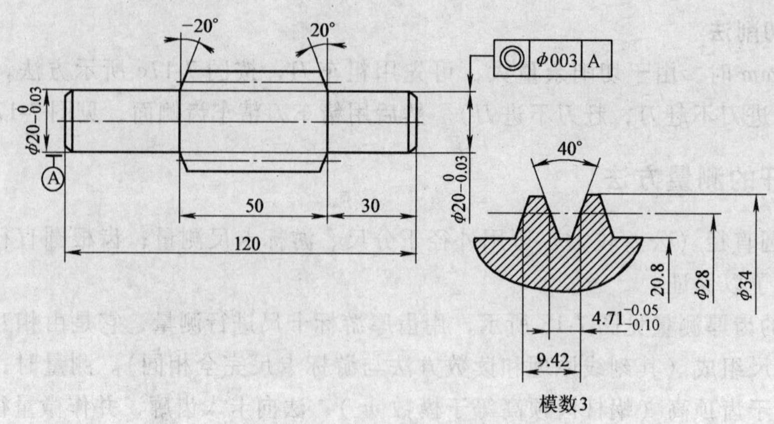

图 7-19　车蜗杆

（3）刀具　90°外圆车刀、蜗杆车刀等。

（4）设备　CA6140 型车床。

3. 训练步骤

1）在教师的指导下，分析理解蜗杆车削的计算方法，认真听教师讲解蜗杆的车削方法与测量方法。

2）学生观摩教师示范操作。示范操作时，重点讲解蜗杆的车削方法、测量方法以及遇到有关问题的处理方法。

3）学生应预先知道车削方法及正确的测量步骤和方法。

4）练习蜗杆的车削。

基本操作步骤描述：车削端面，钻中心孔→粗车外圆→粗车蜗杆→精车蜗杆→精车外圆

加工步骤如下：

① 车端面，控制总长，钻中心孔。

② 采用两顶尖或一夹一顶的装夹方式。

③ 粗车一端外圆 ϕ21mm 长 39.5mm。

④ 调头装夹，粗车外圆 ϕ20mm 长 30mm 和 ϕ34mm 外圆，（留精车余量 0.5mm），并按要求倒角。

⑤ 粗车蜗杆螺纹。

⑥ 两顶尖装夹，精车蜗杆外径 ϕ34mm。

⑦ 精车蜗杆螺纹至中径精度要求。

⑧ 精车 $\phi20_{-0.03}^{\ 0}$mm 至尺寸要求，并倒角 $C1$。

⑨ 调头两顶尖装夹，精车 $\phi20_{-0.03}^{\ 0}$mm 至尺寸要求，并倒角 $C1$。

操作提示

◇ 刚开始车蜗杆时，应先检查齿距是否正确。

◇ 由于蜗杆的导程角较大，车刀的两侧后角应适当增减，精车刀的刃磨要求是：两侧切削刃平直，表面粗糙度值小。

◇ 鸡心夹头应紧靠卡爪并牢固工件，否则车螺纹时容易移位，损坏工件。

◇ 粗车蜗杆时，调整床鞍与机床导轨之间的间隙使之变小些，以减小窜动量。

◇ 粗车较大模数的蜗杆时，应尽量提高工件的装夹刚性，最好采用一夹一顶装夹。

◇ 精车蜗杆时，应注意工件的同轴度，车刀前角应取大些，刃口要平直、锋利。车削时采用低速，并充分加注切削液。为了更好减小齿侧的表面粗糙度值，可采用刚开机就立即停机，利用主轴的惯性进行慢速切削，如此反复进行。

◇ 粗车时可用一夹一顶装夹工件，精车时一定要用两顶尖装夹工件。

◇ 车削时，每次的背吃刀量要适当，同时要经常测量法向齿厚，以控制精车余量。

◇ 中滑板手动进给时要防止多摇一圈，以免发生撞刀现象。

◇ 蜗杆螺纹在退刀槽处若带有较大台阶，或退刀处离卡盘很近时，注意及时退刀并操纵主轴反转，防止发生损坏机床和工件的事故。

课题五 车多线螺纹

教学要求

1. 掌握多线螺纹的分线方法和车削方法。
2. 掌握多线螺纹的测量方法。
3. 合理选择切削用量。

一、多线螺纹的基本概念

（1）螺纹和蜗杆有单线和多线之分　沿一条螺旋线所形成的螺纹称为单线螺纹，沿两条或两条以上的螺旋线所形成的螺纹，该螺旋线在轴向等距分布称之为多线螺纹。

多线螺纹旋转一周时，能移动单线螺纹的几倍螺距，所以多线螺纹常用于快速前进或后退的机构中。判定螺纹的线数，可根据螺纹尾部螺旋槽的数目，或从端面上看螺纹的线数，见图 7-20。

同一条螺旋线上相邻两牙在中径线上对应两点之间的轴向距离叫导程，多线螺纹的导程与螺距的关系是：

$$P_h = nP$$

式中　P_h——导程（mm）；

n——螺旋线线数；

P——螺纹的螺距（mm）。

（2）多线螺纹的代号表示不尽相同　普通多线三角形螺纹的代号用：螺纹特征代号 × 导程/线数表示，如 M36 × 3/2，M30 × 1.5/2 等。

梯形螺纹由螺纹特征代号 × 导程（螺距）表示。如 Tr40 × 14（P7）。

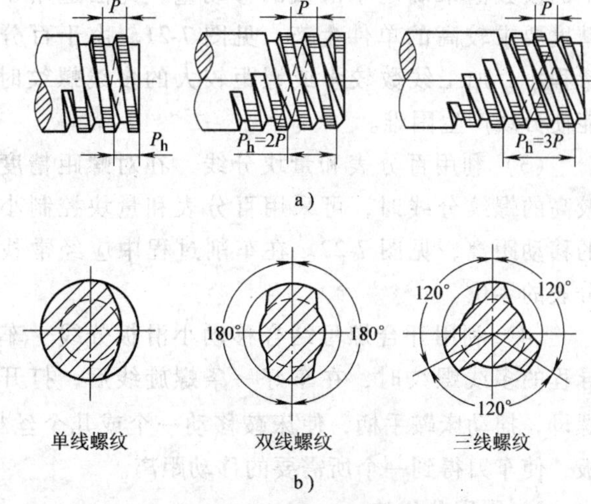

图 7-20　单线和多线螺纹
a）从螺纹尾部判定　b）从螺纹端面判定

多线螺纹（蜗杆）各部分尺寸的计算方法与单线相同。在计算多线螺纹或多线蜗杆的螺纹升角及蜗杆导程角时，必须按导程计算。

二、多线螺纹的分线方法

车削多线螺纹与车削单线螺纹的不同之处是：按导程计算交换齿轮，按螺纹线数分线。在加工多线螺纹以前，我们先了解一下多线螺纹的技术要求：多线螺纹的螺距必须相等；多线螺纹每条螺纹的小径、牙型角要相等。

车削多线螺纹时，主要是考虑螺纹分线方法和车削步骤的协调，若螺纹分线出现误差，会使车削的多线螺纹的螺距不相等，则会直接影响内外螺纹的配合性能，增加不必要的磨损，降低使用寿命，因此必须掌握分线方法，控制分线精度。

根据多线螺纹在轴向和圆周上等距分布的特点，分线方法有轴向分线法和圆周分线法两种。

1. 轴向分线法

当车好第一条螺旋槽后，把车刀沿螺纹（或蜗杆）轴线方向移动一个螺距，再车第二条螺旋槽。按这种方法只需精确控制车刀移动的距离，就可以完成分线工作，具体控制方法可采用：

（1）用小滑板刻度确定移动量　在车好一条螺旋槽后，利用小滑板刻度使车刀移动一个螺距，再车相邻的另一条螺旋槽，从而达到分线的目的。

小滑板刻度转过的格数 K 可用下式计算

$$K=\frac{P}{a}$$

式中　P——螺距（mm）；

a——小滑板刻度盘每格移动的距离（mm）。

这种方法一般用于多线螺纹的粗车，适用于单件、小批量生产。

（2）用百分表确定小滑板的移动量　根据百分表上的读数值来确定小滑板的移动量，此法适用于分线精度要求较高的单件生产，见图 7-21。由于百分表的量程小，加工线数较多或螺距较大的多线螺纹时，可能使分线产生困难。

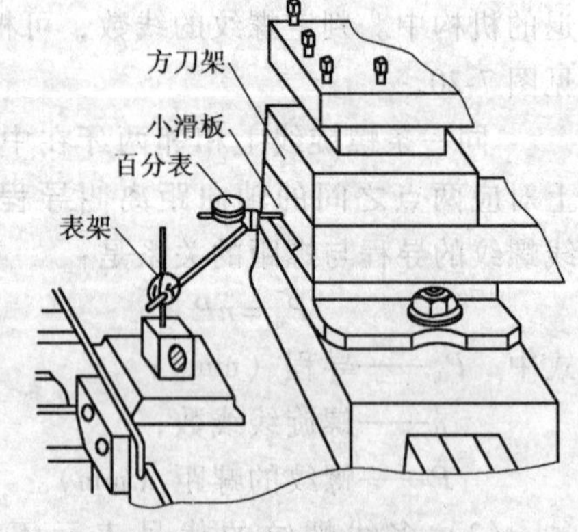

图 7-21　用百分表分线

（3）利用百分表和量块分线　在对螺距精度要求较高的螺纹分线时，可采用百分表和量块控制小滑板的移动距离，见图 7-22。在车削过程中应经常找正百分表的零位。

（4）利用开合螺母结合移动小滑板分线　车削大导程的多线螺纹时，在车好一条螺旋线后，打开开合螺母，摇动床鞍手柄，使床鞍移动一个或几个丝杠螺距，然后合上开合螺母，再移动小滑板，使车刀得到一个所需要的移动距离。

2. 圆周分线法

（1）利用三爪自定心卡盘、四爪单动卡盘分线　当工件采用两顶尖装夹，并用卡盘的卡爪代替拨盘时，可利用卡爪对二、三、四线的多线螺纹进行分线。车好一条螺旋槽之后，只需要松开顶尖，把工件连同鸡心夹头转过一个角度，由卡盘上的另一只卡爪拨动，再用顶尖支撑好后就可车削另一条螺旋槽。这种分线方法比较简单，但精度较差。

（2）利用交换齿轮分线　当车床主轴上交换齿轮（即 z_1）齿数是螺纹线数的整数倍时，就可利用交换齿轮进行分线。分线时，开合螺母不能提起，齿轮必须向一个方向转动，见图7-23。用交换齿轮分线的优点是分线精度高，但比较麻烦。

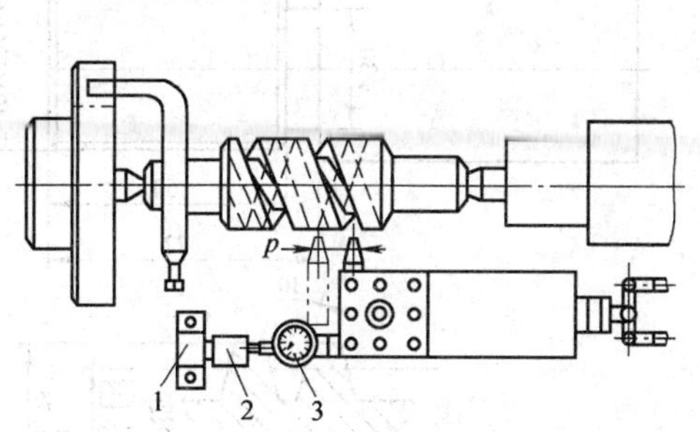

图 7-22　用百分表、量块分线

1—量块　2—挡块　3—百分表

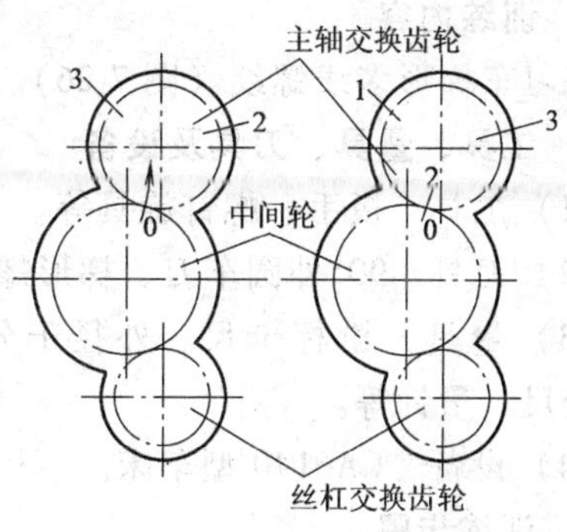

图 7-23　交换齿轮分线法

（3）用分度插盘分线　分度插盘固定在车床主轴上，转盘上有等分精度很高的定位插孔 2（分度盘一般等分 12 孔或 24 孔），见图 7-24。分线时，先停机松开螺母 3 后，拨出定位插销 1，把转盘旋转一个所需要的角度，再把插销插入另一个定位孔中，紧固螺母，分线工作就完成。这种分线方法的精度主要决定于多孔转盘的等分精度。此法适用于批量生产，可加工精度较高的多线螺纹。

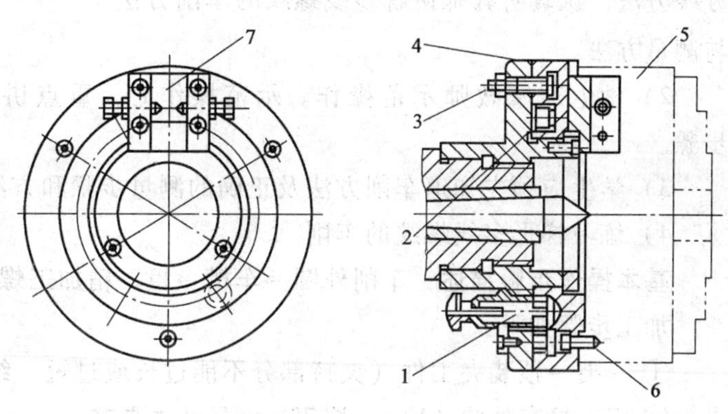

图 7-24　分度盘

1—定位插销　2—定位插孔　3—紧固螺母　4—转盘　5—夹具　6—螺钉　7—定位块

三、多线螺纹的车削方法

车多线螺纹时，决不可将一条螺旋槽车好后，再车另一条螺旋槽，加工时应按下列步骤进行：

1）粗车第一条螺旋槽时，记住中、小滑板的刻度值。

2）分线。粗车第二条、第三条……螺旋槽。如用轴向分线法，中滑板的刻度值应与车第一条螺旋槽时相同。如用圆周分线时，中、小滑板的刻度值应与第一条螺旋槽相同。

3）采用左右切削法加工多线螺纹时，为了保证多线螺纹的螺距精度，车削每条螺旋槽时车刀的轴向移动量（借刀量）必须相等。

4）按上述方法精车各条螺旋槽。

如加工双线螺纹，粗车第一个螺旋槽时，可控制槽宽；粗车第二个螺旋槽时，可控制齿顶宽（注意要留精车余量）。精车各侧面的顺序见图7-25。

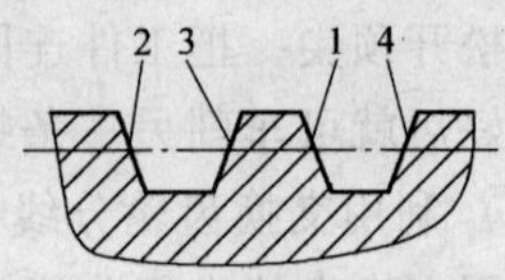

图7-25 双线梯形螺纹车削顺序

【技能训练】

1．训练内容

练习车梯形多线螺纹（图7-26）。

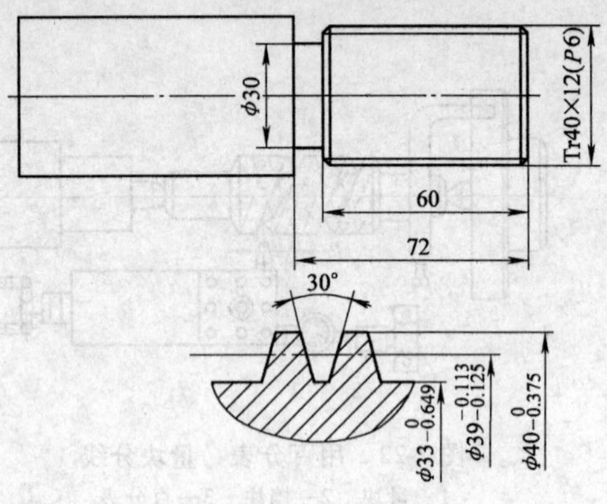

图7-26 车梯形多线螺纹

2．工具、量具、刀具及设备

（1）工具 扳手、螺钉旋具等。

（2）刀具 90°外圆车刀、梯形螺纹车刀。

（3）量具 游标卡尺、外径千分尺、公法线千分尺、量针等。

（4）设备 CA6140型车床。

3．训练步骤

1）在教师的指导下，分析理解多线螺纹的分线方法，认真听教师讲解多线螺纹的车削方法与测量方法。

2）学生观摩教师示范操作。示范操作时，重点讲解多线螺纹的分线方法以及加工步骤。

3）学生应预先知道车削方法及正确的测量步骤和方法。

4）练习梯形多线螺纹的车削。

基本操作步骤描述：车削外圆→车槽→粗、精加工螺纹

加工步骤如下：

① 一夹一顶装夹工件（夹持部分不能过长或过短，约20mm即可）。

② 粗、精车外圆 ϕ40mm长72mm至尺寸要求。

③ 车槽12mm×ϕ30mm。

④ 两侧倒角 ϕ33mm×15°。

⑤ 粗车多线螺纹。

⑥ 精车多线螺纹

⑦ 检查合格后取下工件。

操作提示

◇ 多线螺纹导程大，轴向进给速度快，车削时要防止车刀、刀架及中、小滑板碰撞卡盘和尾座。

◇ 由于多线螺纹升角大，车刀两侧后角要相应增减。

◇ 用百分表分线时，应使百分表杆平行于主轴轴线，否则也会产生分线误差。

◇ 精车时要多次循环分线，第二次或第三次循环分线时，不准用小滑板赶刀（借刀），只能在牙型面上单面车削，以矫正赶刀或粗车时所产生的误差。经过循环车削，既能消除分

线或赶刀所产生的误差，又能提高螺纹的精度和减小表面粗糙度值。

◇ 精车各侧面的顺序要按正确的方法进行。

◇ 多线螺纹分线不正确的原因：

1）小滑板移动距离不正确。

2）车刀修磨后，未对准原来的轴向位置，或随便赶刀，使轴向位置移动。

3）工件未夹紧，切削力过大，而造成工件微量移动，则使分线不正确。

◇ 用小滑板刻度分线时应做到：

1）先检查小滑板在合理的位置是否满足分线行程要求。

2）小滑板移动方向必须与车床主轴轴线平行，否则会造成分线误差。

3）在每次分线时，小滑板手柄转动方向相同，否则由于丝杠与螺母之间的间隙而产生误差。在采用左右切削法时，一般先车牙型的各左侧面，再车牙型的各右侧面。

◇ 在采用直进法车削小螺距多线螺纹工件时，应调整小滑板的间隙，但不能太松，以防止切削时移位，影响分线精度。

第八章　车削偏心工件

学习目标

在机械传动中，回转运动变为往复运动或直线运动变为回转运动，一般都是用偏心轴或曲轴来完成的。当外圆和外圆或内孔和外圆的轴线平行而不重合的零件，叫偏心工件。外圆与外圆偏心的零件叫偏心轴；内孔和外圆偏心的零件叫偏心套。两者之间的距离叫做偏心距。

偏心轴和偏心套一般都在车床上加工。它们的加工原理基本相同，主要是在装夹方面采取措施，即把需要加工偏心的部分轴线校正到与车床主轴轴线相重合。

本章的学习目标：

1. 掌握在三爪自定心卡盘上垫垫片车偏心工件的方法。
2. 掌握偏心距的检查方法。
3. 掌握在四爪单动卡盘上车偏心工件的方法。
4. 掌握偏心工件的划线方法。

课题一　在三爪自定心卡盘上车削偏心工件

教学要求

1. 掌握在三爪自定心卡盘上垫垫片车偏心工件的方法。
2. 掌握偏心距的检查方法。

长度较短的偏心工件，可以在三爪自定心卡盘上进行车削。先把偏心工件中不是偏心的外圆部分车好，随后在三爪中任意一个卡爪与工件接触面之间，垫上一块预先选好厚度的垫片，使工件轴线相对车床主轴轴线产生位移，并使位移距离等于工件的偏心距。在相应的卡爪上做好记号，见图8-1，并把工件夹紧，即可车削。

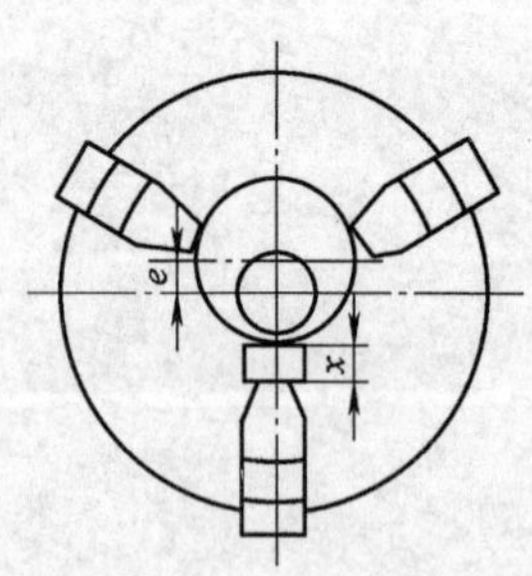

图8-1　在三爪自定心卡盘上车偏心工件

一、垫片厚度的计算

垫片厚度的计算可用以下近似公式计算

$$x = 1.5e \pm K$$

$$K = 1.5\triangle e$$

式中　x——垫片厚度（mm）；

e——工件偏心距（mm）；

K——偏心距修正值，正负值按实测结果确定（mm）；

$\triangle e$——试切后实测偏心距误差（mm）。

例：用三爪自定心卡盘加垫片的方法车削偏心距 $e = 4$mm 的偏心工件，试计算垫片的厚度。

解：先暂不考虑修正值，初步计算垫片的厚度

$$x = 1.5e = 1.5 \times 4\text{mm} = 6\text{mm}$$

垫入6mm厚的垫片进行试切削，然后检查其实际偏心距为4.05mm，那么其偏心距误差为

$$\triangle e = 4.05\text{mm} - 4\text{mm} = 0.05\text{mm}$$

$$K = 1.5\triangle e = 1.5 \times 0.05\text{mm} = 0.075\text{mm}$$

由于实测偏心距比工件要求的大，则垫片厚度的正确值应减去修正值，即

$$x = 1.5e - K = 1.5 \times 4\text{mm} - 0.075\text{mm} = 5.925\text{mm}$$

二、工件的找正

1）先用划针盘找正外圆侧素线与车床主轴平行，校好后，也可再用百分表检查一遍。

2）用百分表在圆周上测量，缓慢转动工件，观察百分表的跳动量是否为2e（图8-2）。

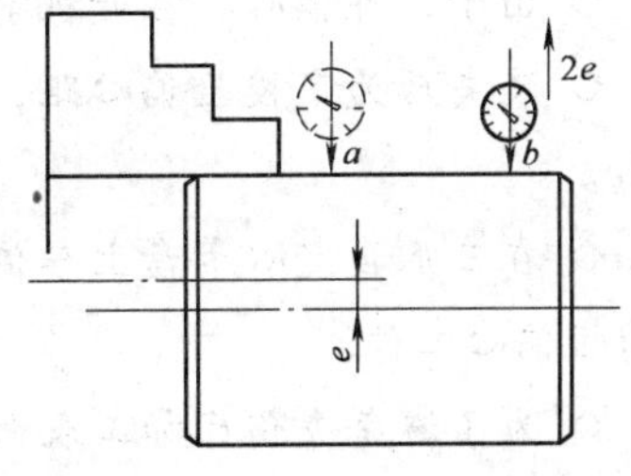

图8-2　百分表校正偏心工件

【技能训练】

1. 训练内容

练习车削偏心工件（图8-3）。

2. 工具、量具及设备

（1）工具　划线盘、偏心垫片、螺钉旋具等。

（2）量具　百分表、游标卡尺、外径千分尺等。

（3）设备　CA6140型车床。

3. 训练步骤

1）在教师的指导下，分析理解在三爪自定心卡盘上垫垫片车削偏心工件的原理及方法，会计算垫片的厚度。

2）学生观察教师示范操作。示范操作时，重点、难点突出：偏心距的找正，垫片厚度的调整，车削时的注意事项。要边讲解边操作。

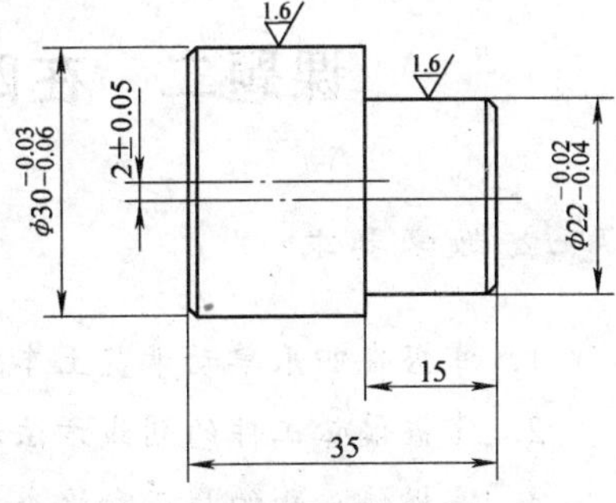

图8-3　在三爪自定心卡盘上车削偏心工件

3）练习在三爪自定心卡盘上垫垫片车一偏心工件。

基本操作步骤描述：车外圆→切断→车准总长→垫垫片，找正偏心距→车偏心外圆→

检查

加工步骤如下：

① 在三爪自定心卡盘上夹住工件外圆，伸出长度50mm左右。

② 粗、精车外圆尺寸至$\phi 30_{-0.06}^{-0.03}$mm，长至40mm。

③ 外圆倒角$C1$。

④ 切断，长36mm。

⑤ 车准总长35mm。

⑥ 工件在三爪自定心卡盘上垫垫片装夹，校正素线和偏心距、夹紧。

⑦ 粗、精车外圆尺寸至图样要求。

⑧ 外圆倒角$C1$。

⑨ 检查。

操作提示

◇ 应选用硬度较高的材料做垫片，以防在装夹时发生挤压变形。垫片与卡爪接触的面应做成与卡爪圆弧相同的圆弧面，否则，接触面将会产生间隙，造成偏心距误差。

◇ 垫块材料要淬火处理。

◇ 装夹时，工件轴线不能偏斜，否则会影响加工质量。

◇ 由于工件偏心，在开机前车刀不能靠近工件，以防工件碰击车刀。

◇ 装夹后为了校验偏心距，可用百分表在圆周上测量，缓慢转动，观察其跳动量是否为$2e$。

◇ 在三爪自定心卡盘上车偏心工件，一般仅适用于加工精度不高，偏心距在10mm以下的短偏心工件。

◇ 为了避免夹伤已加工表面，应加铜片或细砂布予以保护。

◇ 垫片厚度除了与工件外圆直径、偏心距的大小有关外，还与三爪自定心卡盘卡爪的圆弧大小、垫片材料的软硬及夹紧后的变形等因素有关。

课题二　在四爪单动卡盘上车削偏心工件

教学要求

1. 掌握在四爪单动卡盘上车偏心工件的方法。

2. 掌握偏心工件的划线方法和步骤。

3. 掌握偏心距的找正和检查方法。

一般精度要求不高，偏心距小，工件长度较短不便于用两顶尖装夹或形状比较复杂的偏心工件，可在四爪单动卡盘上车削（图8-4）。装夹工件时，必须找正已划好的偏心中心线，使偏心中心线与车床主轴轴线重合。偏心找正好以后，还应找正工件外圆侧素线，使侧素线与车床主轴轴线平行。

一、偏心工件的划线方法

1）先将工件毛坯车成一根光轴，直径为 D，长度为 L，见图 8-5，使两端面与工件轴线垂直，表面粗糙度值为 $R_a1.6\mu m$。然后在轴的两端面和四周外圆上涂一层红色显示剂，待干后将其放在平板上的 V 形块中。

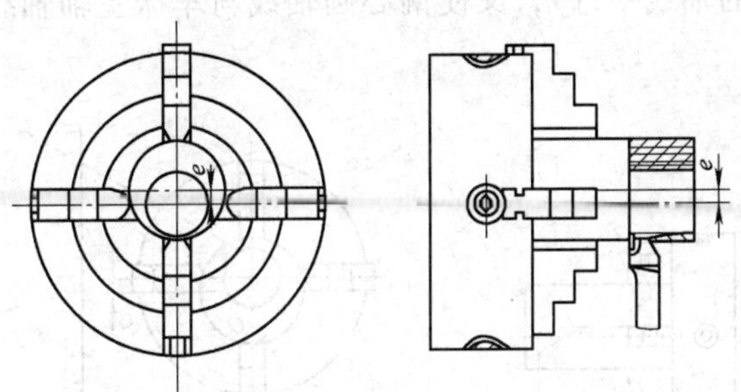

图 8-4　在四爪单动卡盘上车削偏心工件

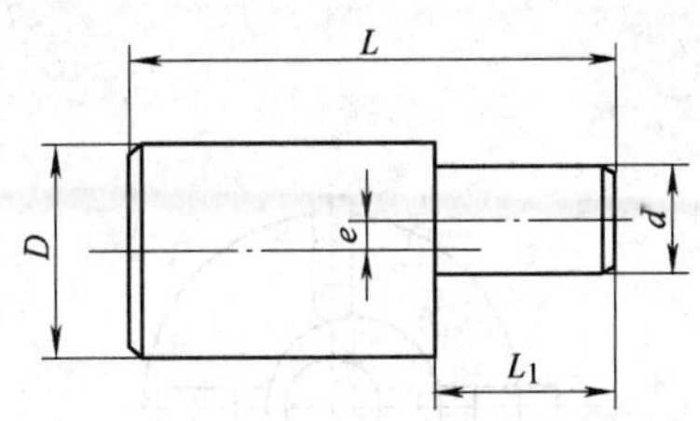

图 8-5　偏心轴

2）用高度游标卡尺划针的尖端测量光轴的最高点，见图 8-6，并记下其读数，再把游标高度卡尺的游标下移至工件实际测量直径尺寸的一半，并在工件的 A 端面轻轻地画出一条水平线，然后将工件转过 180°，仍用刚才调整的高度，再在 A 端面轻划出一条水平线。检查前、后两条线是否重合，若重合，即为此工件的水平轴线；若不重合，则须将游标高度卡尺进行调整，游标下移量为两平行线间距离的一半。如此反复，直至使二线重合为止。

3）找出工件的轴线后，即可在工件的端面和四周划圈线（即过轴线的水平剖面与工件的截交线）。

图 8-6　在 V 形块上划偏心的方法

4）将工件转过 90°，用平型 90°角尺对齐已划好的端面线，然后再用刚才调整好的高度游标卡尺在轴端面和四周划一道圈线，这样工件上就得到两道互相垂直的圈线了。

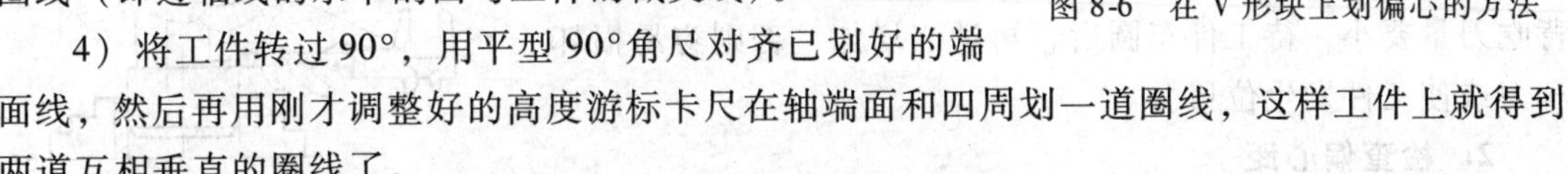

5）将高度游标卡尺的游标上移一个偏心距尺寸，也在轴端面和四周划上一道圈线。

6）偏心距中心线划出后，在偏心距中心处两端分别打样冲眼。

7）若采用两顶尖车削偏心轴，则要依此样冲眼先钻出中心孔。

8）若采用四爪单动卡盘装夹车削时，则要依样冲眼先划出一个偏心圆，同时还须在偏心圆上均匀地、准确地打上几个样冲眼，以便找正。

二、偏心工件的装夹、找正

1）装夹工件前，应先调整好卡爪，使其中两爪呈对称位置，而另外两爪呈不对称位置，其偏离主轴中心的距离大致等于工件的偏心距。各对卡爪之间张开的距离稍大于工件装夹处的直径，使工件偏心圆线处于卡盘中央，然后装夹工件，见图 8-7。

2）夹持工件长 15 ~20mm，工件外圆垫 1mm 左右厚铜片，夹紧工件后，要使尾座顶尖接近工件，调整卡爪位置，使顶尖对准偏心圆中心，然后移去尾座。

3）将划线盘置于中滑板上（或床鞍上）适当位置，使划针尖对准工件外圆上的侧素线，见图8-8a。移动床鞍，检查侧素线是否水平，若不水平，可用木锤子轻轻敲击进行调整。再将工件转过90°，检查并校正另一条侧素线，然后将划针尖对准工件端面的偏心圆线，并校正偏心圆，见图8-8b。并用百分表精校正，如此反复校正和调整，直至使两条侧素线均呈水平（此时偏心圆的轴线与基准圆的轴线平行），又使偏心圆轴线与车床主轴轴线重合为止。

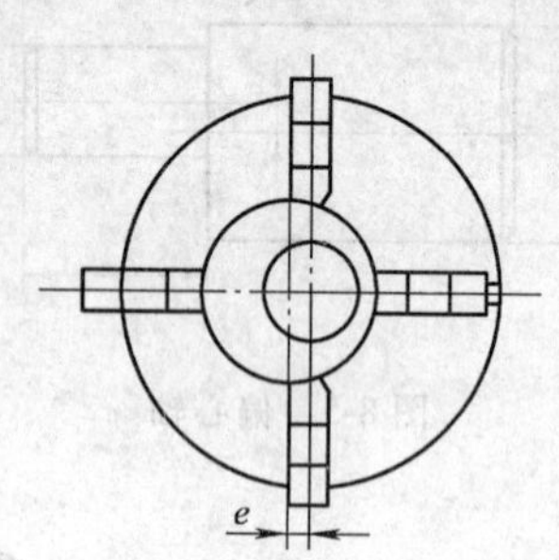

图8-7 用四爪单动卡盘装夹偏心工件

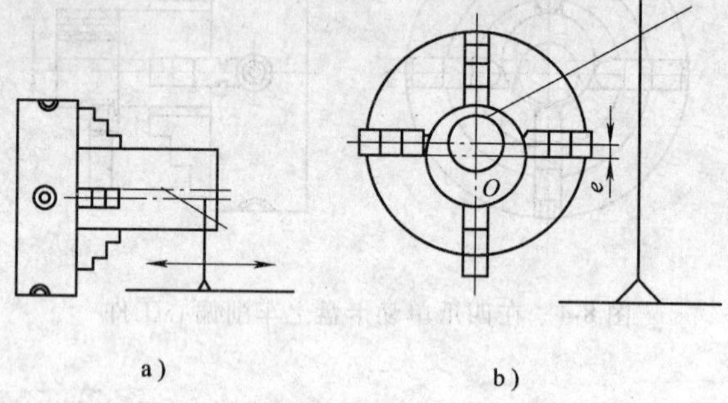

图8-8 校正工件

a）找正侧素线 b）校正偏心距

4）将四个卡爪均匀地紧一遍，再检查一下偏心距及侧素线是否正确，便可开始车削。

三、偏心工件的车削

1. 粗车偏心圆直径

由于粗车偏心圆是在光轴的基础上进行的，切削余量不均匀而且又是断续切削，会产生一定的冲击和振动，所以外圆车刀应取负刃倾角。车削前，应使车刀远离工件后再起动车床。刚开始车削时，进给量和背吃刀量要小，待工件车圆后，再适当增加，否则容易损坏车刀或使工件发生位移。

2. 检查偏心距

当工件车圆后，可采用图8-9所示的方法检查偏心距。测量时，用分度值为0.02mm的游标卡尺测量两外圆间的最大距离和最小距离，则偏心距等于最大距离与最小距离值的一半。若实测偏心距误差较大，可少量调节不对称的两个卡爪；若偏心距误差不大，则只需继续夹紧某一只卡爪。

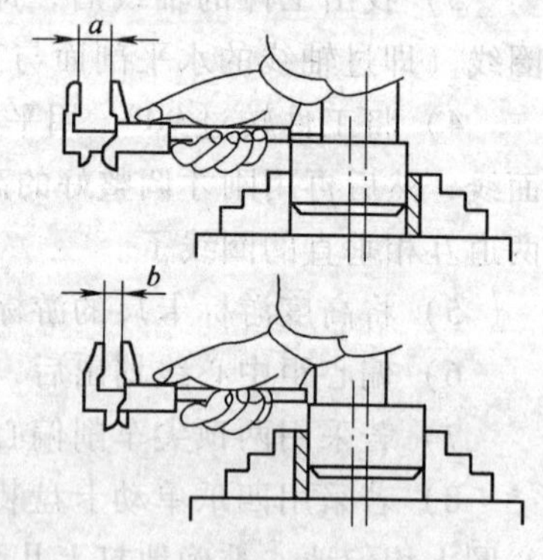

图8-9 用游标卡尺检查偏心距

3. 精车偏心圆

复查偏心距和侧素线后，精车偏心圆至图样要求。

四、测量偏心距的方法

1. 两顶尖间测量偏心距

测量时，把百分表的测量头接触在偏心轴部位，用手转动偏心轴，百分表上读出的最大值和最小值之差的一半就等于偏心距。偏心套的偏心距也可用类似的方法来测量，但必须将偏心套套在心轴上，再在两顶尖间测量（图 8-10）。

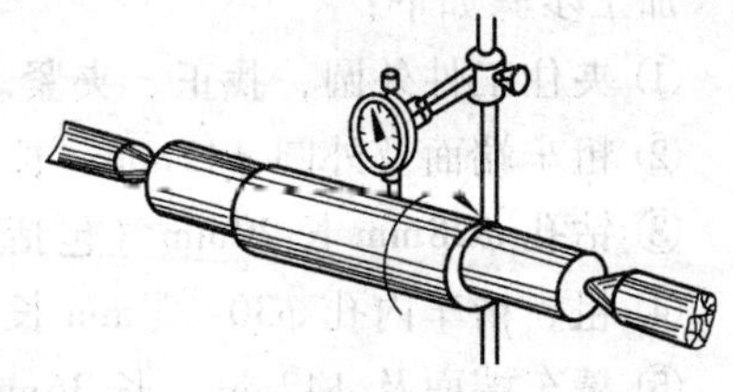

图 8-10　两顶尖间测量偏心距

2. 在 V 形块上测量偏心距

测量时，把 V 形块放在平板上，把工件放在 V 形块中，转动心轴，用百分表测量出偏心轴的最高点，找出最高点并把工件固定。再将百分表水平移动，测量出偏心轴外圆到基准轴外圆之间的距离 a（图 8-11），然后按下式计算出偏心距 e。

$$e=\frac{D}{2}-\frac{d}{2}-a$$

式中　e——偏心距（mm）；

D——基准轴直径（mm）；

d——偏心轴直径（mm）；

a——基准轴外圆到偏心轴外圆之间最小距离（mm）。

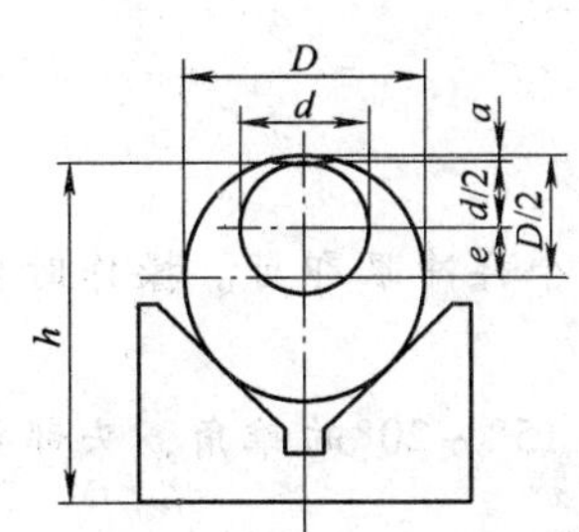

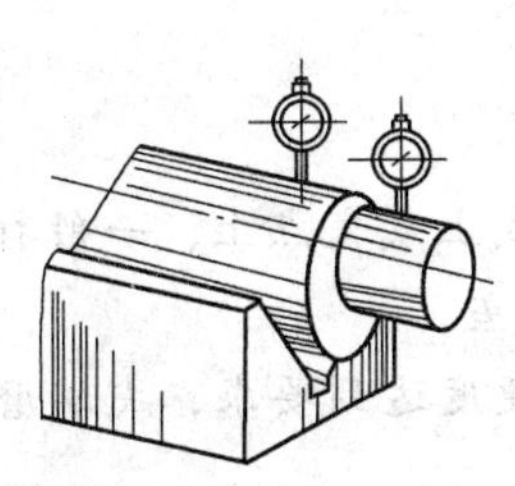

图 8-11　在 V 形块上测量偏心距

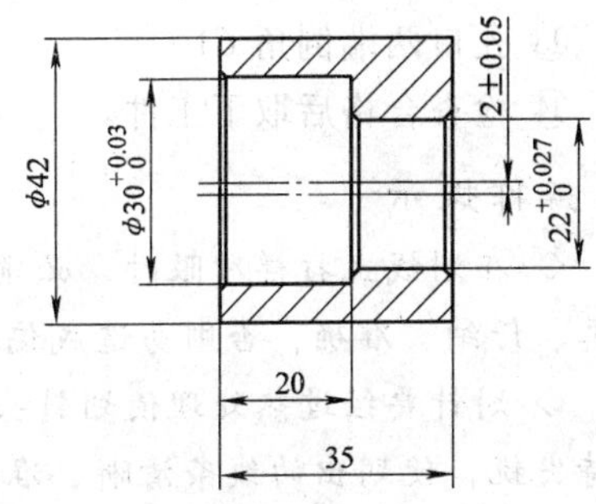

图 8-12　车削偏心套

【技能训练】

1. 训练内容

练习车削偏心套（图 8-12）。

2. 工具、量具、刀具及设备

（1）工具　划针盘、螺钉旋具等。

（2）量具　百分表及百分表座、游标卡尺、外径千分尺等。

（3）刀具　钻头 ϕ20mm、ϕ28mm、外圆车刀、切断刀、车孔刀等。

（4）设备　CA6140 型车床

3. 训练步骤

1）在教师的指导下，分析理解在四爪单动卡盘上车削偏心工件的原理及方法，会正确地划线。

2）学生观察教师示范操作。示范操作时，重点、难点突出：偏心距的找正，车削时的注意事项。边讲解边操作。

3）练习在四爪单动卡盘上车一偏心工件。

基本操作步骤描述：车外圆→车基准孔→切断→车端面控制总长→划线→在四爪单动卡

盘上装夹→车偏心孔→检查

加工步骤如下：

① 夹住工件外圆，找正、夹紧。

② 粗车端面及外圆 $\phi42$mm，长 36mm，并留精车余量。

③ 钻孔 $\phi28$mm 长 20mm（包括钻尖）。

④ 粗、精车内孔 $\phi30^{+0.03}_{0}$mm 长 20mm 至尺寸要求。

⑤ 精车端面及 $\phi42$mm、长 36mm 至尺寸要求。

⑥ 外圆、孔口倒角 C1。

⑦ 切断工件长 36mm。

⑧ 调头装夹工件，找正后，车准总长 35mm，并倒角 C1。

⑨ 在工件上划线，并在线上打样冲眼。

⑩ 按划线要求，在四爪单动卡盘上进行校正。

⑪ 钻 $\phi20$mm 通孔。

⑫ 粗、精车孔 $\phi22^{+0.027}_{0}$mm 至尺寸要求。

⑬ 孔口两端倒角 C1。

⑭ 检查合格后取下工件。

操作提示

◇ 在划线上打样冲眼时，必须打在线上或交点上，一般打四个样冲眼即可。操作时要认真、仔细、准确，否则易造成偏心距误差。

◇ 划针要经过热处理使划针头部的硬度达到要求，尖端磨成 15°~20°的锥角，头部要保持尖锐，使划出的线条清晰、准确。

◇ 打样冲眼时，要注意安全，以防砸伤手。

◇ 工件装夹后，为了检查划线误差，可用百分表在外圆上测量。缓慢转动工件，观察其跳动量是否为二倍的偏心距。

◇ 车偏心孔时，注意工件的夹紧力不能过大，防止把工件夹变形。

◇ 粗车偏心孔时，建议用高速钢车刀。

第九章　强化训练指导

课题一　车削多台阶三角形螺纹长轴

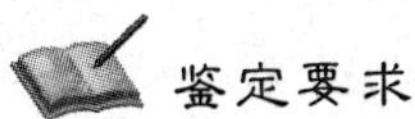

鉴定要求

1. 掌握多台阶螺纹长轴的车削方法。
2. 掌握车三角形螺纹的方法。
3. 熟悉多台阶工件的加工工艺。

一、操作准备

（1）工具　常用工具（自选）。

（2）量具　游标卡尺 0.02mm/0～300mm，深度游标卡尺 0.02mm/0～200mm，外径千分尺 0.01mm/150～175mm、0.01mm/200～225mm，卷尺 2000mm，螺纹环规 M64×2—6h 或螺纹千分尺，半径样板 R30mm。

（3）刀具　45°和 90°外圆车刀，车槽刀（S=5mm、L=55mm），圆头车刀 R=30mm，三角形外螺纹车刀 P=2mm，中心钻 B3。

（4）辅具　钻夹头（ϕ1～ϕ13mm），前顶尖、回转顶尖，中心架、鸡心夹头（装夹直径大于 ϕ160mm），清扫工具、毛刷、油壶、铁钩、铜皮等。

（5）设备　CA6140 车床一台，砂轮机一台，起重设备（行车或平衡吊）。

（6）材料　锻钢或 45 钢 ϕ320mm×610mm 一件。

二、图样（图 9-1）工艺分析

1. 考核要求

（1）公差等级　外圆 IT7；长度 IT10；三角形螺纹中径 IT6；圆弧 IT12（样板检验间隙小于 0.1mm）；同轴度 IT8（ϕ0.05mm）。

（2）表面粗糙度　圆弧 Ra3.2μm；外圆 Ra1.6μm；螺纹牙型两侧面 Ra1.6μm。

（3）考核时间　240min。

2. 操作前准备

1）将操作物品合理摆放，检查量具精度、备料尺寸，审图制订加工工艺、合理正确装夹车刀，低速运转、润滑机床。

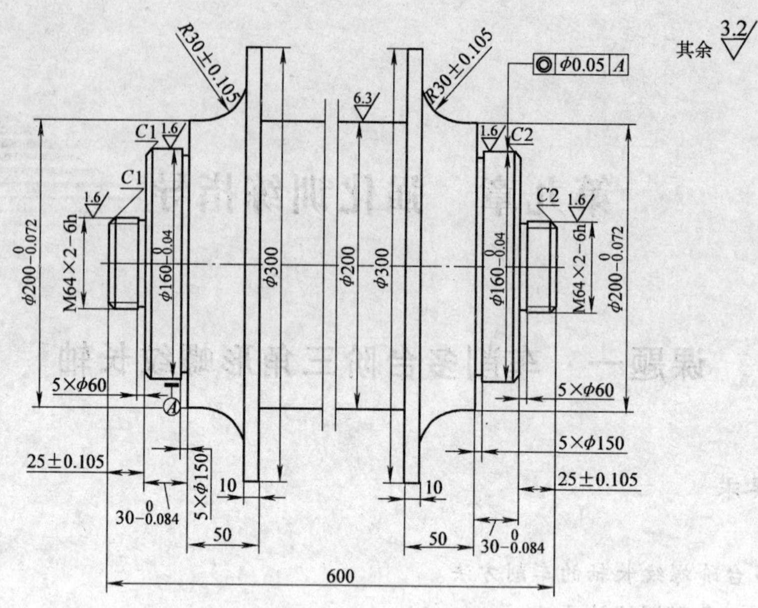

技术要求

1. 未注公差尺寸按 GB/T1804-m 加工。
2. 倒钝锐边 C0.3。
3. 不允许用锉刀、砂布。
4. 圆弧用样板经验、间隙小于 0.1。

图 9-1　多台阶三角形螺纹长轴

2）基准的选择。以工件左端 $\phi160_{-0.04}^{\ 0}$ mm 的轴线为基准。

3）操作中的技巧。精车两端 $\phi160_{-0.04}^{\ 0}$ mm 外圆时需在两顶尖间车削，三角形螺纹的车削应与 $\phi160_{-0.04}^{\ 0}$ mm 外圆一起完成，其余部位可在一夹一顶装夹时车削完成。

三、加工工艺

1）取总长、钻中心孔。

2）一夹一顶粗车一端外形。

3）调头装夹粗车另一端外形。

4）粗车沟槽及圆弧。

5）精车一端外圆、沟槽及圆弧、螺纹。

6）调头两顶尖装夹，精车另一端外圆、沟槽及圆弧。

7）修整、交件。

四、多台阶三角形螺纹长轴的加工步骤

1）用三爪自定心卡盘和中心架装夹，车平面、控制总长 600mm，钻两端中心孔 B3。

2）一夹一顶装夹，粗车 $\phi300$mm 至 $\phi302$mm，长度至近卡盘处；粗车 $\phi265$mm，长 95mm；粗车 $\phi200$mm 外圆至 $\phi203$mm，长度 65mm；粗车 $\phi160_{-0.04}^{\ 0}$ mm 至 $\phi163$mm，长度 54mm；粗车 M64 外圆至 $\phi66$mm，长 24mm。

3）粗车圆弧 $R30$mm。

4）调头，夹 ϕ66mm × 10mm，粗车 ϕ265mm，长 95mm；粗车 ϕ200mm 外圆至 ϕ203mm，长度 65mm；粗车 $\phi160_{-0.04}^{0}$ mm 至 ϕ163mm，长度 54mm；粗车 M64 外圆至 ϕ66mm，长 24mm。

5）粗车圆弧 $R30$。

6）以左侧平面为基准，长 106mm 处粗车外沟槽，控制槽宽 388mm，槽底直径 202mm。

7）半精车、精车外圆 ϕ302mm 至尺寸 ϕ300mm，ϕ265mm 至尺寸 ϕ260mm、ϕ200mm 至尺寸要求，长 65mm；圆弧 $R30$ 至尺寸要求。

8）调头，夹 ϕ66mm × 10mm，半精车、精车外圆 ϕ302mm 至尺寸 ϕ300mm，ϕ265mm 至尺寸 ϕ260mm、ϕ200mm 至尺寸要求，长 65mm；圆弧 $R30$ 至尺寸要求。

9）以右侧平面为基准，长 105mm 处半精车、精车外沟槽，控制槽宽 390mm，槽底直径 ϕ200mm。

10）两顶尖间装夹工件，精车外圆 $\phi160_{-0.04}^{0}$ mm 至尺寸要求，控制长度 $30_{-0.084}^{0}$ mm；M64 × 2—6h 外圆至尺寸要求，控制长度 25 ± 0.105mm。

11）车外沟槽 5 × ϕ60mm；倒角 $C2$（2 处）、$C0.3$。

12）粗、精车三角形外螺纹 M64 × 2—6h。

13）调头车削，步骤同 10）～12）。

14）检查，修整，交件。

五、注意事项

1）首先应检查车床运转情况，将操作物品合理摆放，审图、检查备料尺寸和量具精度，制订加工工艺并润滑车床，正确装夹刀具。

2）在钻中心孔时，要先将工件车出中心架支撑工艺槽（2 处尺寸一致），转速不易过高。

3）工件较重，装卸、装夹时应注意安全，防止损坏中心孔。

4）由于两顶尖车削强度较差，所以粗车圆弧时要用借刀法。

5）中心孔应在工件外圆车圆后二次架中心架修整。

6）用螺纹环规检查螺纹时，要注意：如果环规不影响车削，第一次试测量后，可以放在顶尖上，以便测量。

7）操作完毕后，应首先对照图样逐一检查各部尺寸、修整工件，然后将工件交检，涂油后送交指定位置，最后，逐一清点并保养工、量、刀具及设备，整理操作工位。

8）该鉴定点的否定项为：两处 $\phi160_{-0.04}^{0}$ mm 都超差时，试件为不合格。

课题二　车削三角形螺纹、梯形螺纹轴

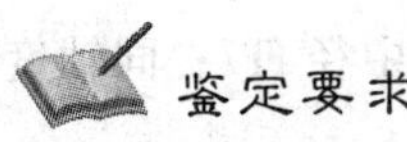

鉴定要求

1. 掌握梯形螺纹的车削方法。
2. 掌握车三角形螺纹的方法。
3. 熟悉梯形螺纹、三角形螺纹各部尺寸的计算。
4. 掌握螺纹车刀的装夹方法。

一、考前准备

(1) 工具　常用工具（自选）。

(2) 量具　游标卡尺 0.02mm/0～200mm，深度游标卡尺 0.02mm/0～200mm，外径千分尺 0.01mm/0～25mm，金属直尺 300mm，$\phi3.108$ 量针（三只）、公法线千分尺或螺纹环规 Tr30×6—7e 一套，三角形螺纹环规 M20—7h。

(3) 刀具　45°及 90°外圆车刀，车槽刀（$S=5\text{mm}$、$L>5\text{mm}$），三角形外螺纹车刀 $P=2.5\text{mm}$，梯形外螺纹车刀 $P=6\text{mm}$，中心钻 A3。

(4) 辅具　钻夹头（$\phi1$～$\phi13$mm）及过渡套，前顶尖、回转顶尖，鸡心夹，对刀样板，清扫工具、毛刷、油壶、铁钩等。

(5) 设备　CA6140mm 车床一台，砂轮机一台。

(6) 材料　45 钢 $\phi36\text{mm}\times175\text{mm}$ 一件。

二、图样（图 9-2）工艺分析

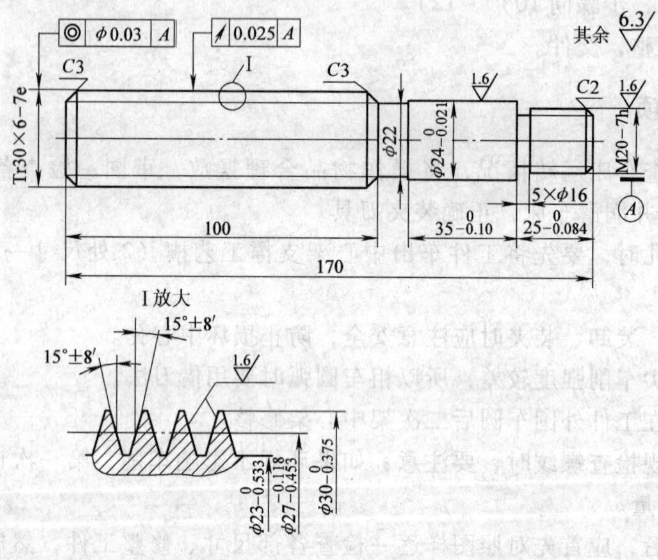

技术要求
1. 倒钝锐边 C0.3。
2. 未注公差尺寸、外圆尺寸按 GB/T1804-f，长度尺寸按 GB/T1804-m 加工。
3. 不允许用锉刀、砂布修整工件。

图 9-2　三角形螺纹、梯形螺纹轴

1. 考核要求

(1) 公差等级　外圆 IT7；长度 IT10；三角形螺纹中径 IT7；梯形螺纹中径 IT7；同轴度 IT8（0.03mm）；圆跳动 IT8（0.025mm）。

(2) 表面粗糙度　外圆 $Ra1.6\mu\text{m}$；螺纹牙型两侧面 $Ra1.6\mu\text{m}$。

(3) 考核时间　240min。

2. 操作前准备

(1) 基准的选择　以工件右端 M20 的轴线和两端中心孔为基准。

（2）操作中的技巧　工件需在两顶尖间车削完成；三角形螺纹的车削应在梯形螺纹精车完后车削，以免夹伤三角形螺纹的牙形。

三、加工工艺

1）采用一夹一顶装夹，粗车台阶轴。

2）采用两顶尖间精车，先车削梯形螺纹，再车削三角形螺纹。

3）对照图样检查、交件。

四、三角形螺纹、梯形螺纹轴的加工步骤

1）车端面及一端装夹台阶、钻两端中心孔，控制总长170mm。

2）一夹一顶装夹，粗车 Tr30×6—7e 外圆至 ϕ32mm，长度至近卡盘处。

3）调头，粗车 ϕ24mm 外圆至 ϕ26mm，长 68mm；粗车 M20 外圆至 ϕ22mm，长度 24mm。

4）车削外沟槽，5×ϕ16mm，控制长度 $25_{-0.084}^{\ 0}$ mm；ϕ22mm 外沟槽，控制长度 $35_{-0.10}^{\ 0}$mm和 100mm。

5）采用两顶尖间装夹工件，夹持 ϕ24mm 外圆，精车 Tr30×6—7e 外圆至尺寸要求，倒角 *C*3（2 处）。

6）粗、精车 Tr30×6 梯形螺纹。

7）调头，精车 $\phi 24_{-0.021}^{\ 0}$ mm 外圆至尺寸要求，M20 外圆至尺寸要求，倒角 *C*2、倒钝锐边。

8）粗、精车 M20 三角形螺纹。

9）对照图样检查。

五、注意事项

1）首先应检查车床运转情况，将操作物品合理摆放，审图、检查备料尺寸、制订加工工艺并润滑车床。

2）考虑工件刚性，应先车削梯形螺纹 Tr30×6—7e，该鉴定点为三角形螺纹的牙型高度为1.625mm。

3）车 ϕ22mm 外沟槽时，应兼顾长度尺寸 $35_{-0.10}^{\ 0}$mm 及 100mm。

4）操作完毕后，应首先对照图样逐一检查各部尺寸、修整工件，然后将工件交检，涂油后送交指定位置，最后，逐一清点并保养工、量、刀具及设备，整理操作工位。

5）该鉴定点的否定项为：梯形螺纹和三角形螺纹中径尺寸超差时，此件为不合格。

课题三　车削圆锥、偏心套

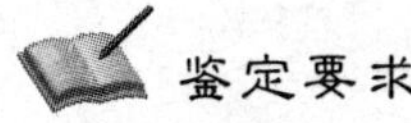
鉴定要求

1. 巩固在三爪自定心卡盘上车偏心的方法。
2. 掌握偏心距的找正方法。
3. 熟悉圆锥、偏心套的加工工艺。

一、考前准备

（1）工具 常用工具（自选）。

（2）量具 游标卡尺 0.02mm/0～150mm，深度游标卡尺 0.02mm/0～200mm，外径千分尺 0.01mm/25～50mm、0.01mm/50～75mm，塞规 ϕ25H7 或内径百分表 0.01mm/18～35mm，百分表及百分表表座 0.01mm/0～10mm，杠杆百分表 0.01mm/0～0.8mm，游标万能角度尺2′/0°～320°，金属直尺 0～150mm。

（3）刀具 45°和 90°外圆车刀，通孔车刀 ϕ25mm×95mm，铰刀或浮动镗刀 ϕ25H7，麻花钻 ϕ22mm，中心钻 A3。

（4）辅具 偏心垫片（e=2±0.02mm），铜皮，铜锤，钻夹头（ϕ1～ϕ13mm），圆锥过渡套，前顶尖，回转顶尖，对分夹头。

（5）设备 CA6140 车床一台，砂轮机一台。

（6）材料 45 钢 ϕ65mm×95mm 一件。

二、图样（图 9-3）工艺分析

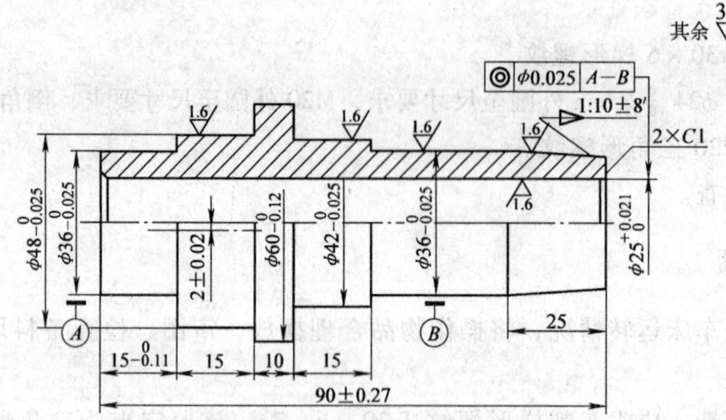

技术要求
1. 未注倒角 C0.5。
2. 未注公差尺寸按 GB/T1804-m 加工。
3. 不允许用锉刀、砂布修整。
4. 内孔可用铰削加工。

图 9-3 圆锥、偏心套

1. 考核要求

（1）公差等级 内孔、外圆 IT7；长度 IT10；外圆锥 IT8（接触面积 70%）；偏心距 IT10，同轴度 IT8（ϕ0.025mm）；未注公差 IT14。

（2）表面粗糙度 内孔、外圆、圆锥面 Ra1.6，其余 Ra3.2。

（3）考核时间 210min。

2. 操作前准备

（1）基准的选择 以工件 $\phi36^{\ 0}_{-0.025}$mm 外圆（两处）的轴线为基准，粗、精车 ϕ25H7 内孔，并保证同轴度要求。

（2）操作中的技巧 利用两顶尖装夹工件，将工件外圆、圆锥面精车至尺寸要求（除偏心外圆）；使用杠杆百分表找正工件外圆，粗、精车 ϕ25H7 内孔；在 ϕ42H7 外圆与卡爪夹持面之间垫偏心垫片，粗、精车偏心外圆。

三、加工工艺

1）车两端面取总长、钻中心孔。

2）一夹一顶粗车外形。

3）钻孔、粗、精车 ϕ25H7 内孔。

4）两顶尖装夹精车各外圆、锥度。

5）粗、精车 ϕ48H7 偏心圆。

6）对照图样检查、修整、交件。

四、圆锥、偏心套的加工步骤

1）车两平面，取总长 90 ±0.27mm，钻中心孔 A3。

2）一夹一顶装夹工件，粗车 $\phi60_{-0.12}^{0}$mm 至 ϕ62mm，长至近卡爪处；ϕ36H7 至 ϕ38mm，长 14mm。

3）调头，分别粗车 ϕ42H7、ϕ36H7 外圆台阶留加工余量。

4）夹 ϕ62mm 外圆找正、夹紧，钻通孔 ϕ22mm。

5）粗精车内孔（铰孔）ϕ25H7 至精度要求，倒角 $C1$。

6）两顶尖间装夹工件，精车 ϕ36H7 外圆，控制长度 $15_{-0.11}^{0}$mm，倒角 $C0.5$。

7）调头，分别精车 $\phi60_{-0.12}^{0}$mm、ϕ42H7、ϕ36H7 外圆，控制长度 15mm，粗、精车 1∶10圆锥面，控制长度 25mm，倒角 $C0.5$（3 处）。

8）在卡爪夹持面与 ϕ42H7 外圆表面之间垫偏心垫片，夹持长度 15mm 左右，找平工件两侧素线，并利用百分表校正偏心距 2 ±0.02mm；粗、精车 $\phi48_{-0.025}^{0}$mm 偏心外圆，控制长度 15mm、10mm，倒角 $C0.5$。

9）夹持 ϕ42H7 外圆表面，找正、夹紧，内孔倒角 $C1$。

10）对照图样检查。

五、注意事项

1）首先应检查车床运转情况，将操作物品合理摆放，审图、检查备料尺寸，制订加工工艺并润滑车床。

2）ϕ48mm 偏心外圆可在两顶尖间精车外圆和圆锥面之前车削。

3）车削内孔时，应使用杠杆百分表找正工件，以保证同轴度要求。

4）偏心垫片的厚度应比计算厚度略小些，留有适当的调整余量，这样有利于保证偏心距误差。此外，应选用硬度较高的材料，防止在装夹时发生挤压变形，垫片与卡爪接触的一面应做成与卡爪圆弧相同的圆弧形，并且要有一定的硬度。

5）操作完毕后，应首先对照图样逐一检查各部尺寸，修整工件，然后将工件交检，涂油后送交指定位置，最后，逐一清点并保养工、量、刀具及设备，整理操作工位。

6）该鉴定点的否定项为：偏心距超差至 2 ±0.125mm 以上和 $\phi25_{0}^{+0.021}$mm 尺寸超差时，此件为不合格。

课题四　车削主轴法兰盘

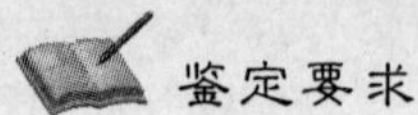

鉴定要求

1. 了解主轴法兰盘的技术要求。
2. 掌握主轴法兰盘的加工方法。
3. 熟悉加工工艺。

一、考前准备

（1）工具　常用工具（自选）。

（2）量具　游标卡尺 0.02mm/0～300mm，深度游标卡尺 0.02mm/0～200mm，外径千分尺 0.01mm/150～175mm、0.01mm/175～200mm，螺纹环规或螺纹千分尺（M110×3—6g），圆锥塞规或游标万能角度尺（1:2.5 或 2′/0°～320°），百分表及百分表表座 0.01mm/0～10mm。

（3）刀具　45°及 90°外圆车刀（YG8），通孔车刀 ϕ55mm×65mm，车槽刀（宽 5mm、左端切削刃大于 55mm，右端切削刃大于 10mm），外三角形螺纹车刀（P=3mm），麻花钻 ϕ45mm。

（4）辅具　铜皮，红丹粉，清扫工具，毛刷，油壶，铁钩等。

（5）设备　CA6140 车床一台（反爪），砂轮机一台。

（6）材料　尺寸为 ϕ210mm × 70mm 一件（HT200）。

二、图样（图 9-4）工艺分析

1. 考核要求

（1）公差等级　外圆 IT7；内锥孔 IT8（接触面积 70%）；长度 IT12；螺纹中径公差 IT6；同轴度公差 IT8（0.03mm）。

（2）表面粗糙度　外圆、内圆锥面、螺纹牙两侧 Ra1.6μm。

（3）考核时间　180min。

2. 操作前准备

（1）基准的选择　以 $\phi160^{\ 0}_{-0.04}$mm 外圆轴线为基准。

（2）操作中的技巧　保证台阶平面与基准轴线的垂直度、内圆锥轴线与基准轴线的同轴度要求。

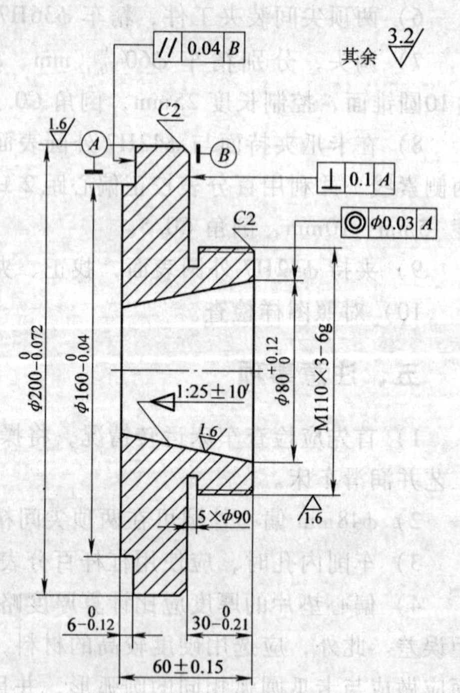

技术要求
1. 倒钝锐边 C0.3。
2. 未注公差尺寸直径按 GB/T1804-f 加工
3. 不允许用锉刀、砂布修整。

图 9-4　主轴法兰盘

三、加工工艺

1）车削装夹台阶，钻孔。

2）调头，粗加工外圆、台阶和内圆锥孔。

3）调头，加工外圆 ϕ200mm、ϕ160mm。

4）调头，夹持 ϕ200mm 外圆，精车三角形外螺纹 M110×3—6g。

5）对照图样检查。

四、主轴法兰盘加工步骤

1）采用三爪自定心卡盘（反爪）装夹工件毛坯外圆，夹持长度 20mm 左右，找正工件毛坯外圆。粗车 ϕ200mm 外圆至 ϕ202mm、长 15mm 左右，钻孔 ϕ45mm。

2）调头，车平面，粗、精车 $\phi200_{-0.072}^{0}$mm 外圆、螺纹外圆 ϕ110mm 至精度要求，车外沟槽 5×ϕ90mm，控制长度 $30_{-0.21}^{0}$mm，倒角 $C2$（2 处）。

3）粗、精车三角形外螺纹 M110×3—6g 至精度要求。

4）粗、精车内圆锥孔 1∶2.5，倒钝锐边。

5）调头，找正 $\phi200_{-0.072}^{0}$mm 外圆和台阶反平面、夹紧。

6）车平面，控制总长 60±0.15mm，粗、精车台阶外圆 $\phi160_{-0.04}^{0}$mm 至精度要求，控制长度 $6_{-0.12}^{0}$mm，并保证平行度要求。倒钝锐边（3 处）。

7）对照图样检查。

五、注意事项

1）首先应检查车床运转情况，将操作物品合理摆放，审图，检查备料尺寸，制订加工工艺并润滑车床。

2）为了保证车削时工件的稳定性，应车削装夹台阶。

3）车削工件右端时，应保证台阶平面与圆锥孔轴线垂直，三角形外螺纹部位应留适当精车余量。

4）找正工件时，既要找正工件外圆，又要找正台阶平面，以保证工件的同轴度、垂直度和平行度要求。

5）由于工件为脆性材料，三角形外螺纹车削时的背吃刀量不能太大，否则容易产生“乱牙”现象。

6）操作完毕后，应首先对照图样逐一检查各部尺寸、修整工件，然后将工件交检，涂油后送交指定位置，最后，逐一清点并保养工、量、刀具及设备，整理操作工位。

7）该鉴定点的否定项为：锥孔 1∶2.5±10′和 M110×3—6g 中径超差时，此件为不合格。

课题五　车削端面槽配合组合件

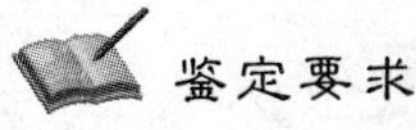
鉴定要求

1．掌握端面槽的车削方法。

2. 掌握端面槽的组合技巧。

3. 熟悉端面槽组合工件的加工工艺。

一、考前准备

（1）工具　常用工具（自选）。

（2）量具　游标卡尺0.02mm/0～150mm，深度游标卡尺0.02mm/0～200mm，外径千分尺0.01mm/25～50mm、50～75mm，内测千分尺0.01mm/5～25mm，内径表0.01mm/18～35mm。

（3）刀具　45°及90°外圆车刀，切断刀ϕ65mm，端面槽车刀（深5mm、大径ϕ56mm、ϕ42mm、小径ϕ42mm、ϕ32mm），通孔车刀ϕ32mm×30mm；麻花钻ϕ30mm×35mm。

（4）辅具　清扫工具，毛刷，油壶，铁钩，铜皮等。

（5）设备　CA6140车床一台，砂轮机一台。

（6）材料　45钢ϕ65mm×70mm一件。

二、图样（图9-5）工艺分析

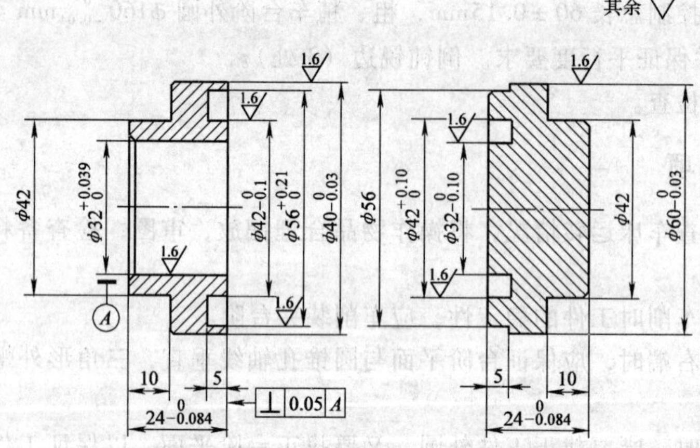

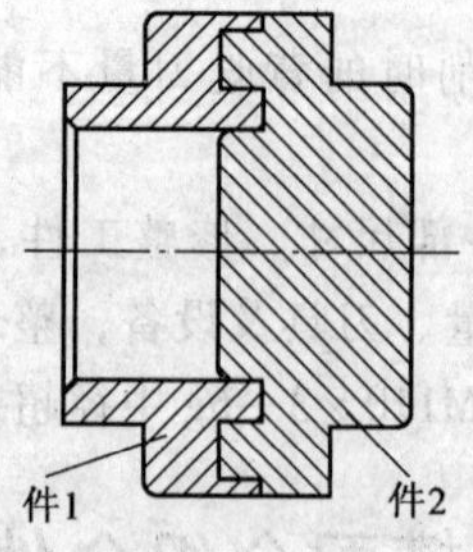

技术要求

1. 未注倒角全部$C1$。
2. 倒钝锐边$C0.3$。
3. 未注公差尺寸按GB/T1804-m加工。

图9-5　端面槽配合组合件

1. 考核要求

(1) 公差等级　外圆 IT7；内孔 IT8；端面槽（大小径 IT10，槽深 IT14，长度 IT10，垂直度 IT8（0.05mm）。

(2) 表面粗糙度　内孔、外圆 $Ra1.6\mu m$；端面槽 $Ra1.6\mu m$。

(3) 考核时间　240min。

2. 操作前准备

(1) 基准的选择　以件 1 右端端面槽为基准加工件 2 左端。

(2) 操作中的技巧　端面槽车削时要用借刀法车削，否则易产生振动或使端面槽位置不易控制，件 1、件 2 端面槽的配合尺寸外形按下偏差加工，内形按上偏差加工，以便于配合。

三、加工工艺

1）加工件 1 小外圆一端、切断。

2）加工件 2。

3）加工件 1 内孔及端面槽。

4）修整、交件。

四、端面槽配合组合件加工步骤

1）用三爪自定心卡盘装夹，车平面、钻孔，粗车大外圆（留余量），粗、精车小外圆至精度要求、切断。

2）件 1 余料用同样的装夹方法车平面、粗、精车外圆 $\phi42mm \times 10mm$，粗车大外圆 $\phi61mm$ 并倒角 $C1$、$C1.5$；调头，夹 $\phi42mm \times 10mm$，找正夹紧、车端面保证总长 $24_{-0.084}^{0}mm$，粗、精车外圆 $\phi60_{-0.03}^{0}mm$、$\phi56mm \times 5mm$；粗、精车端面槽大径 $\phi42_{-0.10}^{0}mm$、小径 $\phi32_{-0.10}^{0}mm$、深 5mm 至要求，倒钝锐边 $C0.3$（2 处）。

3）夹件 1 的 $\phi42mm$ 外圆，找正夹紧后车平面保证总长 $24_{-0.084}^{0}mm$，粗精车内孔 $\phi32_{0}^{+0.039}mm$、大外圆 $\phi60_{-0.03}^{0}mm$ 至尺寸要求，车端面槽、大径 $\phi56_{0}^{+0.21}mm$、小径 $\phi42_{-0.1}^{0}mm$、深 5mm 至要求，并用件 2 配作，倒钝锐边 $C0.3$（4 处）。

五、注意事项

1）首先应检查车床运转情况，将操作物品合理摆放，审图，检查备料尺寸，制订加工工艺并润滑车床。

2）端面槽车刀的装夹应注意检查其装夹角度，确保工作角度正确。

3）加工槽深时，应注意配合深度 5mm 未注公差的控制。

4）工件配作时，位置应放正，并注意用力适当。

5）操作完毕后，应首先对照图样逐一检查各部尺寸，修整工件，然后将工件交检，涂油后送交指定位置，最后，逐一清点并保养工、量、刀具及设备，整理操作工位。

6）该鉴定点的否定项为：端面槽大、小径尺寸精度降低两个等级或无法组合时，此件为不合格。

课题六 强化实训工件

一、车削球形圆锥轴（见图 9-6）

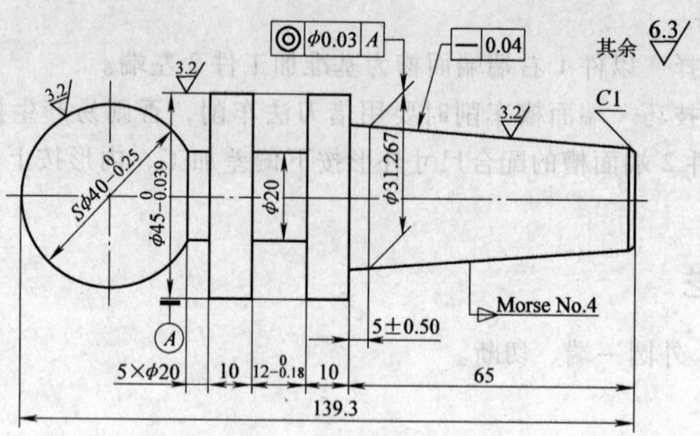

技术要求

1. 未注公差尺寸外径按 GB/T1804-f 加工。长度按 GB/T1804-m 加工。
2. 倒钝锐边 C0.3。
3. 不允许用锉刀、砂布修整工件。
4. S$\phi40_{-0.25}^{\ 0}$用样板检验，要求间隙小于 0.2。
5. Morse No.4，用套规检验，接触面积 50% 以上。

图 9-6 球形圆锥轴

二、车削内凹圆弧台阶轴（见图 9-7）

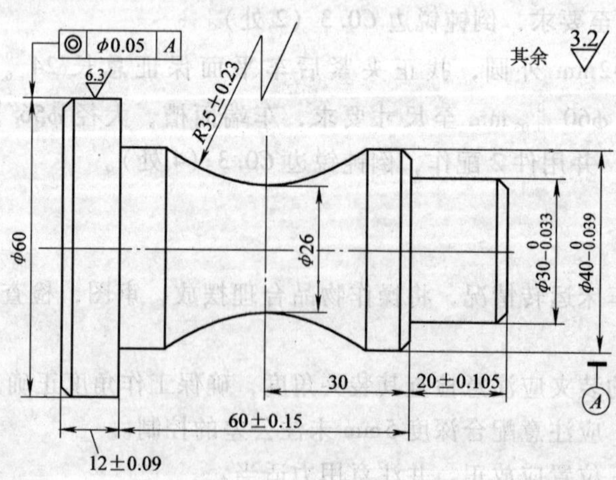

技术要求

1. 未注倒角 C2，倒钝锐边 C0.3。
2. 未注公差尺寸外径按 GB/T1804-f 加工。长度按 GB/T1804-m 加工。
3. 不允许用锉刀、砂布修整工件。
4. R35 若用样板检验，要求间隙小于 0.2。

图 9-7 内凹圆弧台阶轴

三、车削多台阶螺杆轴（见图 9-8）

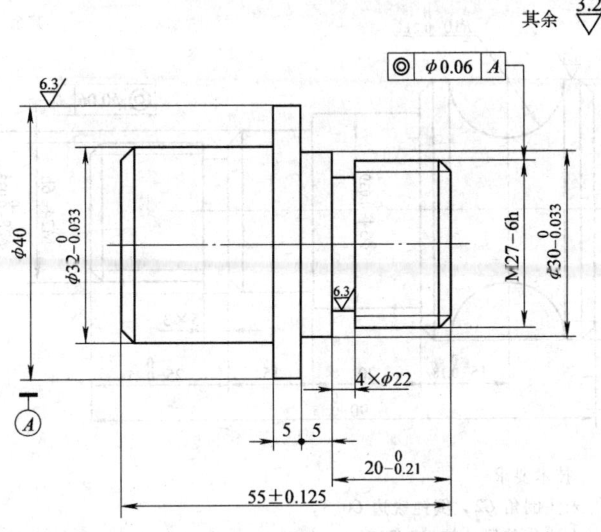

技术要求
1. 未注倒角 C2，锐角倒钝 C0.3。
2. 未注公差尺寸外圆按 GB/T1804-f 加工，长度按 GB/T1804-m 加工。
3. 不允许用锉刀、砂布修整工件。

图 9-8　多台阶螺杆轴

四、车削球形螺杆轴（见图 9-9）

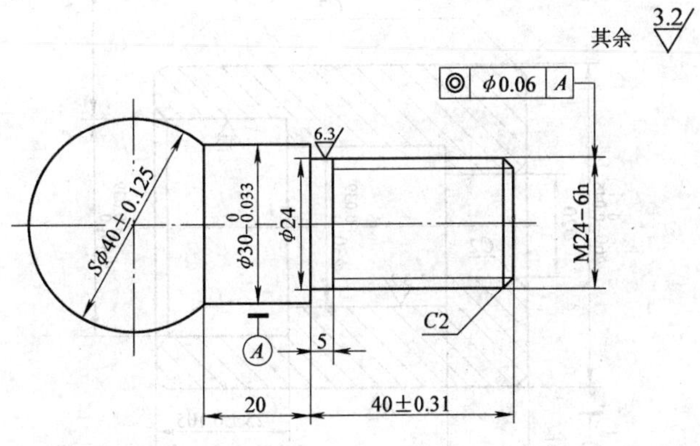

技术要求
1. 倒钝锐边 C0.3。
2. 未注公差尺寸直径按 GB/T1804-f 加工，长度 GB/T1804-m 加工。
3. 不允许用锉刀、砂布修整工件。
4. 圆球若用样板检验，要求间隙小于 0.2。

图 9-9　球形螺杆轴

五、车削圆槽螺杆轴（见图 9-10）

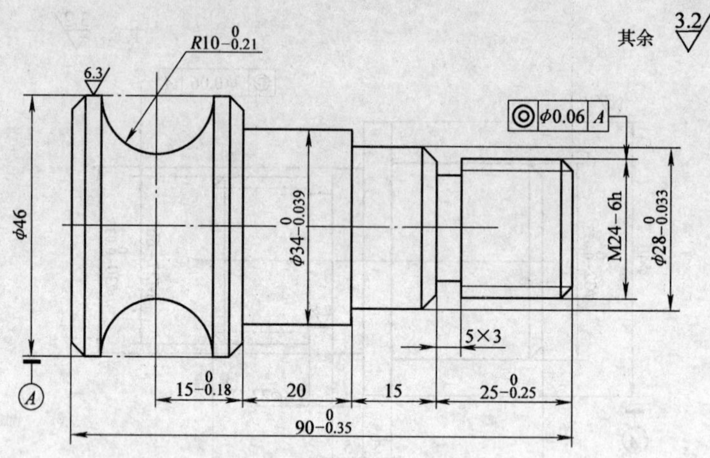

技术要求

1. 未注倒角 C2，倒钝锐边 C0.3。
2. 未注公差尺寸按 GB/T1804-m 加工。
3. 圆弧若用样板检验，要求间隙小于 0.2。

图 9-10 圆槽螺杆轴

六、车削多台阶直通孔（见图 9-11）

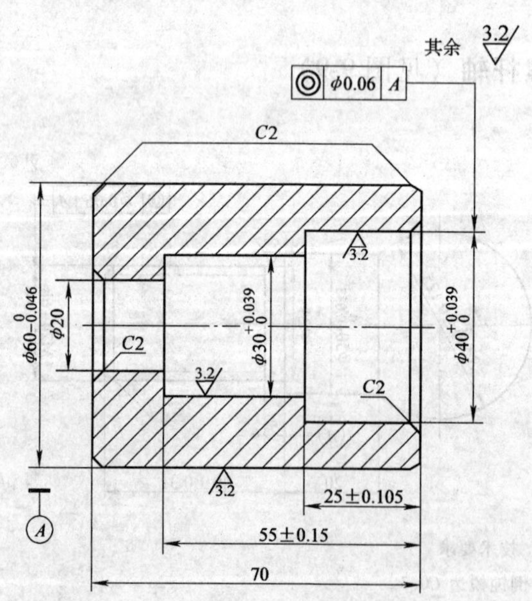

技术要求

1. 未注公差尺寸直径按 GB/T1804-f 加工，长度按 GB/T1804-m 加工。
2. 不允许用锉刀、砂布修整工件。

图 9-11 多台阶直通孔

七、车削多台阶平底孔（见图 9-12）

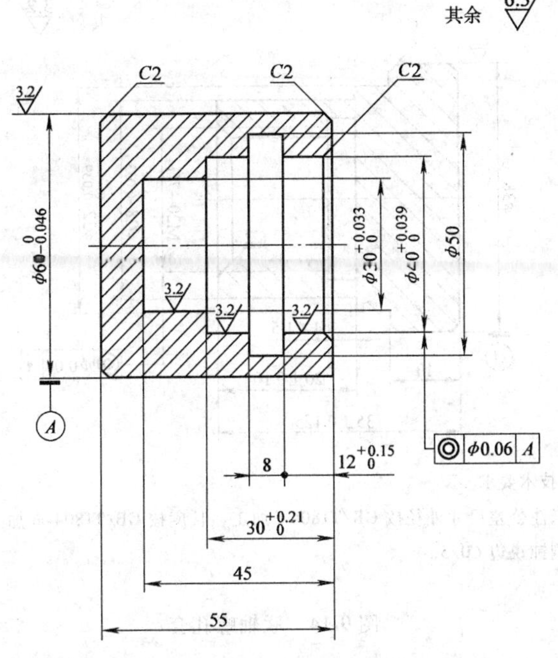

技术要求

1. 未注公差尺寸按 GB/T1804-m 加工。
2. 倒钝锐边 C0.3。

图 9-12 多台阶平底孔

八、车削圆锥螺杆轴（见图 9-13）

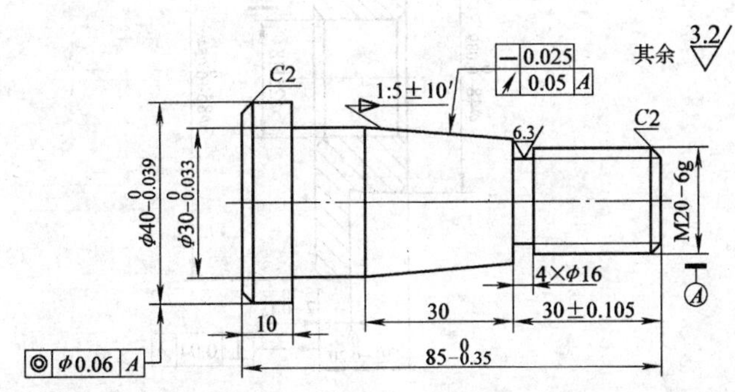

技术要求

1. 未注公差尺寸直径按 GB/T1804-f 加工，长度按 GB/T1804-m 加工。
2. 倒钝锐边 C0.3。
3. 锥度若用套规检验接触面积达到 50% 以上。

图 9-13 圆锥螺杆套

九、车削联轴螺孔套（见图 9-14）

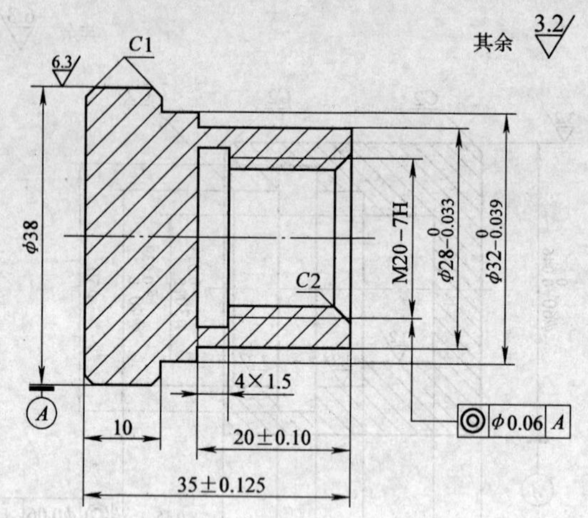

技术要求

1．未注公差尺寸外径按 GB/T1804-f 加工，长度按 GB/T1804-m 加工。

2．倒钝锐边 $C0.3$。

图 9-14　联轴螺孔套

十、车削通孔端盖（见图 9-15）

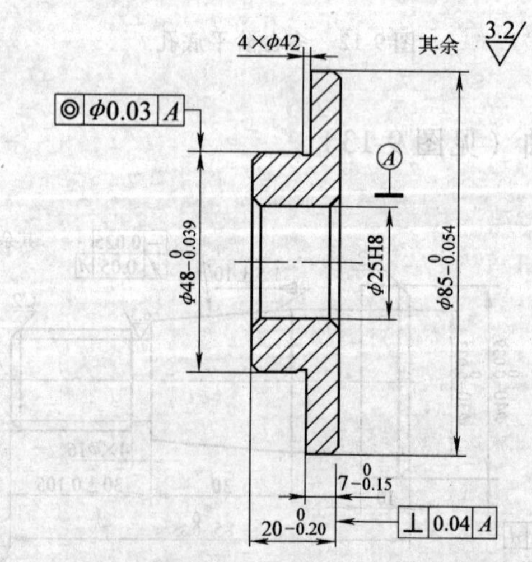

技术要求

1．未注倒角 $C1$。

2．未注公差尺寸按 GB/T1804-m 加工。

图 9-15　通孔端盖

十一、车削内外圆锥配合组合件（见图 9-16）

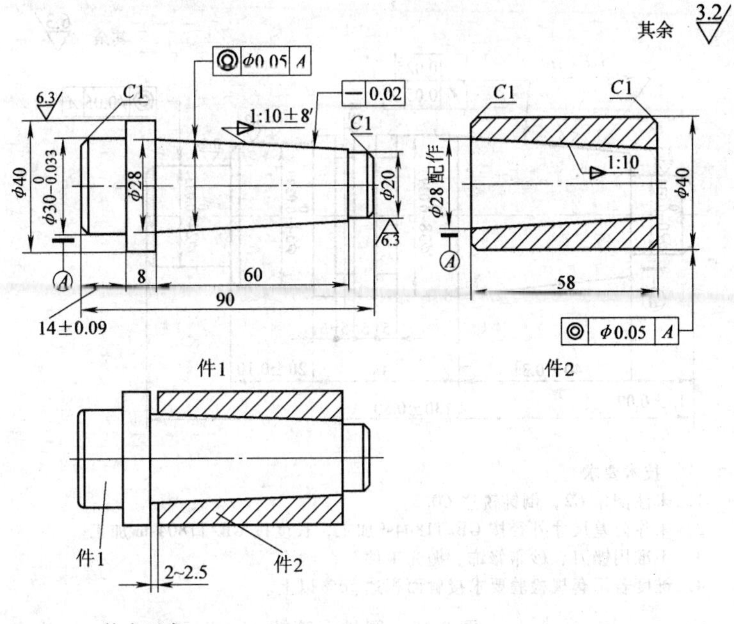

技术要求

1. 配合后接触面≥50%。
2. 未注公差尺寸按 GB/T1804-m 加工。
3. 不允许用锉刀、砂布修整工件。

图 9-16 内外圆锥配合组合件

十二、车削多台阶长轴（见图 9-17）

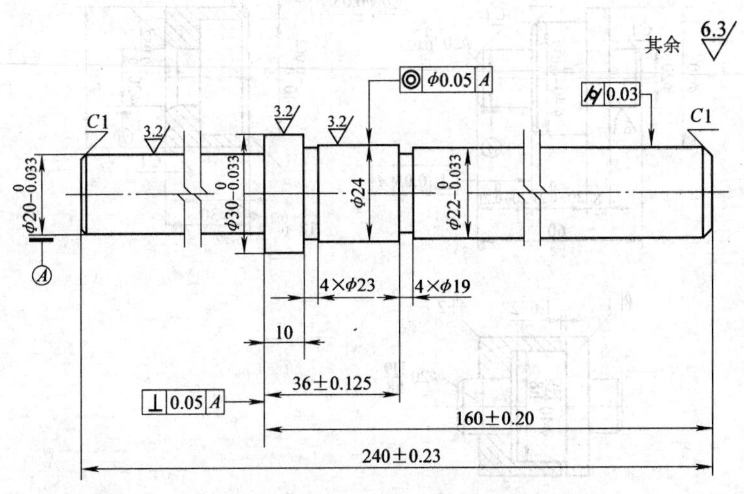

技术要求

1. 未注公差尺寸外径按 GB/T1804-f，长度按 GB/T1804-m 加工。
2. 锐角倒钝 C0.3。
3. 要求两端保留中心孔。

图 9-17 多台阶长轴

十三、车削圆锥台阶轴（见图 9-18）

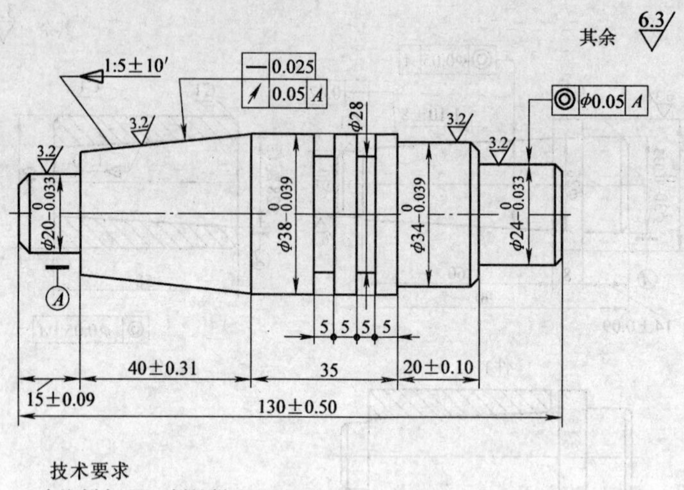

技术要求

1. 未注倒角 C2，倒钝锐边 C0.3。
2. 未注公差尺寸外径按 GB/T1804-f 加工，长度按 GB/T1804-m 加工。
3. 不准用锉刀、砂布修饰、抛光工件。
4. 锥度若用套规检验要求接触面积达 50% 以上。

图 9-18　圆锥台阶轴

十四、车削圆柱轴、孔配合组合件（见图 9-19）

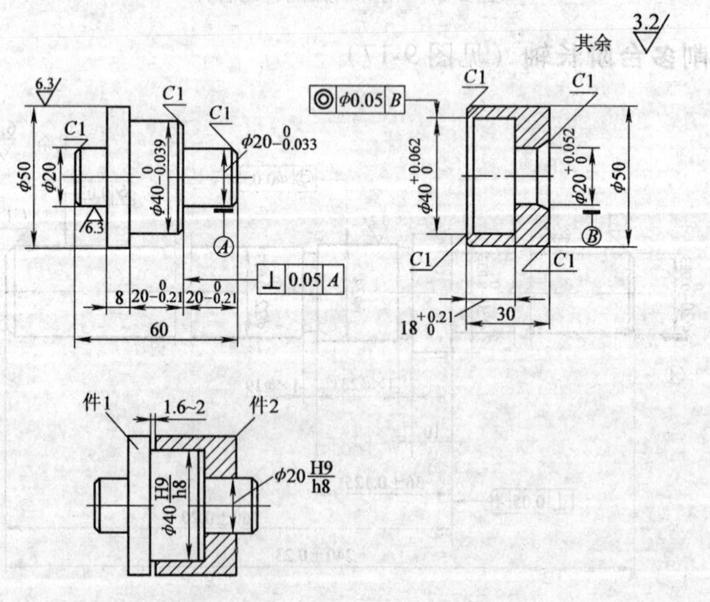

技术要求

1. 未注公差尺寸按 GB/T1804-m 加工。
2. 不允许用锉刀、砂布修整工件。

图 9-19　圆柱轴、孔配合组合件

十五、车削圆锥孔、偏心套（见图 9-20）

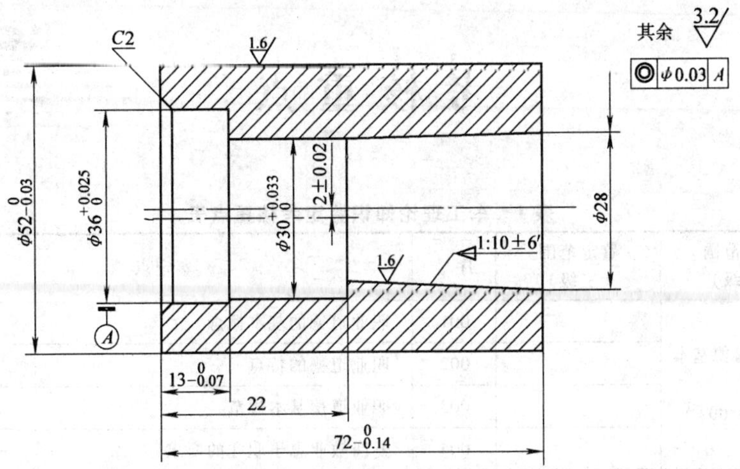

技术要求

1. 未注公差尺寸按 GB/T1804-m 加工。
2. 锥度若用塞规检验接触面积达到 70% 以上。
3. 倒钝锐边。

图 9-20 圆锥孔、偏心套

考 核 重 点

表 1　车工理论知识鉴定考核重点表

鉴定范围（一级）	鉴定范围（二级）	鉴定范围（三级）	序号	鉴定点	重要程度
职业道德 5%（10:00:00）①	职业道德基本知识 2%（04:00:00）①		001	职业道德的基本概念	X
			002	职业道德的特点	X
			003	职业道德基本规范	X
			004	爱岗敬业忠于职守的要求	X
	职业守则 3%（06:00:00）①		001	遵守法律法规	X
			002	具有高度的责任心	X
			003	严格执行安全操作规程	X
			004	爱护设备的要求	X
			005	着装整洁、文明生产的要求	X
			006	保持工作环境清洁有序	X
基础知识 25%（116:39:09）①	识图与公差配合 2%（17:10:04）①		001	图样的基本知识	Z
			002	正投影的基本原理	Y
			003	三视图的形成及其投影规律	X
			005	截割体的三视图	Y
			006	组合体三视图的画法、读法和尺寸分析	Z
			008	局部视图的画法	X
			009	斜视图的画法	X
			010	旋转视图的画法	X
			011	剖视图的画法	X
			012	剖视图中常用的剖切方法	X
			013	断面图的画法	X
			014	局部放大图的画法	Y
			015	简化画法的画法	Z
			016	互换性、加工误差和公差的概念	Z
			017	公差的基本术语及定义	Y
			018	标准公差与公差等级的概念及代号	X
			019	基本偏差的概念及代号	X
			020	公差带代号的组成	X
			021	尺寸偏差的计算	X

（续）

鉴定范围（一级）	鉴定范围（二级）	鉴定范围（三级）	序号	鉴定点	重要程度
基础知识 25%（116:39:09）①	识图与公差配合 2%（17:10:04）①		022	基准制的选择原则	X
			023	配合的配合代号	X
			024	未注公差的线性尺寸的公差	Y
			025	公差与配合代号的识读方法	X
			026	公差与配合代号在图样上的标注方法	X
			027	形位公差的种类	Y
			028	形位公差带的知识	Y
			029	形位公差的标注	X
			030	表面粗糙度的概念	Y
			031	表面粗糙度对零件使用性能的影响	Y
			032	表面粗糙度的评定参数	Y
			033	表面粗糙度的符号与标注方法	X
	常用材料与热处理 2%（29:05:04）①		001	金属材料的力学性能	Y
			002	金属材料的工艺性能	Z
			003	杂质元素对钢的影响	X
			004	碳素钢的分类	X
			005	常用碳素钢的用途	X
			006	合金钢的用途	X
			007	常用合金结构钢的用途	X
			008	常用合金结构钢的性能	X
			009	常用合金工具钢的用途	X
			010	常用合金工具钢的性能	X
			011	特殊性能钢的用途	Z
			012	铸铁的分类	X
			013	灰铸铁化学性能	X
			014	灰铸铁的孕育处理与性能	Y
			015	灰铸铁的用途	X
			016	可锻铸铁化学性能	X
			017	可锻铸铁用途	X
			018	球墨铸铁化学性能	X
			019	球墨铸铁用途	X
			020	热处理的定义	X
			021	退火的定义	X
			022	正火的定义	X
			023	淬火的定义	Y

（续）

鉴定范围（一级）	鉴定范围（二级）	鉴定范围（三级）	序号	鉴定点	重要程度
基础知识25%（116:39:09）[①]	常用材料与热处理2%（29:05:04）[①]		024	淬火的工艺简介	X
			025	回火的定义	X
			026	回火及应用	X
			027	钢表面处理的主要方法	X
			028	铝的性能	X
			029	铝合金的分类	Y
			030	铝合金的成分	X
			031	纯铜的性能	X
			032	黄铜的性能	X
			033	青铜的用途	X
			034	轴承合金的性能特点	X
			035	锡基轴承合金的特点	X
			036	铅基轴承合金的特点	Y
			037	常用塑料性能	Z
			038	常用橡胶的性能	Z
	机械传动基础知识2%（05:03:00）[①]		001	带传动的工作原理	X
			002	带传动的应用	Y
			003	链传动的组成	X
			004	链传动的应用	Y
			005	齿轮传动的组成	X
			006	齿轮传动的应用	X
			007	螺旋传动的组成	X
			008	螺旋传动的类型	Y
	刀具夹具知识3%（13:02:00）[①]		001	刀具材料应具备的性能	X
			002	刀具材料的种类	X
			003	碳素工具钢、合金工具钢的特点	X
			004	高速钢的特点	X
			005	常用高速钢的牌号	Y
			006	硬质合金的特点	X
			007	常用硬质合金的牌号	Y
			008	切削运动和形成的表面	X
			009	车刀的组成	X
			010	刀具的辅助平面	X
			011	刀具切削部分的几何角度	X
			012	切削要素	X
			013	车削加工的特点	X
			014	车刀的种类	X
			016	铣削的种类	X

（续）

鉴定范围（一级）	鉴定范围（二级）	鉴定范围（三级）	序号	鉴定点	重要程度
基础知识 25%（116:39:09）①	常用量具及设备维护 3%（09:05:00）①		001	常用游标量具的用途	Y
			002	游标卡尺的结构	Y
			003	游标卡尺的读数原理	X
			004	游标卡尺的使用	X
			005	千分尺的种类	Y
			006	千分尺的读数原理	X
			007	千分尺的使用	X
			008	百分表的用途	Y
			009	百分表的使用	X
			010	游标万能角度尺的用途	Y
			011	游标万能角度尺的使用方法	X
			012	游标万能角度尺的种类	X
			013	机床的种类	X
			014	机床的用途	X
	典型零件的工艺过程 3%（06:00:00）①		001	轴类零件分析	X
			002	轴类零件加工工艺过程	X
			003	箱体类零件分析	X
			004	箱体类零件的加工工艺过程	X
			005	直齿圆柱齿轮的零件分析	X
			006	直齿圆柱齿轮的加工工艺过程	X
	润滑剂与切削液 2%（05:01:00）①		001	润滑剂的作用	X
			002	润滑剂的种类	X
			003	润滑脂的适用场合	X
			004	常用的固体润滑剂的适用场合	X
			005	切削液的作用	X
			006	切削液的种类	Y
	钳工基础知识 3%（16:04:00）①		001	划线工具及其使用	X
			002	划线的方法	X
			003	使用分度头的传动原理	Y
			004	錾削的定义	X
			005	錾削的方法	X
			006	錾削的注意事项	X
			007	手锯锯条的安装方法	Y
			008	锯削的基本方法	X
			009	锯削的要求	X

（续）

鉴定范围（一级）	鉴定范围（二级）	鉴定范围（三级）	序号	鉴定点	重要程度
基础知识 25%（116:39:09）①	钳工基础知识 3%（16:04:00）①		010	锉刀的保养	Y
			011	锉刀的使用	X
			012	平面、曲面的锉削方法	X
			013	麻花钻的结构	X
			014	钻头的刃磨方法	X
			015	钻孔、扩孔、锪孔的方法	X
			016	铰刀的特点	Y
			017	铰孔的方法	X
			018	螺纹的基本尺寸和代号	X
			019	内螺纹的加工工具与加工方法	X
			020	外螺纹的加工工具与加工方法	X
	电气知识 3%（10:08:00）①		001	基本电器元件符号	Y
			002	刀开关的用途	Y
			003	转换开关的用途	X
			004	自动空气开关的用途	Y
			005	主令电器的用途	Y
			006	常用低压熔断器的用途	X
			007	接触器的用途	Y
			008	热继电器的特点与用途	Y
			009	万用表的使用注意事项	X
			010	钳形电流表的使用注意事项	X
			011	电动机的应用范围	X
			012	三相笼型异步电动机的结构及使用	X
			013	变压器的用途和工作原理	X
			014	典型基本电气控制线路的线路图	Y
			015	车床电气控制线路知识	X
			016	电流对人体的伤害	X
			017	人体触电方式	Y
			018	触电急救方法	X
	安全文明生产、环保与质量管理 2%（06:01:01）①		001	安全文明生产的基本要求	X
			002	机械安全防护知识	X
			003	环境保护法的知识	Y
			004	工业企业对环境污染的防治	X
			005	环境与环境保护的概念	X
			006	企业的质量方针	Z
			007	岗位的质量要求	X
			008	岗位的质量保证措施与责任	X

（续）

鉴定范围（一级）	鉴定范围（二级）	鉴定范围（三级）	序号	鉴定点	重要程度
工艺准备 29%（74:05:03）①	读图与绘图 7%（18:00:01）①	识读中等复杂程度的零件图 4%（12:00:00）①	001	识读主轴零件图	X
			002	分析主轴尺寸	X
			003	识读蜗杆零件图	X
			004	分析蜗杆尺寸	X
			005	识读丝杠零件图	X
			006	分析丝杠尺寸	X
			007	识读偏心零件图	X
			008	分析偏心尺寸	X
			009	识读曲轴零件图	X
			010	分析曲轴尺寸	X
			011	识读齿轮零件图	X
			012	分析齿轮尺寸	X
		简单零件图的画法及识读简单机构的装配图 2%（04:00:01）①	001	简单零件图的画法	X
			002	车床主轴装配图	Z
			003	主轴装配图识读	X
			004	识读尾座的装配图	X
			005	尾座锁紧装置	X
		识读装配图方法和步骤及简单装配图的画法 1%（02:00:00）①	001	识读装配图方法	X
			002	识读装配图步骤	X
	制定加工工艺 5%（12:00:00）①	识读较复杂零件加工工艺规程 1%（02:00:00）①	001	蜗杆加工工艺规程	X
			002	两拐曲轴加工工艺规程	X
		较复杂零件工艺的制定 2%（05:00:00）①	001	细长轴零件	X
			002	偏心零件	X
			003	多线螺纹零件	X
			004	深孔零件	X
			005	薄壁零件	X
		数控车床与普通机床的区别及其结构特点 1%（02:00:00）①	001	数控车床与普通机床的区别	X
			002	数控车床的结构特点	X
		数控车床加工工艺的制定 1%（03:00:00）①	001	分析工件图样，确定装夹方法和选择夹具	X
			002	选择刀具和确定切削用量	X
			003	确定加工路径并编制程序	X

（续）

鉴定范围（一级）	鉴定范围（二级）	鉴定范围（三级）	序号	鉴定点	重要程度
工艺准备 29%（74:05:03）①	工件的定位与夹紧 5%（12:02:01）①	工件的定位 2%（04:01:00）①	001	工件的六点定位原理	Y
			002	完全定位	X
			003	部分定位	X
			004	欠定位	X
			005	重复定位	X
		工件的夹紧 2%（04:00:01）①	001	对夹紧装置的要求	X
			002	夹紧力和夹紧时的注意事项	X
			003	螺旋夹紧装置	X
			004	螺旋压板夹紧装置	X
			005	偏心夹紧装置	Z
		外形较复杂零件的装夹方法 1%（04:01:00）①	001	细长轴的装夹方法	Y
			002	偏心工件的装夹方法	X
			003	花盘和弯板	X
			004	双连杆的装夹	X
			005	轴承座的装夹	X
	刀具准备 6%（15:01:00）①	常用车刀材料 2%（04:01:00）①	001	对刀具切削部分的要求	X
			002	高速钢车刀	X
			003	钨钴类硬质合金	X
			004	钨钛钴类硬质合金	X
			005	钨钛铌钴类	Y
		车刀几何参数的选择 2%（06:00:00）①	001	前角的选择	X
			002	前角的参考数值	X
			003	后角的选择	X
			004	刃倾角的选择	X
			005	主偏角的选择	X
			006	副偏角的选择	X
		螺纹车刀和成形刀的刃磨 2%（05:00:00）①	001	梯形螺纹车刀的刃磨角度	X
			002	刃磨步骤	X
			003	高速钢梯形螺纹粗车刀的刃磨角度	X
			004	高速钢梯形螺纹精车刀的刃磨角度	X
			005	成形刀的刃磨	X
	设备维护保养 4%（10:01:01）①	CA6140 型车床主要结构及工作原理 2%（04:01:01）①	001	主轴结构	Y
			002	离合器	Z
			003	互锁机构	X
			004	过载保护	X
			005	开合螺母	X
			006	中滑板丝杠与螺母间隙的调整	X

（续）

鉴定范围（一级）	鉴定范围（二级）	鉴定范围（三级）	序号	鉴定点	重要程度
工艺准备 29%（74:05:03）①	设备维护保养 4%（10:01:01）①	CA6140 型车床传动系统 1%（03:00:00）①	001	总传动系统	X
			002	主轴箱传动系统	X
			003	进给传动系统	X
		普通车床常见故障 1%（03:00:00）①	001	刹车不灵和闷车	X
			002	强力车削时自动进给停止、卡盘圆跳动误差过大	X
			003	主轴温度过高	X
	编制程序 2%（07:01:00）①		001	直线与圆弧切点的计算方法	X
			002	机床原点及参考点	X
			003	机床坐标系	X
			004	工件原点	X
			005	工件坐标系	Y
			006	绝对编程	X
			007	增量编程	X
			008	直径编程和半径编程	X
工件加工 31%（60:14:04）①	轴类零件的加工 5%（11:01:01）①	车削细长轴的相关工艺知识 5%（11:01:01）①	001	工件图样	Y
			002	装夹方法	Z
			003	刀具的选择	X
			004	量具、辅具的选择	X
			005	车削顺序	X
			006	中心架的结构	X
			007	中心架的使用	X
			008	中心架的调整	X
			009	跟刀架的结构	X
			010	跟刀架的使用	X
			011	跟刀架的调整	X
			012	细长轴热变形的计算	X
			013	减少或补偿工件热变形伸长的措施	X
	偏心件曲轴的加工方法 8%（13:05:02）①	偏心件的车削方法 4%（08:01:01）①	001	工件图样及装夹方法	Y
			002	刀具、量具的选择	X
			003	车削顺序	X
			004	车削偏心的方法	X
			005	两顶尖装夹	X
			006	四爪单动卡盘装夹	X
			007	三爪自定心卡盘装夹	X
			008	偏心卡盘装夹	X
			009	双重卡盘装夹	X
			010	专用夹具装夹	Z

（续）

鉴定范围（一级）	鉴定范围（二级）	鉴定范围（三级）	序号	鉴定点	重要程度
工件加工31%（60:14:04）①	偏心件曲轴的加工方法8%（13:05:02）①	车削曲轴2%（02:02:01）①	001	工件图样	Y
			002	装夹方法	Z
			003	刀具、量具的选择	X
			004	车削顺序	X
			005	曲轴的车削方法	Y
		非整圆孔工件的车削2%（03:02:00）①	001	工件图样	Y
			002	装夹方法	X
			003	刀具、量具的选择	X
			004	车削顺序	X
			005	车削非整圆孔时注意事项	Y
	螺纹蜗杆的加工14%（28:06:00）①	车削梯形螺纹4%（09:01:00）①	001	工件图样	Y
			002	刀具的选择	X
			003	量具的选择	X
			004	车削顺序	X
			005	梯形螺纹的用途和分类	X
			006	梯形螺纹的代号	X
			007	梯形螺纹的牙型	X
			008	梯形螺纹尺寸计算	X
			009	低速车削梯形螺纹	X
			010	高速车削梯形螺纹	X
		车削矩形螺纹2%（03:02:00）①	001	工件图样	Y
			002	刀具、量具的选择	X
			003	车削顺序	X
			004	矩形螺纹的用途及牙型	X
			005	矩形螺纹的尺寸计算	Y
		车削锯齿形螺纹1%（02:01:00）①	001	锯齿形螺纹的用途及牙型	X
			002	锯齿形螺纹的计算	X
			003	车削方法	Y
		车削双线蜗杆7%（14:02:00）①	001	工件图样	X
			002	刀具的选择	X
			003	量具的选择	Y
			004	车削顺序	X
			005	蜗杆的用途	X
			006	蜗杆的种类	X
			007	蜗杆的各部分名称	X
			008	蜗杆的尺寸计算	X

（续）

鉴定范围（一级）	鉴定范围（二级）	鉴定范围（三级）	序号	鉴定点	重要程度
工件加工31%（60:14:04）①	螺纹蜗杆的加工14%（28:06:00）①	车削双线蜗杆7%（14:02:00）①	009	分线方法	X
			010	利用小拖板刻度分线	X
			011	利用百分表和量块分线	X
			012	利用交换齿轮分线	X
			013	利用三爪自定心卡盘、四爪单动卡盘分线	X
			014	用多孔插盘分线	Y
			015	蜗杆时的装刀方法	X
			016	车削方法	X
	大型回转表面的加工4%（08:02:01）①	在立车床上车削飞轮1%（02:00:01）①	001	工件图样	X
			002	刀具、量具的选择	Z
			003	飞轮车削顺序	X
		在立式车床上车削圆锥连接盘1%（03:00:00）①	001	工件图样	X
			002	刀具、量具的选择	X
			003	车削顺序	X
		在立式车床上加工零件的相关知识2%（03:02:00）①	001	立式车床简介	Y
			002	立式车床种类	X
			003	立式车床的结构特点	Y
			004	操作立式车床注意事项	X
			005	在立式车床上车削球面、曲面的方法	X
精度检验及误差分析10%（19:06:02）①	高精度轴向尺寸、理论交点及偏心件的测量5%（07:04:02）①	用量块测量高精度轴向尺寸1%（00:02:00）①	001	量具的选择	Y
			002	测量方法	Y
		用量块测量相关知识1%（02:01:00）①	001	量块用途	Y
			002	量块组合	X
			003	量块的选用	X
		理论交点计算方法1%（02:00:01）①	001	工件图样	Z
			002	计算方法	X
			003	测量方法	X
		测量偏心距1%（02:01:00）①	001	工件图样	Y
			002	量具的选择	X
			003	测量方法	X
		测量两平行非完整孔的中心距1%（01:00:01）①	001	量具的选择	X
			002	测量方法	Z

（续）

鉴定范围（一级）	鉴定范围（二级）	鉴定范围（三级）	序号	鉴定点	重要程度
精度检验及误差分析 10%（19:06:02）①	内外圆锥的检验 3%（07:01:00）①		001	用正弦规检验锥度	X
			002	正弦规的结构	X
			003	正弦规的使用方法	X
			004	量块高度尺寸计算	X
			005	用量棒测量外圆锥体	X
			006	外圆锥体测量方法及计算	X
			007	用钢球测量内圆锥体的量具选择	Y
			008	内圆锥体测量方法及计算	X
	多线螺纹与蜗杆的检验 2%（05:01:00）①	多线螺纹 1%（02:01:00）①	001	工件图样	Y
			002	量具、辅具的选择	X
			003	检验方法	X
		蜗杆的检验 1%（03:00:00）①	001	量具、辅具的选择	X
			002	检验方法	X
			003	轴向齿厚的测量	X

注：X——核心要素，Y——一般要素，Z——辅助要素。

① 表示：X:Y:Z 的值。

表 2　车工操作技能鉴定考核重点表

行为领域	鉴定范围			鉴定点		
	代码	名　称	鉴定比重	代码	名　称	重要程度
操作技能 85%	A	轴类	85	01	多台阶三角形螺纹长轴	X
				02	球面、梯形螺纹轴	X
				03	梯形带槽、梯形螺纹轴	X
				04	圆锥、梯形螺纹轴	X
				05	三角形螺纹、梯形螺纹轴	X
				06	圆球、三角形螺纹、梯形螺纹轴	X
				07	圆锥、圆弧、梯形螺纹轴	X
				08	圆锥、三角形螺纹、矩形螺纹轴	Y
				09	蜗杆轴	X
				10	双偏心、圆锥、螺纹轴	X
				11	双线梯形螺纹轴	Y
				12	圆锥、蜗杆轴	X
				13	圆锥、左旋螺杆轴	Y
				14	带孔、三角形螺纹和梯形螺纹轴	X
				15	带孔、圆锥、螺纹轴	X

（续）

行为领域	鉴定范围			鉴定点		
	代码	名称	鉴定比重	代码	名称	重要程度
操作技能85%	B	孔类	85	01	双偏心套	X
				02	偏心、螺母套	X
				03	圆锥、偏心套	X
				04	莫氏变径套	Y
				05	圆锥孔、螺母套	X
				06	三联齿轮坯	X
				07	薄壁套	Y
				08	圆锥孔、偏心套	X
	C	盘类		01	三孔板	Y
				02	大带轮	X
				03	双孔端盖	X
				04	主轴法兰盘	X
	D	配合类		01	偏心轴套配合组合件	X
				02	端面槽配合组合件	X
				03	梯形螺纹配合组合件	X
				04	内外双线三角形螺纹配合组合件	Y
现场操作规程15%	A	工具、量具、刀具及设备的使用	5	01	工具的正确使用	X
				02	量具的正确使用	X
				03	刀具的合理使用	X
				04	设备的正确操作和维护保养	X
	B	工艺的制订	5	01	切削加工工序的制订	X
				02	切削用量的选择	X
				03	装夹方式	X
	C	安全文明生产	5	01	安全生产	X
				02	文明生产	X

注：X——核心要素，Y——一般要素，Z——辅助要素。

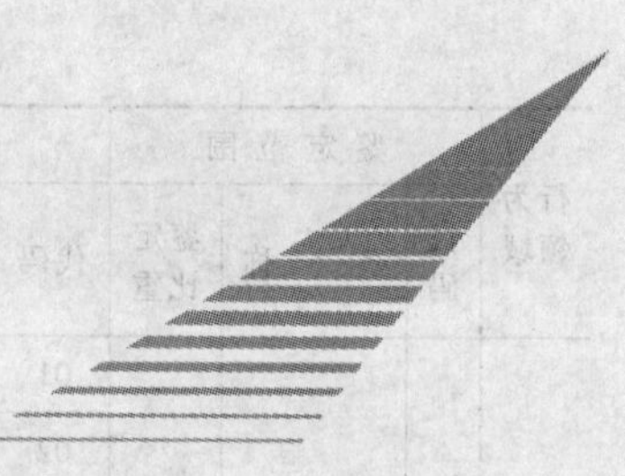

模拟试卷

一、试卷的结构

1. 理论知识试卷的结构

国家题库理论知识试卷，按鉴定考核试卷是否为标准化试卷划分为标准化试卷和非标准化试卷。车工知识试卷采用标准化试卷和非标准化试卷，非标准化试卷有三种组成形式。其具体的题型比例、题量和配分参见车工理论知识试卷结构表（表3～表6）。

车工理论知识试卷结构表

表3　标准化理论知识试卷的题型、题量与配分方案

题型	鉴定工种等级			分数	
	初级工	中级工	高级工	初、中级	高级
选择	60题（1分/题）			60分	
判断	20题（2分/题）		20题（1分/题）	40分	20分
简答/计算	无		4题（5分/题）	0分	20分
总分	100分（80/84题）				

车工（中级）知识试卷采用标准化试卷还有100题型和200题型。

表4　非标准化理论知识试卷的题型、题量与配分方案（一）

题型	鉴定工种等级			分数	
	初级工	中级工	高级工	初、中级	高级
填空	10题（2分/题）			20分	
选择	20题（2分/题）			40分	
判断	10题（2分/题）		10题（1分/题）	20分	10分
简答/计算	共4题（5分/题）			20分	
论述/绘图	（无）		1题（10分/题）	0分	10分
总分	100分（44/45题）				

表5　非标准化理论知识试卷的题型、题量与配分方案（二）

题型	鉴定工种等级			分数	
	初级工	中级工	高级工	初、中级	高级
填空	10题（2分/题）			20分	
选择	20题（2分/题）		20题（1.5分/题）	40分	30分
判断	20题（1分/题）			20分	
简答/计算	共4题（5分/题）			20分	
论述/绘图	（无）		1题（10分/题）	0分	10分
总分	100分（54/55题）				

表 6　非标准化理论知识试卷的题型、题量与配分方案（三）

题型	鉴定工种等级			分数	
	初级工	中级工	高级工	初、中级	高级
填空	15 题（2 分/题）			30 分	
选择	20 题（1.5 分/题）		20 题（1 分/题）	30 分	20 分
判断	20 题（1 分/题）			20 分	
简答/计算	共 4 题（5 分/题）			20 分	
论述/绘图	（无）		1 题（10 分/题）	0 分	10 分
总分	100 分（59/60 题）				

2. 操作技能试卷的结构

车工操作技能考核内容层次结构表见表 7。

表 7　车工操作技能考核内容层次结构表

内容项目 / 级别	操作技能					现场操作规范			相关专业操作技能						其他	
	轴类	孔类	盘类	配合类	特形类	工具刀具及设备的使用	工艺制订	安全文明生产	插床	铣床	刨床	磨床	钳工	数控机床	工艺计划答辩	论文答辩
初级	85 分 120min					5 分	5 分	5 分								
中级	85 分（180～240min）					5 分	8 分	2 分								
高级	85 分（240～360min）					5 分	10 分									
技师	65 分（360～480min）						10 分		相关专业达到中级工水平						5 分 30min	20 分 30min
高级技师	60 分（240～360min）						10 分		相关专业达到中级工水平						10 分 30min	20 分 30min
考核项目组合及方式	选一项					必考项			技师和高级技师任选一项						技师和高级技师必考项	

国家题库操作技能试卷采用由“准备通知单”、“试卷正文”和“评分记录表”三部分组成的基本结构，分别供考场、考生和考评员使用。

（1）准备通知单　包括材料准备，设备准备，工具、量具、刀具、夹具准备等考场准备（标准、名称、规格、数量）要求。

（2）试卷正文　包含需要说明的问题和要求、试题内容、总时间与各个试题的时间分配要求，考评人数，评分规则与评分方法等。

（3）评分记录表　包含具体的评分标准和评分记录表。

二、试卷的内容样例

理论知识试卷

1. 说明

（1）本试卷以《中华人民共和国国家职业标准》为命题依据。

（2）本试卷考核内容无地域限制。

（3）本试卷只适用于本等级鉴定。

（4）本试卷命题遵循学以致用的原则。

2. 模拟试卷正文

职业技能鉴定国家题库统一试卷

中级车工知识试卷（1）

注 意 事 项

1. 请首先按要求在试卷的标封处填写您的姓名、考号和所在单位的名称。
2. 请仔细阅读各种题目的回答要求，在规定的位置填写您的答案。
3. 不要在试卷上乱写乱画，不要在标封区填写无关内容。

	第一部分	第二部分	总　分	总 分 人
得　　分				

得　分	
评分人	

一、选择题（第 1 ~80 题。选择正确的答案，将相应的字母填入题内的括号中。每题 1 分。满分 80 分）

1. 物体三视图的投影规律是：主俯视图（　　）。

（A）长对正　（B）高平齐　（C）宽相等　（D）上下对齐

2. 外螺纹的规定画法是牙顶（大径）及螺纹终止线用（　　）表示。

（A）细实线　（B）细点画线　（C）粗实线　（D）波浪线

3. 退刀槽和越程槽的尺寸可标注成（　　）。

（A）槽深×直径　（B）槽宽×槽深　（C）槽深×槽宽　（D）直径×槽深

4. 同一表面有不同粗糙度要求时，须用（　　）分出界线，分别标出相应的尺寸和代号。

（A）点画线　（B）细实线　（C）粗实线　（D）虚线

5. 绘制零件工作图一般分四步，第一步是（　　）

（A）选择比例和图幅　（B）看标题栏

（C）布置图面　（D）绘制草图

6. 零件的加工精度包括（　　）。

（A）尺寸精度、几何形状精度和相互位置精度

（B）尺寸精度

（C）尺寸精度、形位精度和表面粗糙度

（D）几何形状精度和相互位置精度

7. 定位基准应从与（　　）有相对位置精度要求的表面中选择。

（A）加工表面　（B）被加工表面　（C）已加工表面　（D）切削表面

8. 为以后的工序提供定位基准的阶段是（　　）。

（A）粗加工阶段　（B）半精加工阶段　（C）精加工阶段　（D）三阶段均可

9. 某一表面在一道工序中所切除的金属层深度为（　　）。

（A）加工余量　（B）背吃刀量　（C）工序余量　（D）总余量

10. 把零件按误差大小分为几组，使每组的误差范围缩小的方法是（　）。

（A）直接减小误差法　（B）误差转移法

（C）误差分组法　（D）误差平均法

11. 调质一般安排在（　）进行。

（A）毛坯制造之后　（B）粗加工之前

（C）粗加工之后、半精加工之前　（D）精加工之前

12. 梯形螺纹的（　）是公称直径。

（A）外螺纹大径　（B）外螺纹小径　（C）内螺纹大径　（D）内螺纹小径

13. 精车梯形螺纹时，为了便于左右车削，精车刀的刀头宽度应（　）牙槽底宽。

（A）小于　（B）等于　（C）大于　（D）超过

14. 车右螺纹时因受螺旋运动的影响，车刀左刃前角、右刃后角（　）。

（A）不变　（B）增大　（C）减小　（D）相等

15. 高速车螺纹时，硬质合金螺纹车刀的刀尖角应（　）螺纹的牙型角。

（A）大于　（B）等于

（C）小于　（D）大于、小于或等于

16. 轴向直廓蜗杆在垂直于轴线的截面内齿形是（　）。

（A）延长渐开线　（B）渐开线

（C）螺旋线　（D）阿基米德螺旋线

17. 车削外径为100mm、模数为10mm的模数螺纹，其分度圆直径为（　）mm。

（A）95　（B）56　（C）80　（D）90

18. 用齿厚游标卡尺测量蜗杆的（　）齿厚时，应把齿高卡尺的读数调整到齿顶高尺寸。

（A）周向　（B）径向　（C）法向　（D）轴向

19. 沿两条或两条以上在（　）等距分布的螺旋线所形成的螺纹称为多线螺纹。

（A）轴向　（B）法向　（C）径向　（D）圆周

20. 车削多线螺纹用分度盘分线时，仅与螺纹（　）有关，与其他参数无关。

（A）中径　（B）模数　（C）线数　（D）小径

21. 在丝杠螺距6mm的车床上，车削（　）螺纹不会产生乱牙。

（A）M8　（B）M12　（C）M16　（D）M20

22. 在高温下能够保持刀具材料切削性能的是（　）。

（A）硬度　（B）耐热性　（C）耐磨性　（D）强度

23. 硬质合金的耐热温度为（　）。

（A）300～400℃　（B）500～600℃　（C）800～1000℃　（D）1100～1300℃

24. 车刀安装的高低对（　）影响。

（A）主偏角　（B）副偏角　（C）前角　（D）刀尖角

25. 成形车刀的前角取（　）。

（A）较大　（B）较小　（C）0°　（D）20°

26. 切断刀的副后角应选（　）。

（A）6°~8°　（B）1°~2°　（C）12°　（D）5°

27. 控制切屑排屑方向的角度是（　　）。

（A）主偏角　（B）前角　（C）刃倾角　（D）后角

28. 切削层的尺寸规定在刀具（　　）中测量。

（A）切削平面　（B）基面　（C）正交平面　（D）工作截面

29. 高速切削塑性金属材料时，若没有采取适当的断屑措施，则形成（　　）切屑。

（A）挤裂　（B）崩碎　（C）带状　（D）螺旋

30. 产生积屑瘤的最主要因素是（　　）。

（A）工件材料　（B）切削速度　（C）刀具前角　（D）刀具后角

31. 刀尖圆弧半径增大，会使背向力 F_p（　　）。

（A）无变化　（B）有所增加　（C）增加较多　（D）增加很多

32. 一台 C620—1 车床，$P_E=7kW$，$\eta=0.8$，如果要在该车床上以 80m/min 的速度车削短轴，这时根据计算得切削力 $F_z=4800N$，则这台车床（　　）。

（A）不一定能切削　（B）不能切削　（C）可以切削　（D）一定可以切削

33. 在切削金属材料时，属于正常磨损中最常见的情况是（　　）磨损。

（A）前面　（B）后面　（C）前、后面　（D）切削平面

34. 下列因素中对刀具寿命影响最主要的是（　　）。

（A）背吃刀量　（B）进给量　（C）切削速度　（D）车床转速

35. 使用（　　）可提高刀具寿命。

（A）润滑液　（B）切削液　（C）清洗液　（D）防锈液

36. 刃磨时对切削刃的要求是（　　）。

（A）刃口表面粗糙度值小、锋利　（B）刃口平直、光洁

（C）刃口平整、锋利　（D）刃口平直、表面粗糙度值小

37.（　　）砂轮适于刃磨高速钢车刀。

（A）碳化硼　（B）金刚石　（C）碳化硅　（D）氧化铝

38. 被加工材料的（　　）和金相组织对其表面粗糙度影响最大。

（A）强度　（B）硬度　（C）塑性　（D）韧性

39. 硬质合金可转位车刀的特点是（　　）。

（A）节省装刀时间　（B）不易打刀　（C）夹紧力大　（D）刀片耐用

40. 使用硬质合金可转位刀具，必须选择（　　）。

（A）合适的刀杆　（B）合适的刀片

（C）合理的刀具角度　（D）合适的切削用量

41. 修磨麻花钻横刃的目的是（　　）。

（A）缩短横刃，降低钻削力　（B）减小横刃处前角

（C）增大或减小横刃处前角　（D）增加横刃强度

42. 夹具中的（　　）装置能保证工件的正确位置。

（A）平衡　（B）辅助　（C）夹紧　（D）定位

43. 应尽可能选择（　　）基准作为精基准。

（A）定位　（B）设计　（C）测量　（D）工艺

44. 任何一个未被约束的物体，在空间都具有进行（　　）运动的可能性。

（A）六种　（B）五种　（C）四种　（D）三种

45. 工件以两孔一面定位，限制了（　　）自由度。

（A）六个　（B）五个　（C）四个　（D）三个

46. 轴类零件用双中心孔定位，能消除（　　）自由度。

（A）三个　（B）四个　（C）五个　（D）六个

47. 采用一夹一顶安装台阶轴工件（夹持部分短），中间部位用中心架支承，这种定位属于（　　）定位。

（A）重复　（B）完全　（C）欠　（D）部分

48. 用三爪自定心卡盘装夹工件，当夹持部分较短时，它属于（　　）定位。

（A）部分　（B）完全　（C）重复　（D）欠

49. 夹紧力的方向应垂直于工件的（　　）。

（A）主要定位基准面　（B）加工表面

（C）未加工表面　（D）已加工表面

50. 弹簧夹头和弹簧心轴是车床上常用的典型夹具，它能（　　）。

（A）定心　（B）定心但不能夹紧

（C）夹紧　（D）定心也能夹紧

51. 已加工表面质量是指（　　）。

（A）表面粗糙度　（B）尺寸精度

（C）形状精度　（D）表面粗糙度和表层材质变化

52. 被加工表面回转轴线与基准面互相垂直、外形复杂的工件可装夹在（　　）上加工。

（A）夹具　（B）角铁

（C）花盘　（D）三爪自定心卡盘

53. 被加工表面回转轴线与（　　）互相平行、外形复杂的工件可装夹在花盘上加工。

（A）基准轴线　（B）基准面　（C）底面　（D）平面

54. 花盘、角铁的定位基准面的形位公差，要（　　）工件形位公差的1/2。

（A）大于　（B）等于　（C）小于　（D）不等于

55. 偏心距较大的工件，可用（　　）来装夹。

（A）两顶尖　（B）偏心套

（C）两顶尖和偏心套　（D）偏心卡盘

56.（　　）装夹方法加工曲轴时，每次安装都要找正，其加工精度受操作者技术水平影响较大。

（A）一夹一顶　（B）两顶尖　（C）偏心板　（D）专用夹具

57. 工件长度与直径之比（　　）25 时，称为细长轴。

（A）小于　（B）等于　（C）大于　（D）不等于

58. 当工件可以分段车削时，可使用（　　）支承，以增加工件的刚性。

（A）中心架　（B）跟刀架　（C）过渡套　（D）弹性顶尖

59. 车削细长轴时，要使用中心架和跟刀架来增加工件的（　　）。

（A）刚性　（B）韧性　（C）强度　（D）硬度

60. 车细长轴时，为避免振动，车刀的主偏角应取（　）。

（A）45°　（B）60°～75°　（C）80°～93°　（D）100°

61. 深孔加工的关键技术是深孔钻的（　）问题。

（A）几何形状和冷却排屑　（B）几何角度

（C）冷却排屑　（D）钻杆的刚性和排屑

62. 在 C6140 型车床上车精密螺纹，应将（　）离合器接通。

（A）M3　（B）M4

（C）M5　（D）M3，M4，M5

63. CA6140 型车床主轴孔锥度是莫氏（　）。

（A）3 号　（B）4 号　（C）5 号　（D）6 号

64. CA6140 型车床钢带式制动器的作用是（　）。

（A）起保险作用　（B）防止车床过载　（C）提高生产效率　（D）刹车

65. 变速机构用来改变主动轴与从动轴之间的（　）。

（A）传动比　（B）转速　（C）比值　（D）速度

66.（　）机构用来改变机床运动部件的运动方向。

（A）变速　（B）变向　（C）进给　（D）操纵

67.（　）属于操纵机构。

（A）开机手柄　（B）床鞍　（C）开合螺母　（D）尾座

68. 机床工作时，为防止丝杠传动和机动进给同时接通而损坏机床，在溜板箱中设有（　）。

（A）安全离合器　（B）脱落蜗杆机构　（C）互锁机构　（D）开合螺母

69. 与 C620 型车床相比，CA6140 型车床具有（　）的特点。

（A）溜板箱操纵手柄多　（B）尾座有快速夹紧机构

（C）进给箱变速杆强度差　（D）主轴孔小

70. 提高劳动生产率的目的是（　）。

（A）减轻工人的劳动强度　（B）降低生产成本

（C）提高产量　（D）减少机动时间

71. 车削时，增大（　）可以减少走刀次数，从而缩短机动时间。

（A）切削速度　（B）进给量　（C）背吃刀量　（D）转速

72. 火灾报警电话是（　）。

（A）110　（B）114　（C）119　（D）120

73. 文明生产应该（　）。

（A）磨刀时站在砂轮侧面　（B）短切屑用手清除

（C）量具放在顺手的位置　（D）千分尺当卡规使用

74. 磨粒的微刃在磨削过程中与工件发生切削、刻划、摩擦抛光三个作用，粗磨时以切削作用为主，精磨时可分别起到（　）作用。

（A）切削、刻划、摩擦　（B）切削、摩擦、抛光

（C）刻划、摩擦、抛光　（D）刻划、切削

75. 在外圆磨床上磨削工件时一般用（　　）装夹。

（A）一夹一顶　　（B）两顶尖

（C）三爪自定心卡盘　　（D）电磁吸盘

76. M7120A 型磨床是应用较广的平面磨床，磨削尺寸精度一般可达（　　）。

（A）IT4　　（B）IT7　　（C）IT9　　（D）ITll

77. 牛头刨床适宜于加工（　　）零件。

（A）箱体类　　（B）床身导轨

（C）小型平面、沟槽　　（D）机座类

78. 生产准备中所进行的工艺选优，编制和修改工艺文件，设计、补充、制造工艺装备等属于（　　）。

（A）工艺技术准备　　（B）人力的准备

（C）物料、能源准备　　（D）设备完好准备

79. 直接决定产品质量水平高低的是（　　）。

（A）工作质量　　（B）工序质量　　（C）技术标准　　（D）检验手段

80. 设备对产品质量的保证程度是设备的（　　）。

（A）生产性　　（B）耐用性　　（C）可靠性　　（D）稳定性

得　分	
评分人	

二、判断题（第 81～100 题。将判断结果填入括号中。正确的填“√”，错误的填“×”。每题 1.0 分，满分 20 分）

（　　）81. 与已知圆外切的圆，其圆心在已知圆的同心圆上，半径为两圆半径之和。

（　　）82. 由于本身尺寸增大导致封闭环尺寸增大的组成环为增环。

（　　）83. 左右切削法和斜进法不易产生扎刀现象。

（　　）84. Tr×6（$P3$）的螺纹升角计算公式为：$\tan\phi = 3/(\pi D_2)$。

（　　）85. 车多头蜗杆，用三针测量时，其中两针应放在相邻的两槽中。

（　　）86. 多线螺纹在计算交换齿轮时，应以线数进行计算。

（　　）87. 加工硬化能提高已加工表面的硬度、强度和耐磨性，在某些零件中可改善使用性能。

（　　）88. 背向力是产生振动的主要因素。

（　　）89. 粗车时的切削用量，一般是以提高生产率为主，但也应考虑经济性和加工成本。

（　　）90. 砂轮的自砺性可补偿其磨削性能，而不能修正其外形失真。

（　　）91. 定位方法所产生的误差称定位误差。

（　　）92. 组合夹具是由一套预先制造好的具有不同几何形状、不同尺寸规格的高精度标准件和组合件组成的。

（　　）93. 外圆与外圆或内孔与外圆的轴线平行而不重合的零件，叫做偏心工件。

（　　）94. 车削细长轴工件时，跟刀架的支承爪压得过紧，会使工件产生“竹节形”。

（　　）95. 由于枪孔钻的刀尖偏向一边，刀头刚进入工件时，刀杆会产生扭动，因此

必须使用导向套。

（　　）96. 两顶尖装夹车长 400mm 的外圆，车至 300mm 时，测得尾座端直径小 0.03mm，若不考虑刀具磨损因素，当尾座向远离操作者方向偏移 0.02mm 时，能够消除锥度。

（　　）97. 立式车床适于加工径向尺寸小、轴向尺寸大的大型、重型零件。

（　　）98. 车床主轴前后轴承间隙过大，或主轴轴颈的圆度超差，车削时工件会产生圆度超差的缺陷。

（　　）99. 单件和小批生产时，辅助时间往往消耗单件工时的一半以上。

（　　）100. 生产计划是企业生产管理的依据。

中级车工知识试卷（2）

注意事项

1. 请首先按要求在试卷的标封处填写您的姓名、考号和所在单位的名称。
2. 请仔细阅读各种题目的回答要求，在规定的位置填写您的答案。
3. 不要在试卷上乱写乱画，不要在标封区填写无关内容。

	第一部分	第二部分	总　分	总分人
得　分				

得　分	
评分人	

一、选择题（第 1～80 题。选择正确的答案，将相应的字母填入题内的括号中。每题 1 分。满分 80 分）

1. 用 1:2 的比例画具有 30°斜角的楔块时，应将该角画成（　　）。
(A) 15°　(B) 30°　(C) 60°　(D) 45°

2.（　　）仅画出机件断面的图形。
(A) 半剖视图　(B) 三视图　(C) 剖面图　(D) 剖视图

3. 退刀槽和越程槽的尺寸可标注成（　　）。
(A) 槽深×直径　(B) 槽宽×槽深　(C) 槽深×槽宽　(D) 直径×槽深

4. 表面粗糙度代号中的数字书写方向与尺寸数字书写方向（　　）。
(A) 没规定　(B) 成一定角度　(C) 必须一致　(D) 相反

5. 在尺寸链中，当其他尺寸确定后，新产生的一个环是（　　）。
(A) 增环　(B) 减环　(C) 封闭环　(D) 组成环

6. 工序集中的优点是减少了（　　）的辅助时间。
(A) 测量工件　(B) 调整刀具　(C) 安装工件　(D) 刃磨刀具

7. 精车花盘的平面，属于减小误差的（　　）。
(A) 直接减小误差法　(B) 就地加工法
(C) 误差分组法　(D) 误差平均法

8. 正火工序用于改善（　　）的切削性能。
(A) 低碳钢与中碳钢　(B) 高速钢
(C) 铸、锻件　(D) 高碳钢

9. 用硬质合金螺纹车刀高速车梯形螺纹时，刀尖角应为（　　）。
(A) 30°　(B) 29°　(C) 29.5°　(D) 30.5°

10. 车螺纹时，在每次往复行程后，除中滑板横向进给外，小滑板只向一个方向作微量进给，这种车削方法是（ ）法。
(A) 直进　(B) 左右切削　(C) 斜进　(D) 车直槽

11. 车右螺纹时，因受螺旋运动的影响，车刀刃磨时应将进给方向一侧的后角（　　）。

(A) 不变　(B) 增大　(C) 减小　(D) 相等

12. 粗车螺纹时，硬质合金螺纹车刀的刀尖角应（　）螺纹的牙型角。

(A) 大于　(B) 等于　(C) 小于　(D) 小于或等于

13. 当精车延长渐开线蜗杆时，车刀左右两切削刃组成的平面应（　）装刀。

(A) 与轴线平行　(B) 与齿面垂直　(C) 与轴线倾斜　(D) 与轴线等高

14. 用齿厚游标卡尺测量蜗杆的（　）齿厚时，应把齿高卡尺的读数调整到齿顶高尺寸。

(A) 周向　(B) 径向　(C) 法向　(D) 轴向

15. 同一条螺旋线相邻两牙在中径线上对应点之间的轴向距离称为（　）。

(A) 螺距　(B) 导程　(C) 节距　(D) 齿距

16. 精车多线螺纹，分线精度高时比较简便的方法是（　）。

(A) 小滑板刻度分线法　(B) 卡盘卡爪分线法

(C) 分度插盘分线法　(D) 交换齿轮分线法

17. 精车多线螺纹时，要多次循环分线，其目的主要是（　）。

(A) 减小表面粗糙度值　(B) 提高尺寸精度

(C) 消除赶刀产生的误差　(D) 提高分线精度

18. 测量多头蜗杆时，一般用齿厚游标卡尺测蜗杆的（　），用单针测量法测量分度圆上的（　）。

(A) 槽宽，齿厚　(B) 齿厚，槽宽　(C) 中径，槽宽　(D) 中径，齿厚

19. 在丝杠螺距为12mm的车床上车模数为4mm的蜗杆，（　）产生乱牙。

(A) 不一定会　(B) 一定会　(C) 会　(D) 不会

20. 刀具材料的硬度越高，耐磨性（　）。

(A) 越差　(B) 越好　(C) 不变　(D) 消失

21. 成形车刀的前角应取（　）。

(A) 较大　(B) 较小　(C) 0°　(D) 20°

22. 切断刀的副后角应选（　）。

(A) 6°~8°　(B) 1°~2°　(C) 12°　(D) 5°

23. 加工中间切入的工件，主偏角一般选（　）。

(A) 90°　(B) 45°~60°　(C) 0°　(D) 负值

24. 强力切削时应取（　）。

(A) 负刃倾角　(B) 正刃倾角　(C) 零刃倾角　(D) 大前角

25. 切屑的内表面光滑，外表面呈毛茸状，是（　）。

(A) 带状切屑　(B) 挤裂切屑　(C) 单元切屑　(D) 粒状切屑

26. 影响积屑瘤产生的最主要因素是（　）。

(A) 工件材料　(B) 切削速度　(C) 刀具前角　(D) 后角

27. 加工硬化层的硬度可达工件硬度的（　）倍。

(A) 1　(B) 1.2~2　(C) 3　(D) 0.5

28. 对切削抗力影响最大的是（　）。

(A) 工件材料　(B) 背吃刀量　(C) 刀具角度　(D) 刀具材料

29. 如不用切削液，切削热的（　　）将传入工件。

（A）50%～80%　（B）40%～10%　（C）9%～3%　（D）1%

30. 在切削金属材料时，属于正常磨损中最常见的情况是（　　）磨损。

（A）急剧　（B）前面　（C）后面　（D）前、后面

31. 切削速度和硬度高的材料，切削温度应（　　）。

（A）较低　（B）较高　（C）中等　（D）不变

32. 用高速钢车刀精车时，应选（　　）。

（A）较大的切削速度　（B）较大的背吃刀量

（C）较高的转速　（D）较大的进给量

33. 用硬质合金车刀精车时，应选（　）。

（A）较低的转速　（B）很小的背吃刀量

（C）较高的转速　（D）较大的进给量

34. 被加工材料的（　　）和金相组织对其表面粗糙度影响最大。

（A）强度　（B）硬度　（C）塑性　（D）韧性

35. 修磨麻花钻前面的目的是（　　）前角。

（A）增大　（B）减小　（C）增大或减小　（D）增大边缘处

36. 当工件材料软、塑性大时，应选用（　　）砂轮。

（A）粗粒度　（B）细粒度　（C）硬粒度　（D）软粒度

37. 专用夹具适用于（　　）。

（A）新品试制　（B）单件、小批生产

（C）大批、大量生产　（D）一般生产

38. 保证工件在夹具中占有正确位置的是（　　）装置。

（A）定位　（B）夹紧　（C）辅助　（D）车床

39. 体现定位基准的表面称为（　　）。

（A）定位面　（B）定位基面　（C）基准面　（D）夹具体

40. 在用大平面定位时，把定位平面做成（　　），以提高工件定位的稳定性。

（A）中凹性　（B）中凸性　（C）刚性的　（D）螺纹面

41. 用自定心卡盘装夹工件，当夹持部分较短时，限制了（　　）个自由度。

（A）三　（B）二　（C）四　（D）五

42. 夹具上不起定位作用的是（　　）支承。

（A）固定　（B）可调　（C）辅助　（D）定位

43. 设计夹具时，定位元件的公差应不大于工件公差的（　　）。

（A）1/2　（B）1/3　（C）1/5　（D）1/10

44. 夹紧元件对工件施加夹紧力的大小应（　　）。

（A）大　（B）适当　（C）小　（D）任意

45. 设备对产品质量的保证程度是设备的（　　）。

（A）生产性　（B）耐用性　（C）可靠性　（D）稳定性

46. 偏心工件的加工原理是把需要加工偏心部分的轴线找正到与车床主轴旋转轴线（　　）。

(A) 重合　(B) 垂直　(C) 平行　(D) 不重合

47. 用百分表测得某偏心件最大与最小值的差为4.12mm，则实际偏心距为（　）mm。

(A) 4.12　(B) 8.24　(C) 2.06　(D) 2

48. 加工曲轴采用低速精车，以免由于（　）的作用，使工件产生位移。

(A) 径向力　(B) 重力　(C) 切削力　(D) 离心力

49. 细长轴的主要特点是（　）。

(A) 强度差　(B) 刚性差　(C) 弹性好　(D) 稳定性差

50. 车削细长轴工件时，跟刀架的支承爪压得过紧时，会使工件产生（　）。

(A) 竹节形　(B) 锥形　(C) 鞍形　(D) 鼓形

51. 车削细长轴时，要使用中心架和跟刀架来增加工件的（　）。

(A) 刚性　(B) 韧性　(C) 强度　(D) 硬度

52. 车细长轴时，为了减小切削力和切削热，应该选择（　）。

(A) 较大的前角　(B) 较小的前角　(C) 较小的主偏角　(D) 较大的后角

53. 车削主轴时，可使用（　）支承，以增加工件的刚性。

(A) 中心架　(B) 跟刀架　(C) 过渡套　(D) 弹性顶尖

54. 深孔加工的关键技术是深孔钻的（　）问题。

(A) 钻杆刚性和排屑　(B) 几何角度和冷却

(C) 几何形状和冷却排屑　(D) 冷却排屑

55. CA6140型车床主轴孔能通过的最大棒料直径是（　）mm。

(A) 20　(B) 37　(C) 62　(D) 48

56. CA6140型车床，车削米制螺纹的导程范围是（　）mm。

(A) 1~192　(B) 1~96　(C) 0.25~48　(D) 1~12

57. （　）的功用是在车床停机过程中，使主轴迅速停止转动。

(A) 制动装置　(B) 安全离合器　(C) 过载保护机构　(D) 电动机

58. 车刀的进给方向是由（　）机构控制的。

(A) 操纵　(B) 变速　(C) 进给　(D) 变向

59. 车床的开合螺母机构主要是用来接通或断开从（　）传来的运动。

(A) 进给　(B) 光杠　(C) 车螺纹　(D) 丝杠

60. 机床工作时，为防止丝杠传动和机动进给同时接通而损坏机床，在溜板箱中设有（　）。

(A) 互锁机构　(B) 安全离合器　(C) 脱落蜗杆机构　(D) 开合螺母

61. 中滑板螺杆螺母之间的间隙调整后，要求中滑板螺杆手柄转动灵活，正反转时的空行程在（　）转以内。

(A) 1/20　(B) 1/10　(C) 1/5　(D) 1/2

62. 立式车床适于加工（　）零件。

(A) 小型规则的　(B) 形状复杂的　(C) 大型轴类　(D) 大型盘类

63. 车床纵向溜板移动方向与被加工丝杠轴线在（　）方向的平行度误差对工件螺距影响最大。

(A) 水平　(B) 垂直　(C) 任何方向　(D) 切深方向

64. 从主轴至丝杠之间的传动链传动误差超差，会使工件（　　）超差。

（A）螺纹中径　（B）圆度　（C）螺距精度　（D）牙型角

65. 提高劳动生产率的目的是（　　）。

（A）减轻工人劳动强度　（B）降低生产成本

（C）提高产量　（D）减少机动时间

66. 下列内容中，属于辅助时间范围的是（　　）。

（A）开机，停机时间　（B）进给切削所需时间

（C）领取和熟悉产品图样的时间　（D）工人喝水，上厕所的时间

67. 减少加工余量，可缩短（　　）时间。

（A）基本　（B）辅助　（C）准备　（D）结束

68. 既缩短机动时间，又减少辅助时间的方法是（　　）。

（A）多件加工　（B）使用不停机夹头　（C）挡铁控制长度　（D）多刀切削

69. 起吊重物时，允许的操作是（　　）。

（A）同时按两个电钮　（B）重物起落均匀

（C）斜拉，斜吊　（D）吊臂下站人

70. 文明生产应该（　　）。

（A）量具放在顺手的位置　（B）开机前先检查车床状况

（C）磨刀时站在砂轮正面　（D）磨刀时光线不好可不戴眼镜

71. M7120A 型磨床是应用较广的平面磨床，磨削尺寸精度一般可达（　　）。

（A）IT12　（B）IT10　（C）IT7　（D）IT5

72. 光整加工包括（　　）。

（A）精加工珩磨研磨抛光　（B）超精加工珩磨精镗抛光

（C）超精加工珩磨研磨抛光　（D）超精加工精磨研磨抛光

73. 花键孔适宜在（　　）上加工。

（A）插床　（B）牛头刨床　（C）铣床　（D）车床

74. 镗削加工中（　　）是主运动。

（A）镗刀旋转　（B）镗刀移动　（C）工件移动　（D）镗刀进给

75. 生产准备中所进行的工艺选优，编制和修改工艺文件，补充、制造工艺装备等属于（　　）。

（A）工艺技术准备　（B）人力的准备

（C）物料、能源准备　（D）设备完好准备

76. 已加工表面质量是指（　　）。

（A）表面粗糙度　（B）尺寸精度

（C）形状精度　（D）表面粗糙度和表面材质变化

77. 花盘可直接装夹在车床的（　　）上。

（A）卡盘　（B）主轴　（C）尾座　（D）专用夹具

78. 花盘，角铁的定位基准面的形位公差，要小于工件形位公差的（　　）。

（A）2 倍　（B）1/5　（C）1/3　（D）1/2

79. 采用夹具后，工件上有关表面的（　　）由夹具保证。

（A）位置精度　　（B）形状精度　　（C）大轮廓尺寸　　（D）表面粗糙度

80. CA6140 型车床溜板箱中的离合器是（　　）离合器。

（A）摩擦片式　　（B）超越式　　（C）安全式　　（D）牙嵌

得　分	
评分人	

二、判断题（第 81～100 题。将判断结果填入括号中。正确的填“√”，错误的填“×”。每题 1.0 分，满分 20 分）

（　　）81. 采用定程法进行加工时，由于影响加工精度的因素较多，所以应经常抽验工件并及时进行调整，防止成批报废工件。

（　　）82. 工艺系统几何误差是产生加工误差的原因之一。

（　　）83. 低速车三角形螺纹的方法有直进法、车直槽法和斜进法。

（　　）84. 沿两条或两条以上的轴向等距分布的螺旋线所形成的螺纹称为多线螺纹。

（　　）85. 车多头蜗杆，用三针测量时，其中两针应放在相邻两槽中。

（　　）86. 在 CA6140 车床上每车削 Tr36×24（P6）的螺纹，不会乱牙。

（　　）87. 加大主偏角 κ_r 后，散热条件变好，切削温度降低。

（　　）88. 切削铸铁等脆性材料，切削层首先产生塑性变形，然后产生崩裂的不规则粒状切屑，称崩裂切屑。

（　　）89. 粗车时，选大的背吃刀量、较小的切削速度，这样可提高刀具寿命。

（　　）90. 只要工件被夹紧不动，即表明其六个自由度都被限制了。

（　　）91. 被加工表面回转轴线与基准面互相垂直，外形规则的工件可装夹在花盘上加工。

（　　）92. 当两曲轴柄臂间距不大时，可用螺栓支承来提高曲轴加工刚度。

（　　）93. 车削细长轴工件时，为了使车削稳定，不易产生振动，应采用三爪跟刀架。

（　　）94. 多片式摩擦离合器是利用摩擦片在相互压紧时接触面之间所产生的摩擦力传递运动和转矩的。

（　　）95. 变速机构可在主动轴转速改变时，使从动轴获得不同的转速。

（　　）96. 操纵机构的作用是变速、变向。

（　　）97. 中滑板螺杆螺母之间的间隙调整后，要求中滑板螺杆手柄转动灵活，正、反转时的空行程在 1/2 转以内。

（　　）98. 切削用量的大小主要影响生产率的高低。

（　　）99. 插床的主要工作是加工孔内键槽、多边形孔、花键孔等。

（　　）100. 全面质量管理的基本特点就在于全员性和预防性。

中级车工知识试卷（1）

标准答案与评分标准

一、选择题（第 1 ~80 题，共 80 分。评分标准：各小题答对给 1.0 分；答错或漏答不给分，也不扣分）

01. A　02. C　03. B　04. B　05. A　06. A　07. B　08. A　09. C　10. C
11. C　12. A　13. A　14. B　15. C　16. D　17. C　18. C　19. A　20. C
21. C　22. B　23. C　24. C　25. C　26. B　27. C　28. B　29. C　30. B
31. B　32. B　33. B　34. C　35. B　36. B　37. D　38. C　39. A　40. D
41. A　42. D　43. B　44. A　45. A　46. C　47. A　48. D　49. A　50. D
51. D　52. C　53. B　54. C　55. D　56. A　57. C　58. A　59. A　60. C
61. A　62. D　63. C　64. D　65. A　66. B　67. A　68. C　69. B　70. B
71. C　72. C　73. A　74. B　75. B　76. B　77. C　78. A　79. C　80. C

二、判断题（第 81 ~100 题。满分 20 分。各小题答对给 1.0 分；答错或漏答不给分，也不扣分）

81. √　82. √　83. √　84. ×　85. ×　86. ×　87. √　88. √　89. √　90. √
91. √　92. √　93. √　94. √　95. √　96. √　97. ×　98. √　99. √　100. √

中级车工知识试卷（2）

标准答案与评分标准

一、选择题（第 1 ~80 题，共 80 分。评分标准：各小题答对给 1.0 分；答错或漏答不给分，也不扣分）

1. B　2. C　3. B　4. C　5. C　6. C　7. B　8. C　9. C　10. C
11. B　12. C　13. B　14. C　15. B　16. C　17. C　18. B　19. B　20. B
21. C　22. B　23. B　24. A　25. A　26. B　27. B　28. B　29. B　30. C
31. B　32. C　33. C　34. C　35. C　36. A　37. C　38. A　39. B　40. A
41. B　42. C　43. B　44. B　45. C　46. A　47. C　48. D　49. B　50. A
51. A　52. A　53. A　54. C　55. D　56. A　57. A　58. A　59. D　60. A
61. A　62. D　63. A　64. B　65. B　66. A　67. A　68. D　69. B　70. B
71. C　72. C　73. A　74. A　75. A　76. D　77. B　78. D　79. A　80. A

二、判断题（第 81 ~100 题。满分 20 分。各小题答对给 1.0 分；答错或漏答不给分，也不扣分）

81. √　82. √　83. ×　84. √　85. ×　86. ×　87. ×　88. ×　89. √　90. ×
91. ×　92. ×　93. ×　94. ×　95. √　96. √　97. ×　98. ×　99. √　100. ×

技能操作试卷
职业技能鉴定国家题库统一试卷

中级车工操作技能考核准备通知单

一、材料准备

名　称	规　格	数　量	要　求
45 钢	ϕ36mm × 170mm	1 根/考生	考场准备

二、设备准备

名　称	规　格	数　量	要　求
车床	CA6140	1 台/考生	考场准备
卡盘扳手	相应车床	1 副/车床	考场准备
刀架扳手	相应车床	1 副/车床	考场准备

说明：必须保证每位考生有一台车床。

三、工具、刀具、量具、辅具准备

序号	名　称	型　号	数量	要　求
1	45°外圆车刀	相应车床	自定	考生准备
2	90°外圆车刀	相应车床	自定	考生准备
3	梯形外螺纹车刀	Tr32 × 6—7h	自定	考生准备
4	车槽刀	宽 5mm，刀头长大于 4mm	自定	考生准备
5	游标卡尺	0.02mm/0 ~ 200mm	1	考生准备
6	外径千分尺	0.01mm/25 ~ 50mm0.01mm/50 ~ 75mm	自定	考生准备
7	中心钻及钻夹头	A3　ϕ1 ~ ϕ13mm	1	考生准备
8	量针及公法线千分尺	ϕ3.108mm（3 只）0.02mm/25 ~ 50mm	各 1	考生准备
9	游标万能角度尺或莫氏套规	2′/0° ~ 320°莫氏 No. 4	1	考生准备
10	回转顶尖	相应车床	1	考生准备
11	前顶尖	相应车床	1	考生准备
12	铜皮		自定	考生准备
13	常用工具		自定	考生准备

四、考场准备

考核要求	准备内容
工位要求	考场面积每位考生一般不少于 $8m^2$
	每个操作工位不小于 $4m^2$，过道宽度不小于 2m
	每个工位应配有一个 $0.5m^2$ 的台面，供考生摆放工具、量具、刀具
	考场电源功率必须能满足所有设备正常起动工作
	考场应配有相应数量的清扫工具、油壶、棉纱等
	考场需配有电刻笔、机床应有明显的工位号
人员要求	监考人员数量与考生人数之比为 1:10
	每个考场至少配机修钳工、电器维修工、医护人员各一名
	监考人员、考试服务人员必须于考前 40min 到考场

中级车工操作技能考核评分记录表

考件编号：　　　　　　　　姓名　　　　　　　　性别　　　　　　　　单位

一、中级车工操作技能考核表

序号	项目名称	配分	得分	备注
1	车工专业操作技能	85		
2	现场操作规范	15		
合计		100		

统分人：　　　　　　　　　　　　　　　　　　　　　年　　月　　日

二、现场操作规范评分表

序号	项目	考核内容	配分	考场表现	得分
1	工、量、刀具和设备的使用	工具的正确使用	1		
2		量具的正确使用	1		
3		刀具的正确使用	1		
4		设备的正确使用和保养	2		
5	工艺的制订	切削加工工序的制订	2		
6		切削用量的选择	2		
7		装夹方式	1		
8	安全文明生产	安全生产	3		
9		文明生产	2		
合计			15		

评分人：　　　　年　　月　　日　　　　　　　　　　核分人：　　　　年　　月　　日

三、操作技能评分表

序号	项　　目	考核内容	配分		检测结果	得分
			IT	*Ra*		
1	外梯形螺纹	$\phi 32_{-0.375}^{0}$ mm　*Ra*3.2μm	4	2		
2		$\phi 29_{-0.335}^{0}$ mm　*Ra*1.6μm	14	8		
3		15°±8′	5			
4		牙底表面粗糙度值 *Ra*3.2μm		2		
5	外圆锥	莫氏 No.4（接触面 70%）*Ra*1.6μm	12	4		
6		$\phi 31.267_{0}^{+0.05}$ mm	4			
7		$50_{-0.10}^{0}$ mm	2			
8	外圆	$\phi 25_{-0.028}^{-0.007}$ mm　*Ra*1.6μm	4	2		
9		$\phi 32_{-0.025}^{-0.004}$ mm　*Ra*1.6μm	4	2		
10		ϕ24mm　*Ra*3.2μm	2	2		
11	长度	$42_{-0.10}^{0}$ mm	4			
12		62　164　8	1			
13	其他	*C*2	1			
14		*C*3	1			
15		同轴度（ϕ0.025mm）	5			
合　计			85			

评分标准：尺寸精度和形状位置精度超差时该项不得分，表面粗糙度值超标不得分。

否定项：圆锥锥度用套规检验接触面积低于 50% 和 Tr32×6—7h 中径尺寸超差时，此件视为不合格。

评分人：　　　年　　月　　日　　　　　　　　　　核分人：　　　年　　月　　日

参 考 文 献

[1] 黄克进. 机械加工操作基本训练 [M]. 北京：机械工业出版社，2004.
[2] 彭德荫. 车工工艺与技能训练 [M]. 北京：中国劳动社会保障出版社，2001.
[3] 叶云良等. 国家职业资格证书取证问答 车工（初中级）[M]. 北京：机械工业出版社，2006.
[4] 劳动和社会保障部. 车工（初级、中级、高级技能）国家职业资格培训教程 [M]. 北京：中国劳动社会保障出版社，2001.
[5] 刘冰. 操作技能强化技能训练 车工（中级）[M]. 北京：中国劳动社会保障出版社，2004.
[6] 劳动和社会保障部. 国家职业资格标准 车工 [M]. 北京：中国劳动社会保障出版社，2001.